KB121592

NCS기반 헤어트렌드 분석 및 개발

# 헤어 캡스톤 디자인

HAIR CAPSTONE DESIGN

최은정 · 맹유진 공저

光文閣
www.kwangmoonkag.co.kr

# 책 머리에

유행이란 특정한 행동 양식이나 사상 따위가 일시적으로 많은 사람의 추종을 받아서 '널리 퍼짐'이라는 사전적 뜻을 가지고 있다. 말하자면 요즘 많은 여성들 사이에 유행하는 '옴블레 발레아주' 컬러나 여배우가 드라마나 영화에서 하고 나온 헤어스타일을 보고 나도 한번 저 스타일을 해보고 싶다는 심리적인 변화가 유행이라고 본다.

유행의 속성은 '변화'다. 유행은 도입→ 성장→ 성숙→ 쇠퇴의 사이클을 밟는데, 각 단계의 소비자들을 유행 혁신자(Fashion Innovator), 초기 수용자(Early Adopter), 유행 추종자(Follower), 유행 지체자(Fashion Laggard)라고 부른다. 유행 혁신자들과 초기 수용자들은 다른 사람과 차별화되어 보이고픈 욕구에서 시작되지만, 이를 따르는 유행 추종자와 유행 지체자들의 경우는 다른 사람과 같아 보이고픈 심리 때문에 유행이 대중 사이에 빠르게 전파된다.

뷰티 트렌드는 유행 현상 중 하나로 특정한 시기에 대다수 사람들에게 받아들여지는 받아드려지는 스타일을 말하는 것으로 시간(Time), 장소(Place), 때(Occasion)의 의미가 복합적으로 내포되어 있다.

첫인상에서 가장 중요한 작용을 하는 것이 옷차림과 용모이다. 헤어스타일은 자기만의 개성과 이미지를 좌우하며 사람의 신체 중 외모를 표출하는데 헤어스타일만큼 큰 역할을 하는 것은 없다.

옷차림과 헤어스타일, 메이크업을 포함하는 외적 이미지는 그 사람의 사회적 지위, 성격, 가치관 등을 전달한다. 따라서 디자이너는 현장에서 원하는 이미지를 만들기 위한 컨셉이 명확하게 계획되어야 하며, 이를 위해 트랜드 분석 및 아이디어 정리, 아이디어 형상화 과정을 트레이닝하는 것이 필요하다고 볼 수 있다. 이에 산업 현장과 미용교육에서는 '헤어캡스톤 디자인'과 접목하여 수업이 진행되고 있는 추세이다.

# PREFACE

‘헤어캡스톤 디자인’이란 ‘창의적 종합설계’로서 디자인 주제 설정, 작품 제작, 연구를 통해 다양성과 창의성을 기르는 작업 방식이다. 이는 산업현장에서 헤어디자이너로 근무하며 직면하게 되는 문제들을 스스로 해결할 수 있도록, 습득한 지식을 바탕으로 기획→ 설계→ 결과물 제작까지 이끄는 작업이다. 이 방식은 창의적 과정을 통해 학생의 실무 능력을 향상하고 산업현장에 대한 적응력을 높여줄 수 있다.

본 교재에서는 빠른 트랜드의 변화와 다자인의 다양성, 미와 외모에 대한 관심의 증폭에 맞추어 헤어디자인을 하는 것에 두움을 주고자 한다.

이론편에서는 1장에서는 헤어디자인의 분석과 이미지, 2장에서는 색의 분류와 속성, 3장에서는 염모제의 특성과 작용 원리, 4장에서는 디자인 분석과 개발에 관해 서술해 보았다.

실기편에서는 1장은 헤어 이미지 분석에 따른 작품 제작, 2장에서는 컬러 도포 방법에 따른 작품 제작, 3장에서는 쇼 작품 분석에 따른 작품 제작에 관한 것을 기술하였다.

본 교재는 헤어디자이너를 준비하는 학생들과 현장에서 헤어디자인을 실행하는 디자이너들에게 체계적인 계획과 제작에 지침서가 될 수 있도록 구성하였다. 끝으로 이 책을 출간하기까지 믿고 협조해 주신 광문각출판사 박정태회장님을 비롯한 임직원님들께도 깊은 감사의 말씀을 드립니다.

2019년 2월

저자 일동

CONTENTS

## CHAPTER 1. 이론편

CONTENTS

## CHAPTER 2. 실기편

# CHAPTER 01

# 1 | 헤어디자인 분석과 이미지

## 1. 헤어디자인

### 1) 헤어디자인

디자인이란 조형의 요소와 질서를 종합적으로 판단하고 그 위에 자신에게 맞게 발전시키며 구성하는 작업이다. 본래 디자인은 프랑스어의 데생(Dessin)과 마찬가지로 그리스어 데자노(Diseno)에서 기원하였고, 몇천 년 전부터 사용되어 오던 용어이다. 이 어원은 모든 조형 활동에 대한 계획을 의미하며 기계 설계에서부터 회화와 조소에 이르기까지 말할 수 있으나, 근래에 와서는 새로운 조형 정신과 의미에 따른 합목적인 조형의 구체적 계획을 의미한다.

헤어디자인은 인간 신체에 가해지는 대표적인 장식 행위 중 하나이며, 구조감 조성을 통해 표출되는 기법이다. 이는 미적 표현주의와 개성적인 미감 표현으로 조형적, 실용적 의미 등의 조건을 충족시킬 수 있는 디자인적 창조 활동을 포함한다. 예술과 디자인의 속성을 포함하는 미용 조형예술로서 크게는 예술 창작과 디자인 표현의 조형 활동으로 구분되며, 두개피(Scalp Hair)의 모발을 대상으로 기술적 활동의 소재로써 선, 모양, 방향, 질감을 이용하여 만든 예술이다. 헤어디자이너는 이러한 요소를 결합하여 많은 작품을 창조할 수 있다.

헤어스타일에 있어서 헤어디자인은 사람의 외모를 판단하는 과정에서 70% 이상의 비중을 차지할 정도로 외적 판단 기준의 대부분을 차지하고 있으며, 디자인 결정은 고객의 신체의 특징을 살펴보고 머리형과 얼굴형, 얼굴의 특징, 라이프스타일을 고려한다. 이러한 헤어디자인에 있어 가장 중요한 커트는 미용 작업들 중에서도 전체적인 형태를 갖추는 기본적인 틀이라고 할 수 있다. 하지만 헤어디자이너들의 표현 영역이 한정되어 있기 때문에 고객들이 잡지나 사진 또는 좋아하는 연예인들의 유행 흐름에 따라 헤어디자인을 시술할 뿐, 고객의 두상과 얼굴형에 맞는 디자인을 하고 연출할 수가 없기 때문에 많은 시행착오를 겪게 된다.

## 2) 헤어디자인의 요소

헤어디자인의 요소는 디자인 과정에서 창의성과 조형성이 결부되어 있는 모든 디자인 분야에서 기초가 되는 과정으로 헤어디자인의 영역은 형태적 표현에 있어 분석에 대한 개념은 매우 중요하다. 디자인 요소에서는 형태(Form), 질감(Texture), 컬러(Color)를 헤어디자인의 3요소라고 한다.

형태란 시각과 촉각을 통해서 지각되고 경험되어지는 대상물의 본질적인 특성이며, 자연물이나 조형물은 물론 우리의 시각과 촉각으로 지각되는 모든 물체는 형태를 지니고 있다. 헤어디자인에서 형태는 우리가 어떠한 헤어스타일을 만들어 완성된 헤어스타일이 가지고 있으며, 길이 배열(Length Arrangement)이나 구조(Sructure)를 기초로 하여 나타나는 전체적인 외곽선이나 형태선, 즉 모양(Shape)을 말한다고 볼 수 있다. 형태는 어떤 물체의 모양이나 윤곽 3차원적으로 표현한 것이고 어느 방향으로든 확장 가능한 부피나 볼륨을 말한다. 형태의 개념 요소는 점, 선, 면, 입체이다. 선은 연속된 점들의 집합체이며, 직선과 곡선으로 분류할 수 있으며 직선은 남성적이고, 강직함, 단순함 등의 느낌을 갖으며 수평선, 수직선, 우대각선, 좌대각선에 해당되고, 곡선에는 우아함, 유순함, 여성적, 고상 등의 느낌을 갖으며 컨케이브(Concave), 컨백스(Convex) 등 기본적인 선을 분류할 수 있다.

질감은 표면의 모양, 형태, 색체 등 보이는 면을 나타내는 요소로서 물체의 조성 성질을 의미하며, 헤어디자인의 머릿결을 의미한다. 따라서 질감은 실제로 만져 볼 수 있는 질감(촉각)과 눈으로 보는 물체의 차이를 구별할 수 있는(시각) 질감으로 관찰된다.

질감은 잘린 모발 끝이 보이지 않는 매끈한 질감(Un Activated)과 잘린 모발 끝이 보이는 거친 질감(Activated), 매끈한 질감과 거친 질감 등 두 가지 질감이 혼합되는 혼합형 질감으로 구분된다.

컬러는 물리적 현상인 색이 감각기관인 눈을 통해서 지각되거나 그와 같은 지각 현상과 마찬가지의 경험 효과를 가리키는 현상을 말하며, 본능적으로 접적인 표현의 요소로서 일생생활에서도 매우 밀접한 관련이 있다. 사물의 형태를 나타내는 경계선을 서로 다른 밝기와 색채를 가지는 부분들을 구분할 수 있는 시각적인 효과로 길이와 부피감, 머릿결, 움직임과 방향감에 영향을 미친다. 또한, 색채는 생동감과 방향감에 대한 착시를 일으키게 하여 특정한 부분에 시선을 집중시키는 효과를 준다.

# 2. 헤어디자인의 스타일

## 1) 커트 유형에 따른 헤어디자인 분석

### (1) 원랭스 커트(One Length)의 형태 분석

원랭스(One Length)란 '동일한 선상에서 모발을 자른다'라는 뜻으로 모든 섹션을 자연 시술각 또는 0°로 자연스럽게 빗어 내린 후 단차를 주지 않고 같은 길이로 잘라 가지런히 한 스트레이트 커트의 머리형을 말한다. 모발의 길이는 네이프에서 톱으로 갈수록 길어지기 때문에 주변 머리에서 최대의 무게감이 생긴다.

① 원랭스 커트의 유형

원랭스 커트는 형태선에 따라 머시룸, 이사도라, 수평보브, 스파니엘 커트로 나뉜다.

② 원랭스는 일직선으로 모든 섹션(Section)을 아래로 자연스럽게 빗어 내린 후 가로선과 일직선상으로 자른 단발머리 스타일로서 길이가 같은 모양과 비활동적인(Unactivate) 질감을 형성한다. 특히 달걀형의 얼굴에 잘 어울리는 스타일로 보는 사람으로 하여금 얼굴의 전체적인 안정감을 주지만, 반대로 강하고 차분하며 무거운 느낌을 갖게 되며, 형태선은 수평으로 퍼져 보이는 효과를 갖는다.

③ 원랭스 커트의 응용 헤어스타일

커트라인이 직선으로 명쾌하고 곧고 힘이 강해 보이며 안정감이 있고 정적이며 평화적인 느낌의 특징으로 머리숱이 많고 직모인 사람에게 단정하고 세련된 스타일을 연출할 수 있다.

| 원랭스 커트의 유형 |

|  |  |  | 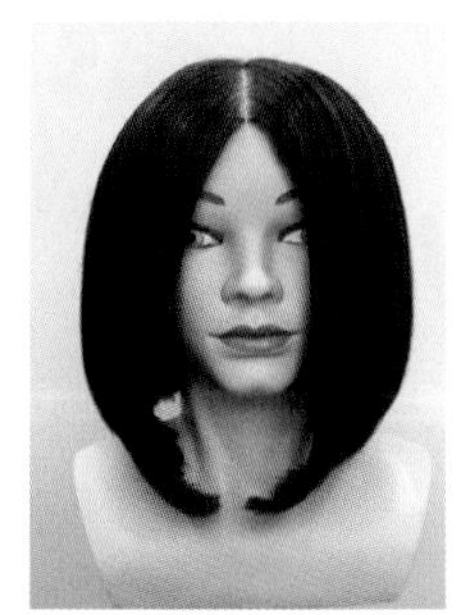 |
|---|---|---|---|
| 머시룸<br>(Mushroom) | 이사도라<br>(Isadora) | 수평보브<br>(Parallel bob) | 스파니엘<br>(Spaniel) |

### (2) 그래쥬에이션(Graduation) 커트의 형태 분석

그래쥬에이션은 톱보다 네이프의 모발 길이가 짧은 모양이 되도록 모발의 길이에 미세한 층을 주는 커트로 입체적인 헤어스타일 연출에 매우 효과적이다. 머리 길이의 가이드 라인과 두상에서 내려오는 두 점이 만나는 이 점을 각도를 이루게 되는데, 이것을 웨이트 라인이라고 하며, 시술각에 의해 경사선이 생기고 무게 지역, 무게선, 리지 라인이 있다.

그래쥬에이션은 웨이트 라인에 의하여 결정되는데 낮은, 중간, 높은 그래쥬에이션으로 나눌 수 있다. 이것은 커트 각도를 0°에서 90° 이하의 각도를 이용하여 시술하는 방법으로 낮은 그래쥬에이션은 가이드라인이 비스듬하게 만나면서 마름모를 형태로 얼굴의 형태가 퍼져 보여 얼굴이 작고 마른 사람에게 어울린다. 중간 그래쥬에이션은 얼굴이 작은 사람에게 어울리며, 높은 그래쥬에이션은 얼굴형과 관계없이 개성적이며 세련된 스타일을 연출할 때 효과적이다. 그래쥬에이션에서 커트 시술 각도와 섹션의 방향은 스타일을 이루는 기본 요소인데, 이때 섹션의 방향은 수평, 사선, 곡선으로 구분된다. 수평 방향은 일자 라인의 형태이며 수직 방향과 곡선 방향은 경사도에 따라 달라지면서 전체적으로 사선의 형태를 이루는 것을 특징으로 한다.

#### ① 그래쥬에이션 커트의 유형

그래쥬에이에션 커트은 시술각의 변화에 따라 낮은 그래쥬에이션(1~30°), 중간 그래쥬에이션(31~60°), 높은 그래쥬에이션(61~89°)으로 시술각이 낮아지면 낮은 경사선과 무게 지역이 네이프 부분에 형성되며 시술각이 높아질수록 높은 경사선이 형성된다.

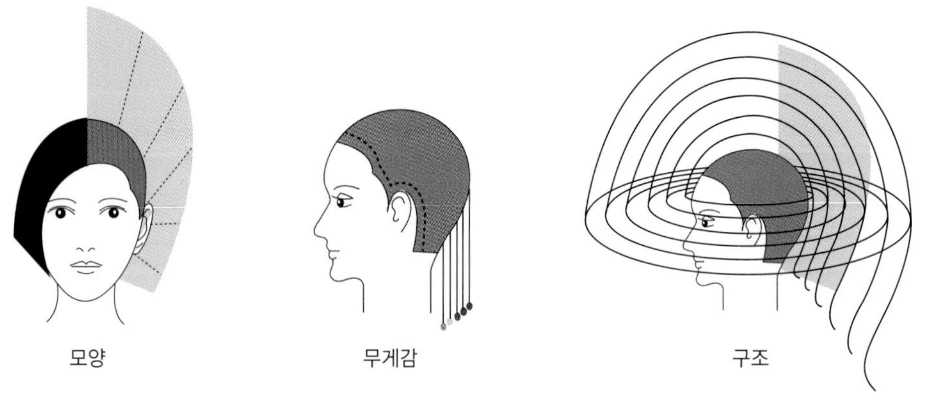


| 그래쥬에이션 커트의 구조와 도해도 |

| 그래쥬에이션 커트의 유형 |

| 구 분 | 낮은 그래쥬에이션 | 중간 그래쥬에이션 | 높은 그래쥬에이션 |
|---|---|---|---|
| 도해도 | 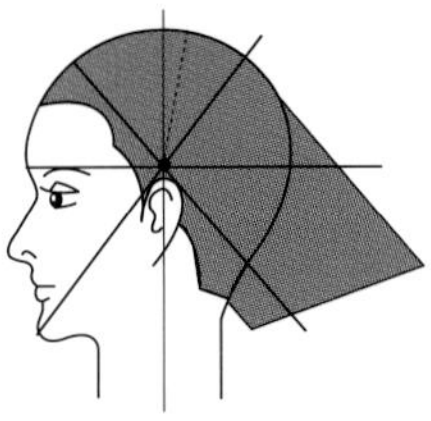 | 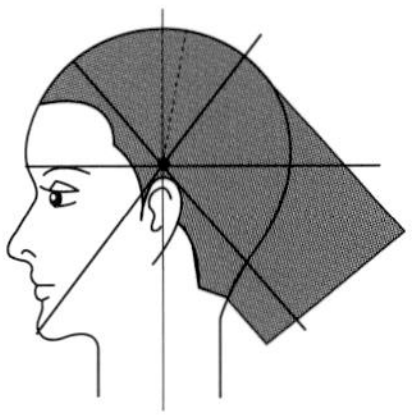 | 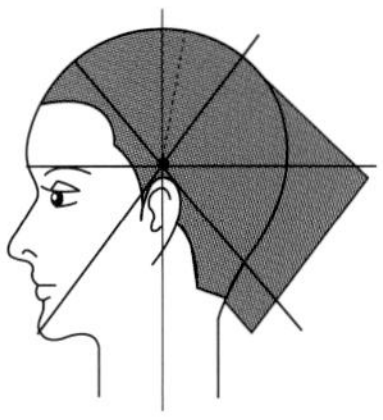 |
| 구조 | 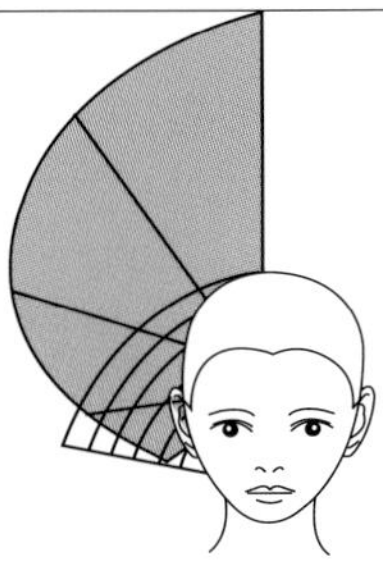 | 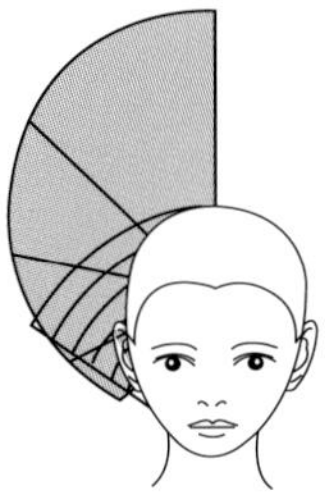 | 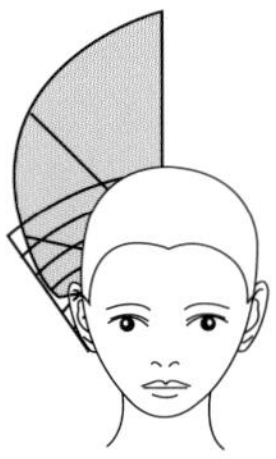 |
| 특징 | 시술 각도 1~30°<br>볼륨이 낮은 위치에 생성 | 시술 각도 31~60°<br>볼륨이 중간보다 낮은 위치에 생성 | 시술 각도 61~89°<br>볼륨이 높은 위치에 생성 |

| 그래쥬에이션 커트의 섹션 방향과 시술각에 따른 형태 |

| 구 분 | 낮은 그래쥬에이션 | 중간 그래쥬에이션 | 높은 그래쥬에이션 |
|---|---|---|---|
| 컨케이브 라인 |  | 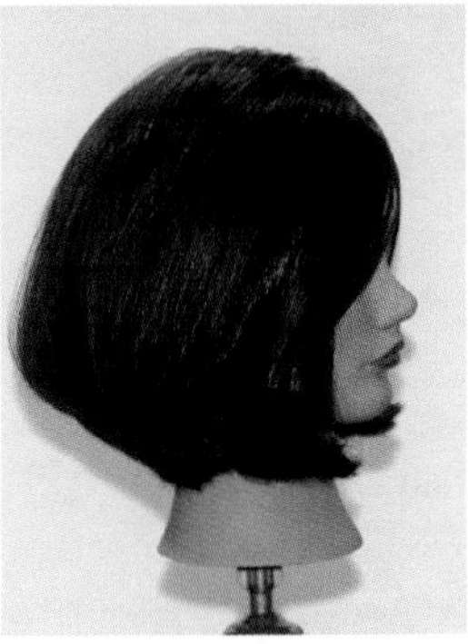 |  |
| 컨백스 라인 |  | 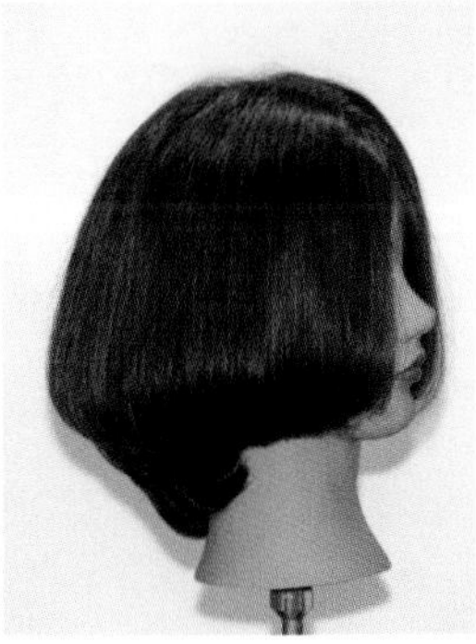 |  |

② 그래쥬에이션 커트의 응용 헤어스타일

우리가 흔히 생각하는 대부분의 커트 라인들은 그래쥬에이션의 응용 스타일로서 다른 어떠한 커트 디자인보다 사람들의 이미지 변화를 섹션과 시술각, 스타일링의 방법에 따라 변화 시킬수 있다. 즉 시술 방법에 따라 사람의 인상을 부드러운 이미지에서 시크하고 강한 이미지로 연출할 수 있으며, 강한 이미지에서도 커트 디자인의 모발 길이와 스타일링에 따라서 귀엽고 발랄한 느낌의 이미지를 연출할 수 있다.

| 구 분 | 그래쥬에이션 커트의 응용 헤어스타일 | | |
|---|---|---|---|
| 컨케이브 라인 |  |  |  |
| 컨백스 라인 |  | 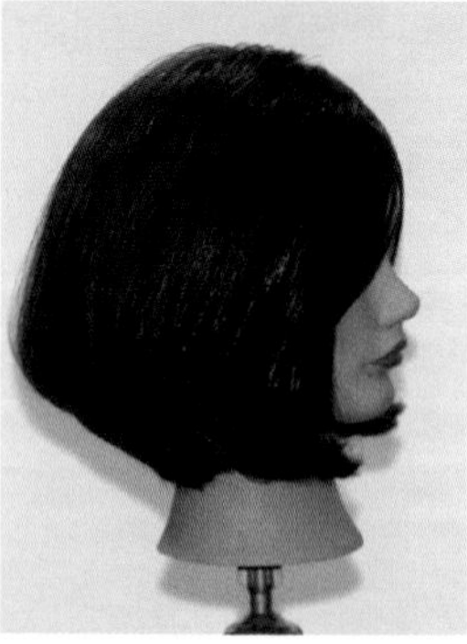 |  |

(3) 레이어 커트(Layer Cut)의 형태 분석

① 레이어 커트는 인크리스 레이어과 유니폼 레이어으로 나뉜다. 인크리스 레이어는 하이 레이어로 모발 길이가 톱은 짧고 네이프로 갈수록 길어지는 스타일로 90°이상의 각도를 적용하며, 전체적으로 큰 단차가 나며 가볍고 거친 느낌이 강하다. 유니폼 레이어는 세임 레이어라고도 하며, 머리 전체의 길이를 동일하게 자르는 방법으로 두상의 시술 각도 90°가 적용되며 무게 지역이 없는 것이 특징이다.

| 레이어 커트의 유형 |

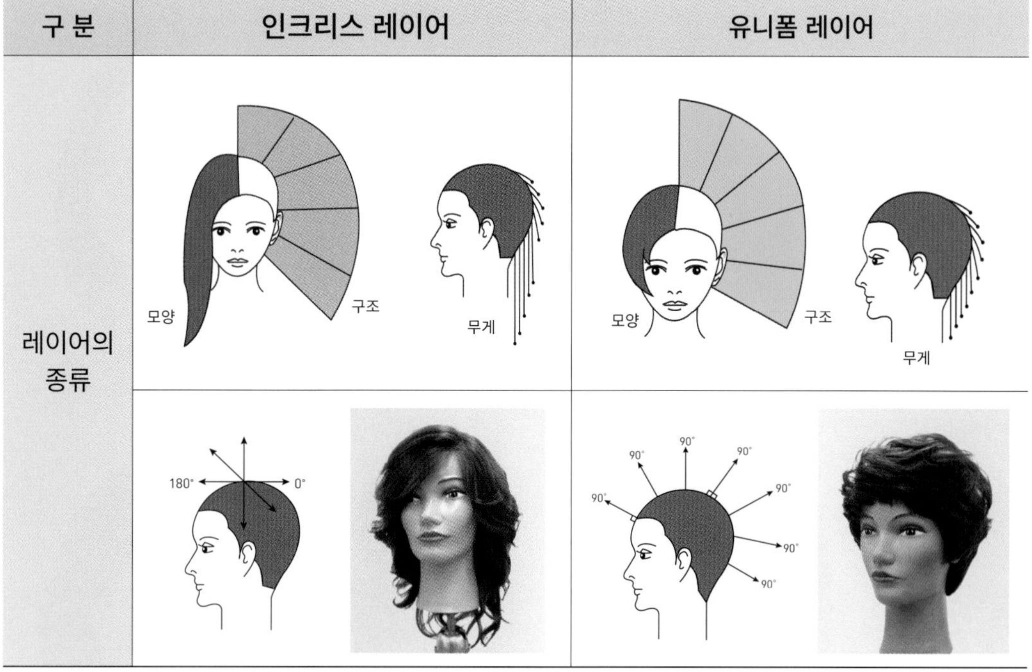


② 레이어 커트의 응용 헤어스타일

인크리스 레이어의 길이 배열은 톱 부분은 짧고 네이프 쪽으로 갈수록 모발의 길이가 길어져서 무게감이 없이 끝 부분이 가늘어지고 가벼워진다. 톱 부분의 모발 길이와 두상의 커브 각도에 따라서 다양한 층을 만들 수 있는 장점이 있다. 반면 잘린 모발 끝부분이 보이기 때문에 질감이 차분하지 않고 끝부분이 들뜨고 거친 느낌을 준다.

인크리스 레이어형은 역삼각형의 얼굴에서는 앞머리를 내려 넓은 이마를 커버하고, 9:1의 가르마를 활용하면 얼굴이 작아 보이는 효과가 있다. 또한, 웨이브를 넣으면 시선을 분산시킬 수 있다. 각진 얼굴형은 강렬한 인상을 주기 때문에 7:3 비율로 가르마를 타고 굵은 웨이브를 주면 부드러운 인상을 주어 단점을 커버할 수 있다.

| 구 분 | 레이어 커트의 응용 헤어스타일 |
| --- | --- |
| 인크리스 레이어 | |
| 유니폼 레이어 | |

## 2) 모발 길이에 따른 헤어스타일 분석

### (1) 롱 헤어스타일

롱 헤어스타일은 남자의 로망으로 청순하면서도 단순하지 않은 포근한 느낌이며, 모발에 C컬과 S컬을 넣어 자연스러움을 유지하면 시크함과 여성스러움을 강조할 수 있다.

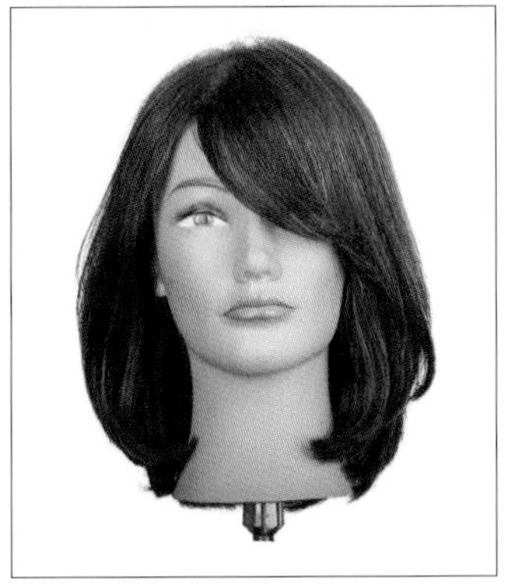
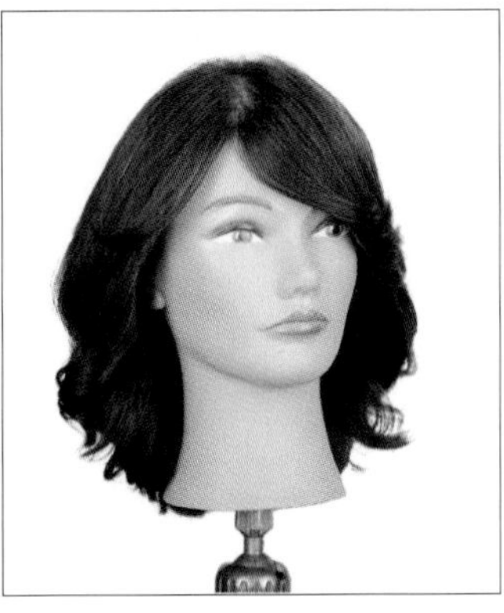
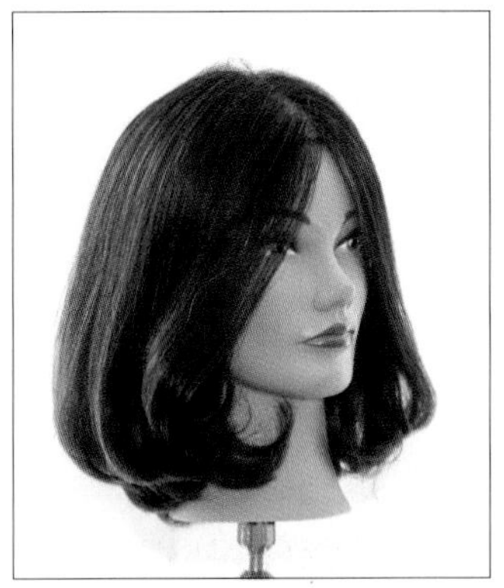

### (2) 미디엄 헤어스타일

미디엄 헤어스타일의 경우 보브 스타일에 레이어를 믹스하면 무거움이 있는 아웃라인과 자연스러운 율동감이 조화되어 모던함과 시크함을 동시에 연출할 수 있으며, 무거운 질감이 흐르는 웨이브와 율동감이 더해진 질감 처리로 경쾌한 무거움이 느껴지는 스타일을 표현할 수 있다.

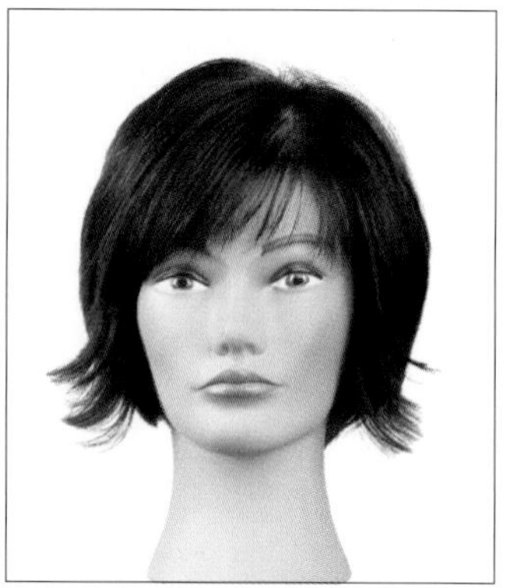

### (3) 쇼트 헤어스타일

쇼트 헤어스타일은 시크해보이면서 세련된 느낌을 줄 수 있으며, 때로는 시크함과 귀여움을 동시에 어필할 수가 있어 다양한 연령대가 가능하다.

또한, 여름철에 밝고 화사한 느낌을 표현하고자 커트 후 포인팅 커트를 믹스하면 더욱 고급스럽고 세련되고 깔끔한 분위기를 고조시킨다. 쇼트 스타일은 긴 머리보다 오히려 여성의 섹시함과 러블리함을 더욱 부각시킬 수 있다.

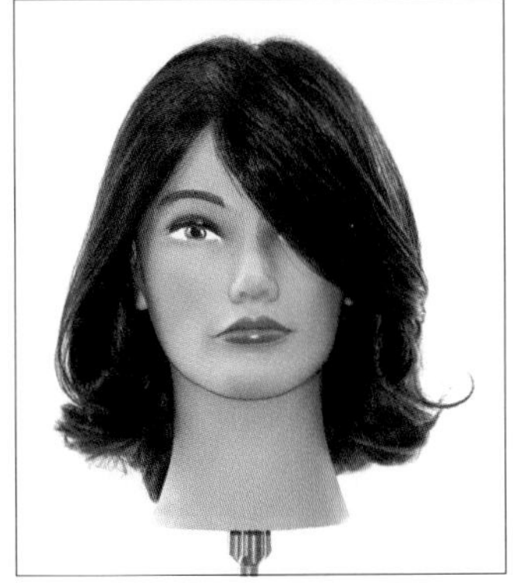

### 3) 헤어 컬러의 도포 방법에 따른 헤어스타일 분석

#### (1) 원톤 컬러의 헤어스타일

원톤 컬러는 한 가지 색상만으로 색을 표현하는 기법을 말하며, 깔끔한 이미지로 명도와 채도에 따라 다양한 이미지로 연출할 수 있다.

붉은빛과 노란빛 등의 따뜻한 톤을 가진 피부에는 붉은 기가 없이 매트한 헤어 컬러가 잘 어울린다. 또한, 흰 피부의 경우 모카브라운 컬러를 전체를 염색한 후 머리 중간부터 채도가 높은 핑크, 허니블론드, 오렌지 등의 팝한 컬러를 도포하면 흰 피부를 더욱 돋보이게 연출하였다.

#### (2) 투톤 컬러의 헤어스타일

투톤 컬러는 두 개의 색조라는 의미이며, 색상이 다른 두 색을 조합하는 의미로 사용되는 경우가 많다. 바이컬러(Bi Color)와 동의어로 색상이 동일한 톤의 두 색만을 사용해 그것이 색채나 디자인의 특징이 될 때에 투톤 컬러라고 표현한다.

### (3) 옴브레 발레아주 컬러의 헤어스타일

옴브레는 '그늘' 이라는 뜻으로 그늘이나 그림자가 진 것처럼 다양한 색상이 자연스럽게 그라데이션 되는 것을 말한다. 컬러는 자신의 취향에 맞춰 두 가지 이상의 색이 자연스럽게 조화되어 보통 위쪽에는 짙은 색을 끝쪽으로 밝은색을 연출하는 경우가 많다. 예전에는 매트한 컬러와 브라운 컬러을 그러데이션 기법으로 연결하였으나 최근에는 예전에 비해 색이 한층 화려해지고 과감해졌다. 스카이블루, 바이올렛, 핑크, 옐로우 계열이나 브라운과 그린 계열 등 톤온톤으로 매치하여 개성을 살리고 컬러를 보색으로 연출하여 유니크하고 매력적인 스타일을 표현하고 있다.

### (4) 그라데이션 컬러의 헤어스타일

3가지 이상의 다색 배색을 사용해 점진적 변화의 기법으로 색상이나 명도, 채도, 톤의 변화를 통해 배색을 할 수 있으며, 차분하고 서정적인 이미지를 주고 자연적인 흐름과 리듬감이 생긴다.

① 한 가지 색상을 사용하여 3가지 명도를 표현한 배색 기법

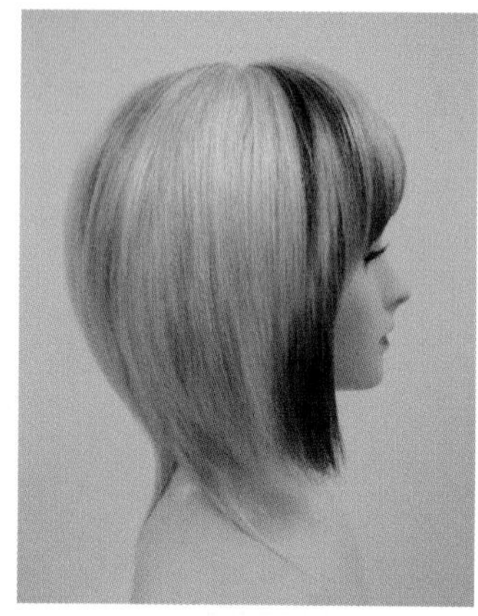
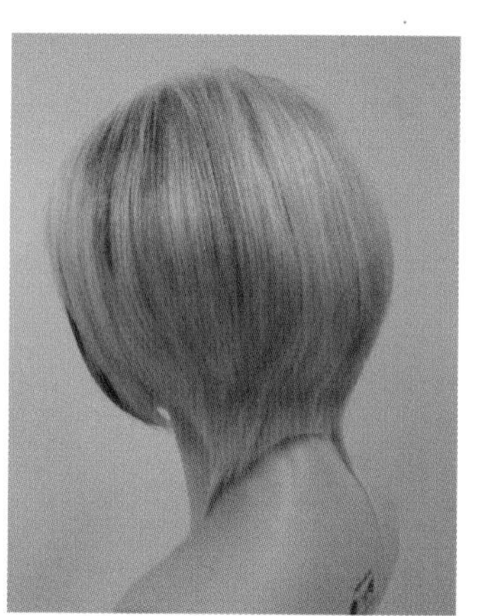

② 2가지 이상 색상을 이용한 기법

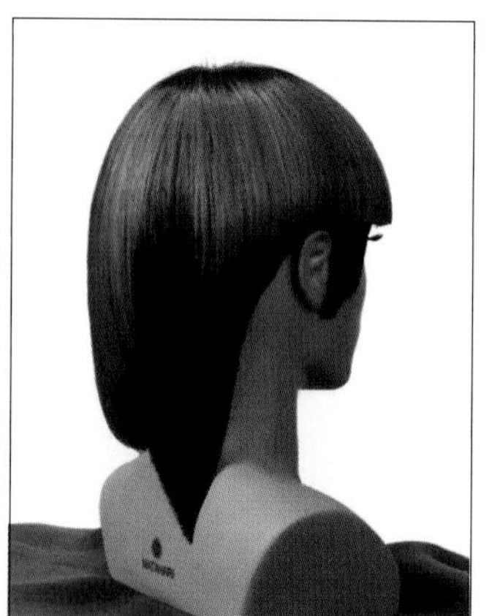

(5) 블리치 기법의 헤어스타일

블리치(탈색)는 모발에 자연색을 부여하는 멜라닌 색소를 부분적으로 시간이 지남에 따라 점진적으로 제거하는 기술로 산화 과정을 통하여 자연모의 색깔을 점점 밝게 하는 것이다. 부분적인 탈색하여 포인트를 줌으로써 화려함을 연출한다.

(6) 레인보우 컬러의 헤어스타일

다채로운 컬러의 조합으로 간격을 일정하게 한다든지 사선이나 직선으로 옴브레 발레이쥬 응용 컬러 기법을 변형하여 시술한다. 컬러의 보색을 사용하여 강렬, 섹시, 화려함, 자극적, 현대적인 느낌을 표현할 수 있으며, 유사색을 사용하면 고급스러움, 부드러움, 온화, 내추럴, 고풍스러움을 연출한다.

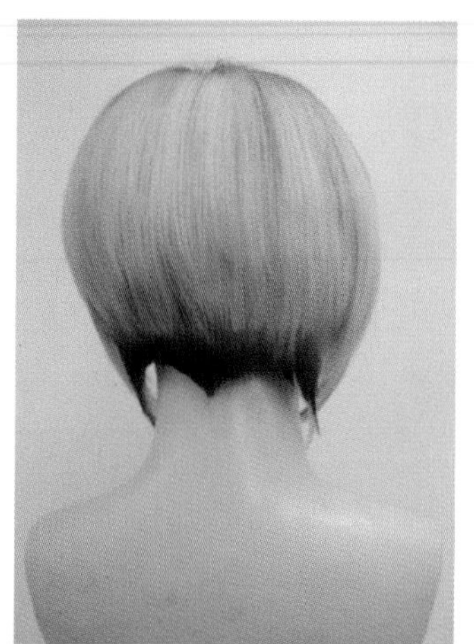

## 3. 헤어디자인의 이미지

### 1) 로멘틱 / Romantic

로멘틱은 동화 속의 공주처럼 감미롭고 부드러운 분위기에 대한 동경을 표현한다. 자유로운 인간의 감정을 표현하는 낭만주의에서 유래하였으며 사랑스럽고 귀여운 분위기를 잘 표현하는 색채는 파스텔 톤이다. 주로 라이트 톤, 페일 톤, 브라이트 톤으로 비교적 밝은 톤의 피치, 핑크, 옐로, 퍼플 계열이 주 색상이다.

## 2) 엘리건트 / Elegant

엘리건트는 불어로 '우아한, 고상항, 맵시'의 뜻으로 기품 있는, 우아한, 고상한, 근사한, 세련된, 드레시한 이미지를 나타낸다. 여성의 품위 있는 여성다움을 추구한다. 명도가 낮은 파스텔 톤이나 그레이시 톤의 조합은 엘리건트한 이미지를 잘 표현해 준다. 배색은 라이트 톤, 브라이트 톤, 소프트 톤을 사용한다.

## 3) 프리티 / Pretty

프리티는 귀엽고 화사하며, 사랑스러운 이미지로 여리고 밝은 이미지를 지닌 색채라고 할 수 있다. 밝고 가벼운 라이트 톤이나 브라이트 톤, 파스텔 계열로 배색을 한다. 밝고 선명한 색조의 노랑, 빨강, 연두 계열을 활용하면 프리티한 이미지를 만들 수 있다.

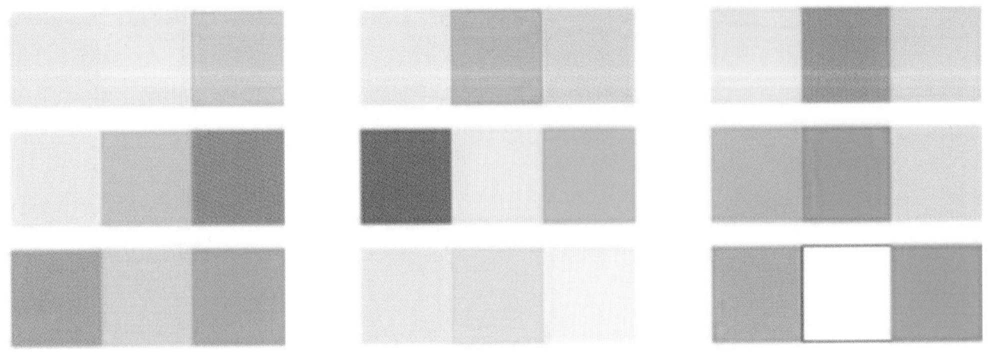

### 4) 매니시 / Mannish

‘남자 같은’ ‘남성적인’이라는 뜻으로 도시적인 남성의 이미지를 가진 색채라고 볼 수 있다. 자립심이 강하며 건강하고 활동적인 이미지의 여성을 표현한다. 모던과도 색의 느낌이 유사하다. 차가운 색조나 무채색의 색조가 매니시를 잘 표현한다.

### 5) 내추럴 / Natural

가공하지 않은 자연의 부드럽고 친근감이 있는 색채로 대 자연에서 찾을 수 있는 색상들이 내추럴 이미지를 잘 표현할 수 있다. 자연이 가지고 있는 온화함, 정다움 등 꾸미지 않은 이미지를 나타내는 것으로 베이지 계열, 카키색 계열, 브라운 계열을 들 수 있다.

### 6) 클래식 / Classic

전통성과 윤리성을 존중하고 고급스러움을 추구하는 이미지이다. 고전적인, 고상한, 보수적인, 고풍스러운, 중후한, 기품 있는 등의 의미이다. 고전적인 예술품에서 보이는 색상들과 중후해 보이는 색상들, 즉 와인, 다크 그린, 겨자, 딥 블루 등의 색상이 딥 톤과 다크 톤의 다양한 색채들과 어우러져 중후함을 주어 클래식한 이미지를 나타낼 수 있다.

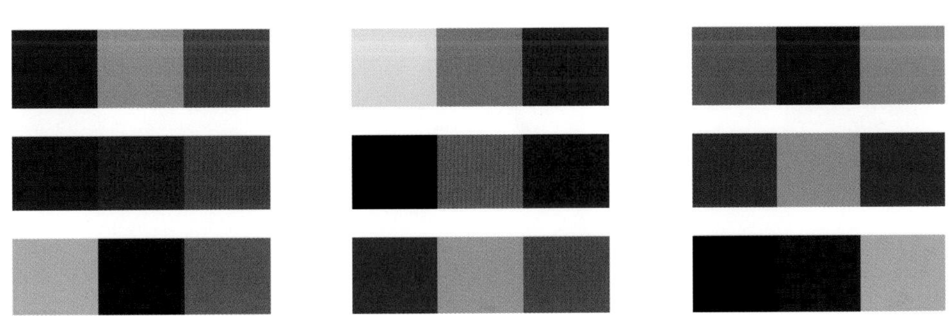

## 7) 모던 / Modern

지적 세련됨과 도회적이고 하이테크한 감성을 바탕으로 진취적이고 개성적이며 앞선 감각의 이미지를 추구해 가는 것이다. 모던 이미지의 대표색은 무채색이며 무채색 외에도 차가운 색상의 느낌으로 모던한 이미지를 연출할 수 있다. 또한, 대담한 색채 대비나 명암 대비를 통해 미래 지향적인 이미지를 나타낼 수 있다.

### 8) 엑티브 / Active

밝고 쾌활한, 건강한, 자유, 활동성, 생동감, 명랑함을 느낄 수 있는 이미지를 가진다. 색은 주로 비비드 톤을 위주로 하며 브라이트 톤 등 화려하고 밝은색상들이 선호된다.

# 2 | 색채 이론

디자이너가 색을 잘 다루는 것은 형태와 질감을 만드는 것만큼 매우 중요한 일이다. 색은 사람의 느낌과 이미지를 표현한다. 색의 명암, 어둡고 탁함, 색의 조합에 따라 다양한 이미지의 변화를 줄 수 있다. 본 장에서는 색의 기본 요소를 살펴보고 색 이미지가 어떤 느낌을 줄 수 있는지 알아보도록 한다.

## 1. 색의 분류

색은 무채색과 유채색으로 나누어진다. 무채색은 흰색과 회색 및 검은색에 속하는 색으로 흰색에서 검은색까지의 사이에 있는 회색의 단계를 명도의 차이에 따라 배열할 수 있다. 유채색은 무채색을 제외한 색감을 가지고 있는 모든 색으로 색상, 명도, 채도를 가지고 있다. 유채색의 종류는 750만 종에 달하며 그중에서 인간이 지각할 수 있는 색은 200여 종이다.

## 2. 색의 3속성

### (1) 색상(Hue): 색감의 차이를 가리키는 것

색상이란 무지개에서 볼 수 있는 빨강, 주황, 노랑, 초록, 파랑, 남, 보라 등과 같은 색감을 말하는 것으로 개별 유채색의 색 기미를 나타내는 것이다.
색상을 순차적으로 나열하면 색상환이 된다. 색상환에서 가까이에 인접한 색을 유사색이라고 하고 거리가 비교적 멀리 배치되어 있는 색을 대조색, 가장 멀리 정반대쪽에 위치한 색을 보색이라 한다.

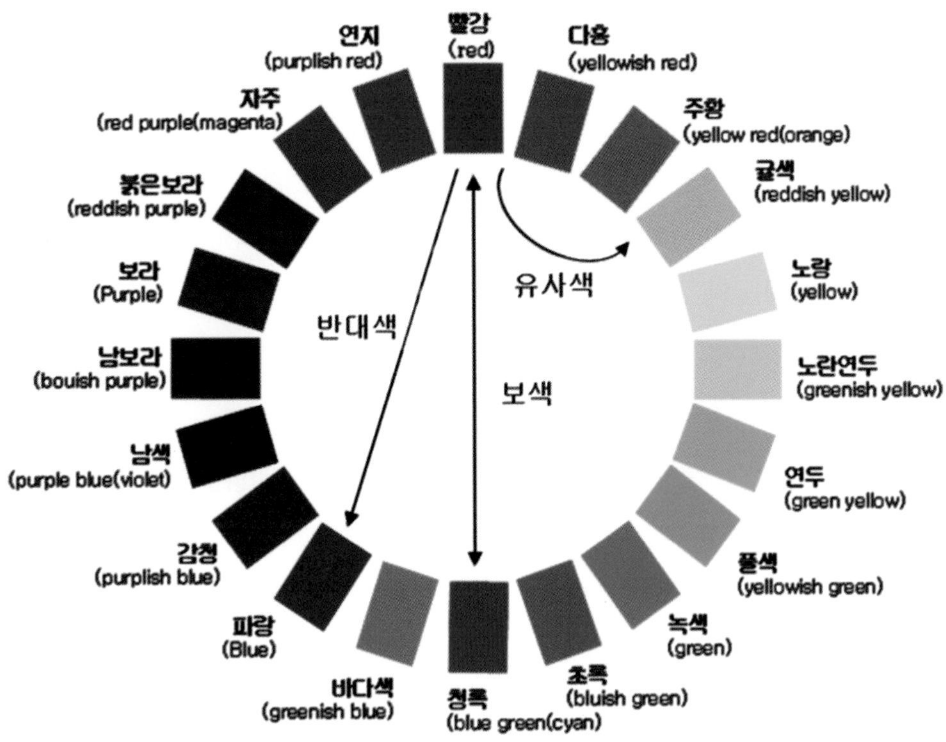


| 먼셀 색상환 |

① 유사색

색상환에서 거리가 가까운 색으로 색상 차가 적으며 조화가 잘 이루어진다.

② 반대색

색상환에서 거리가 먼 색으로 색상 차가 매우 크다. 반대색끼리의 배색은 예쁘지만 섞으면 서로의 색을 죽여 버리기 때문에 발색이 예쁘지 않게 된다.

③ 보색

색상환에서 거리가 가장 먼 정반대편의 색을 말하며 보색인 두 색을 혼합하게 되면 무채색이 된다.

(2) 명도(Value): 색의 밝고 어두운 정도

색의 밝고 어두운 정도를 명도라고 한다. 명도는 유채색과 무채색 모두 공통적으로 갖는 성질이다. 보통 밝은색은 명도가 높다고 하여 고명도의 색, 어두운색은 명도가 낮다고 하여 저명도의 색, 중간쯤의 밝은색은 중명도의 색이라고 한다.

명도는 색감이 없고 선명함을 갖지 않은 무채색을 기준으로 하고 완전한 검정을 0, 완전한 흰색을 10으로 하여 그 사이의 밝음의 단계를 말한다. 따라서 흰색의 명도가 가장 높고 검정색의 명도가 가장 낮다.

(3) 채도(Chroma): 색의 맑고 탁한 정도

여러 색 가운데 가장 깨끗한 색으로 채도가 가장 높은 색을 청색(맑은 색: Clear Color)이라고 하며, 선명하지 못한 색을 탁색(흐린 색: Dull Color)라고 한다. 진한 색, 연한 색과 흐린 색, 맑은 색 등은 모두 채도의 고저를 가리키는 말이다. 색의 혼합에서 어느 순색의 색상에 백색이나 검정(무채색)의 혼합량이 적을수록 채도가 높아지는데 무채색의 함량이 가장 적은 색을 순색이라고 한다. 반대로 순색의 양이 없어진 흰색, 회색, 검정을 무채색이라고 한다.

순색(Full Color)은 하나의 색상에서 무채색의 포함량이 가장 적은 색으로 채도가 가장 높다. 채도는 저채도(0~4), 중채도(4~8), 고채도(8~14)의 3개 영역으로 나눌 수 있다.

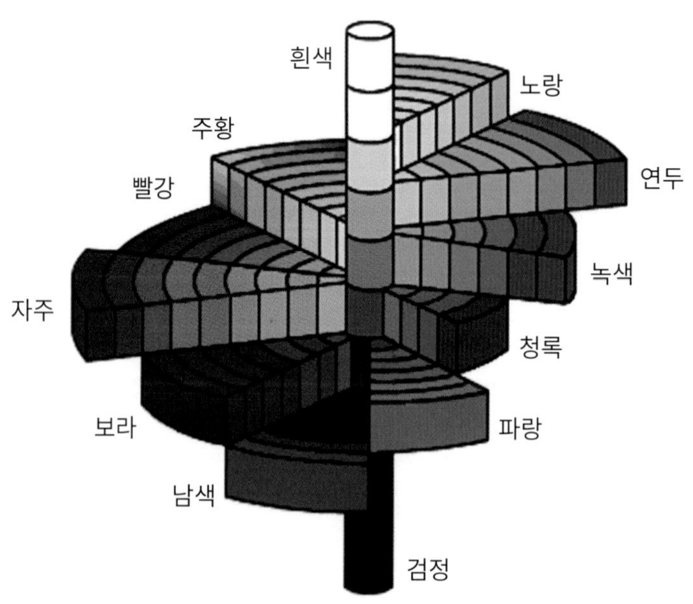

## 3. 색 이미지

색은 단순히 보이는 것만이 아니라 마음으로 읽히는 메시지가 있다. 색은 사람의 심리에 작용하여 영향을 미치고 있으며 개개인의 이미지에 영향을 주기도 한다.

### (1) 빨강(Red)

빨강은 외향적이고 행동적이며 감정을 쉽게 표출하고 현실적 쾌락을 즐기며 정력적인 이미지를 대변한다. 모든 색채 중에 가장 채도가 높으며 신체를 최고의 상태로 끌어올려 혈액순환을 촉진시킨다.

### (2) 주황(Orange)

주황색은 주목성이 높은 색이며 건강, 기쁨, 활발함을 나타내는 개방적인 색으로 자유로움을 추구하는 사람들이 좋아하며 자신을 어필하고 싶을 때에 사용하면 효과적이다. 식사할 때 맛있게 느끼게 해주는 식욕 색으로 우울증에도 효과적이다.

(3) 노랑(Yellow)

활동성과 쾌활함을 나타내며 어린아이와 같은 해맑은 얼굴을 떠올리게 만드는 색이다. 노랑을 좋아하는 사람은 의사소통 능력이 뛰어나고 늘 새로운 것을 찾아 자기실현을 하려 한다. 노랑은 주목성이 높으며 진출색으로 경고의 의미로 쓰이기도 한다.

(4) 녹색(Green)

자연색으로 마음을 편안하게 해주며 스트레스를 해소시키고 안도감을 준다. 이 색을 좋아하는 사람은 스스로를 되돌아보며 온화하고 부드러우며 확실성을 바라는 성격의 소유자들이 좋아한다.

(5) 파랑(Blue)

차분하고 시원한 색으로 진정 효과가 있으며 미음과 침착함의 상징이다. 이상과 희망, 자유의 이미지로 붉은색과는 반대로 흥분을 가라앉힌다. 파랑을 좋아하는 사람은 보수적이며 자기관리가 뛰어나다.

### (6) 보라(Purple)

왕족, 귀족 같은 우아함, 화려함, 고귀함 등 정신적 권위의 상징으로 예로부터 고귀한 색이라 불려 왔다. 보라를 좋아하는 사람은 직관력과 상상력이 뛰어나고 감수성이 예민하여 창의적 분야에 종사하는 사람이 많다.

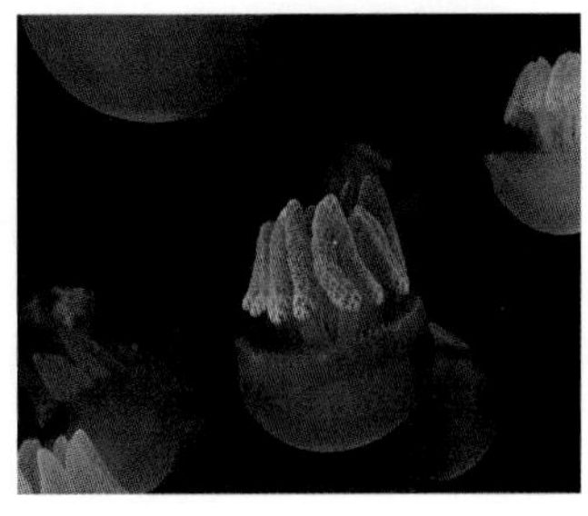

### (7) 갈색(Brown)

대지의 색으로 미각색이며 안정감을 주고 신중한 판단력을 느끼게 해준다. 갈색을 좋아하는 사람은 성격이 꼼꼼하며 너무 신중한 편이고 보수적인 성향이 있다.

### (8) 흰색(White)

순수, 청결, 항복, 청초함의 상징이며 타협하지 않는 기품 있는 색이다. 텅 빈, 무기력, 단조로움을 나타내기도 한다. 흰색을 좋아하는 사람은 수동의 자세를 지닌다.

### (9) 회색(Gray)

보수적이고 남성적인 반면 무기력, 우울, 수동적인 느낌을 준다. 회색을 좋아하는 사람은 온화하고 수수하지만 타인과의 관계를 깊이 하고 싶어 하지 않는다.

### (10) 검정(Black)

세련되고 격조 높은 색이며 심리적인 위압감을 주고 권위를 나타내고 싶은 색이다. 검정을 좋아하는 사람은 지시받는 것을 싫어하는 반항적인 사람으로 감정을 잘 표출하지 않는다.

## 4. 톤(Tone)

명도와 채도는 확연히 구별되는 속성이지만 사람은 색을 볼 때 같은 색상이라고 밝은, 어두운, 강한, 약한, 진한, 흐린 등 복합적인 상호 과정을 거쳐 지각하게 된다. 이 색의 정도의 차이를 톤이라고 한다. 톤은 각 색상별로 12종류의 톤으로 나누어지며, 톤이 같은 것끼리 정리해 놓은 것이 아래 그림이다.

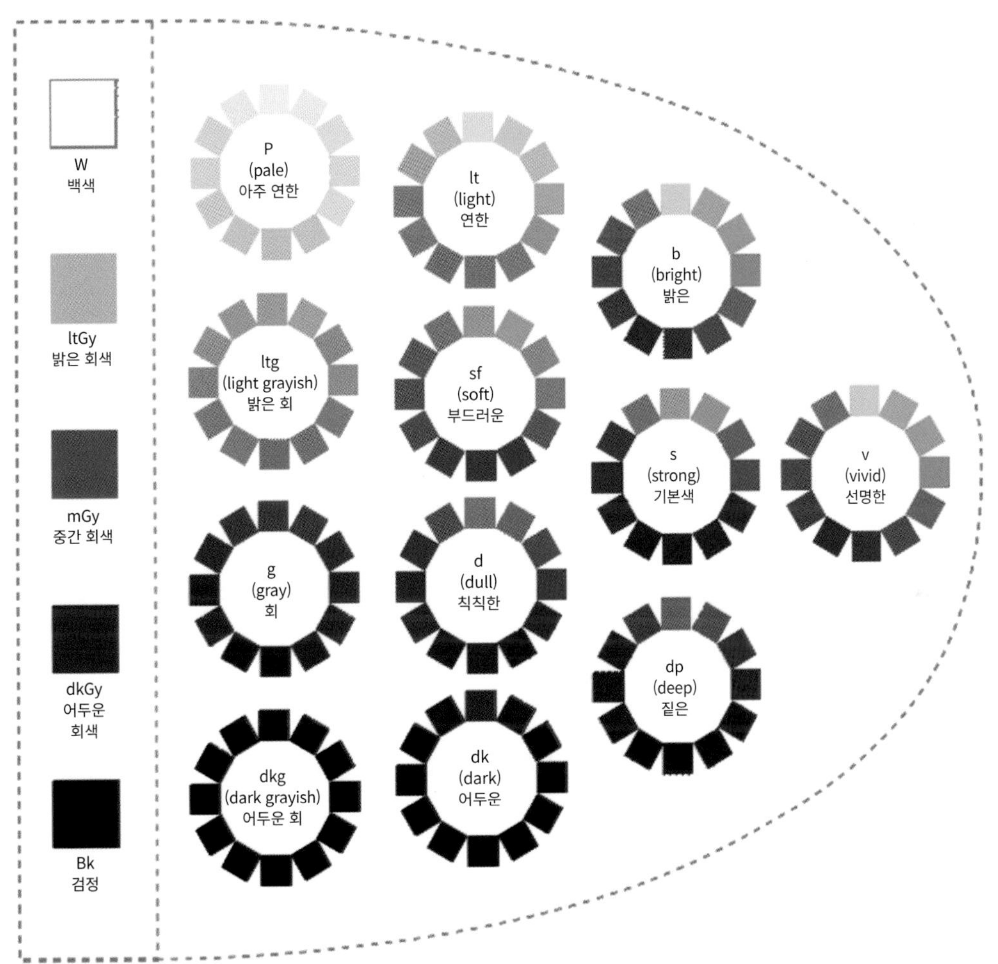


톤을 크게 4가지로 분류하면 명청색조, 순색조, 암청색조, 중간색조로 나뉜다. 톤을 잘 이해하면 색의 조화를 쉽게 알 수 있다.

(1) 화려한 색조

채도가 가장 높아 선명하고 강한 색조를 가지고 있는 비비드 톤(Vivid Tone)을 볼 수 있으며, 색을 통해 스포티함, 대담함, 활동적인, 쾌활한, 자극적인 이미지를 표현할 수 있다.

(2) 밝은색조

깨끗하고 맑은 색조(Pale, Very Pale, Bright Tone)인 순색에 흰색을 섞어서 시각적으로 우아하고 부드러운 느낌을 준다. 명란한, 로멘틱한, 가벼운, 건강한, 맑은 이미지를 표현할 수 있다.

(3) 수수한 색조

빛바랜 느낌을 주고 어두운색조이지만 부드럽고 고풍스러운 느낌(Light, Light Grayish, Grayish, Dull)인 색조로 비비드 톤에 회색이 가미가 된 중간색조이다. 색의 느낌이 강하게 나타나지 않아 흐릿하고 차분한 느낌을 준다. 그레이시 톤(Grayish Tone)은 도시적인, 담백한, 세련된 느낌을 주며 덜톤(Dull Tone)은 품위 있는, 고상한, 보수적인 느낌을 주는 표현을 할 때 사용한다.

(4) 어두운색조

원숙하고 중후한 느낌을 주는 톤으로(Deep, Dark Tone)명도와 채도가 낮은 깊고 진한 느낌의 색조이다. 딥톤은 비비드 톤에 검정이 가미된 색조로 전통적인, 성숙한, 격식 있는 표현을 할 수 있다. 다크 톤(Dark Tone)은 검정에 가까운 색조로 딥 톤보다 더 어두운색조이다. 남성적인, 도시적인, 무거운, 딱딱한 표현을 할 수 있다.

|  |  |  |  |
|---|---|---|---|
| 비비드 톤 | 브라이트 톤 | 그레이시 톤 | 다크 톤 |

## 5. 색 이미지 표현

색은 표현의 힘이 커서 다양한 느낌과 감성을 나타낼 수 있다. 색상 조합과 배치는 특정한 이미지를 연출하는 데 도움이 된다. 배색 관계에 따라 달라지는 이미지를 살펴보자.

### (1) 명도와 채도가 높은 배색

명도와 채도가 높은 배색은 활기차고 명랑하며 밝은 느낌을 준다. 배색의 느낌은 봄, 여름과 같이 선명하고 뚜렷한 느낌을 주므로 높은 주목성을 가지게 된다.

### (2) 명도와 채도가 낮은 배색

명도와 채도가 낮은 배색은 차분하고 정적이며 고급스러운 중후한 느낌을 준다. 가을을 연상하게 하며 색을 연출할 때에는 풍부한 색감을 표현하는 것이 좋다.

### (3) 유사색을 이용한 배색

유사색은 비슷한 색으로 배색하는 것을 뜻한다. 왼쪽의 이미지는 난색 계열로 배색을 하였고, 오른쪽의 이미지는 한색 계열로 배색을 하였다. 난색의 색조는 따뜻하고 여성스러우며 온화한 이미지를 준다. 한색의 색조는 차갑고 깨끗하며 남성적인 이미지를 준다.

### (4) 대조색을 이용한 배색

대조색은 색상환에서 반대되는 색상 쪽에 있는 색을 말한다. 큰 색의 대비로 인해 명확하게 이미지를 부각시킬 수 있다. 색을 배치할 때 거부감이 들지 않도록 비율과 색상을 고려하여 배치하는 것이 필요하다.

# 3 | 염모제의 특성과 작용 원리

## 1. 염모제의 특성에 따른 분류

### 1) 유성 염모제

안료를 주성분으로 하는 염모제로써 안료를 유지 또는 접착제와 혼합하여 크레용 형태로 성형시키거나 스프레이, 무스 상태로 만들어 모발에 도포하거나 분무하는 것이다.

### 2) 식물성 염모제

식물의 꽃, 열매 등의 색소가 산성 용액 속에서 케라틴을 염색시킬 수 있는 성질을 이용하여 만들어졌으며 식물성 염모제가 모발 안에 축적되면 모발의 색이 탁해지고, 모발이 건조해지고 뻣뻣해지며 지속력이 떨어진다. 퍼머넌트 웨이브제와 산화 염모제의 침투가 어려워진다.

### 3) 금속성 염모제

납, 철, 카드뮴, 비스마스, 동 등을 기초로 한 염모제로 이들 금속은 철을 제외하고 대부분이 유독한 성분을 가지고 있기 때문에 사용에 제한이 있다. 식물성 염모제처럼 모발에 피막을 입힐 뿐만 아니라 모발 내에 금속 성분이 축적된다. 현재 염모제로써 사용되지 않는다.

### 4) 합성 염모제

동식물이나 천연광물에서 얻어지는 염료와는 달리 유기합성 화학의 방법으로 제조한 염료를 말하며 그 성질에 따라 산성 염료, 염기성 염료 및 산화 염료로 분류할 수 있다. 금속성 또는 무기질 염료를 식물성 염료와 혼합한 것이다. 금속성 염료를 추가하여 착색력을 더 강화시키고, 다른 색을 만들어낸다.

## 2. 염모제의 지속 기간에 따른 분류

### 1) 일시적인 염색

일시적 염색은 염료가 화학작용을 거치지 않고 모표피에 물리적으로 강하게 흡착되어 색소를 씌우는 것으로 자연모, 염색모, 탈색모 등의 자연 또는 인공적인 색상을 가볍게 수정하고 반사색을 갖도록 해준다. 모발의 표면에만 염모제가 입혀지는 것으로 샴푸 1회로 색이 쉽게 제거된다.

① 장점: 흰머리를 약하게 커버할 수 있음, 퇴색모발 수정, 모발에 포인트 색상을 표현한다.
② 단점: 지속 기간이 짧다. 땀이나 수분에 의해 제거됨, 손상모는 얼룩이 생긴다.
③ 제품: 컬러 린스, 컬러 샴푸, 헤어초크, 헤어 마스카라, 컬러 스프레이, 컬러 스틱

### 2) 반영구적 염색

반영구적 염색은 산성 컬러제로 모발의 색소를 변화시키는 것이 아니라 모표피에 색을 흡착시켜 2~4주 동안만 색상이 유지된다. 반영구적인 염색은 모발의 기본적인 구조를 변화시키지 않으며, 모발의 자연 색을 탈색시키지 않는다. 또한, 산화제를 사용하지 않고 1제만으로 구성되어 있다. 알칼리 염모제와 달리 온도의 차이에 영향을 받지 않아 두상의 어느 부분부터 바르더라도 무방하다.

① 장점: 가는 모발에 윤기 부여, 탈색모발에 다양한 색상 표현, 흰머리 양이 적을 경우 (20~30%) 흰머리를 감출 수 있다.
② 단점: 두피에 닿으면 지워지지 않는다. 어두운 모발에 표현이 어려움, 모발의 색을 밝게 할 수 없다. 반복 시술 시 모발이 푸석해지고 뻣뻣해진다.
③ 제품: 코팅, 헤어매니큐어, 헤어왁싱

### 3) 영구적 염색

영구 염모제는 pH 9.0~11 사이로 염색제와 산화제에 의해 모발의 자연색소를 탈색시키고 인공색소를 모발 내부에 착색시키는 것으로 모발의 색을 영구적으로 변화시킨다.

① 장점: 흰머리 염색, 다양한 색상 연출, 색상 퇴색이 적다.

② 단점: 모발 손상, 두피 열에 의해 얼룩 발생, 알칼리 냄새가 강하고 알레르기 반응을 일으킬 수 있다.

③ 제품: 제1제와 제2제로 구성, 1제와 2제의 혼합 비율은 1:1, 1:1.5, 1:2로 다양하게 섞어 사용할 수 있다. (제조사 설명서 참고)

| 염모제의 종류 | | | |
|---|---|---|---|
| 구 분 | 일시적 염모제 | 반영구 염모제 | 영구적 염모제 |
| 제품 종류 | 헤어 마스카라<br>컬러 스프레이<br>컬러 무스 | 헤어매니큐어,<br>코팅, 헤어왁싱 | 산화 염모제 |
| 유지 기간 | 샴푸 시 제거 | 2~4주 | 영구적 |
| 주원료 | 유성 염료, 산성 염료 | 산성 염료 | 산화염료 |
| PH | 중성 | 산성(pH2~4) | 알칼리(pH9~11) |
| 작용 시간 | 도포 즉시 착색 | 20~30분간 열처리<br>후 냉처리 | 20~40분간<br>자연 방치 |
| 모발에 작용 | 모표피 | 모표피+모피질 외각 | 모피질+모수질 |
| 약액 도포 | 모발 표면에 색을 입힘 | 2cm 정도의 폭으로<br>슬라이스하여 도포 | 디자인과 모발 상태에<br>따라 다양함 |
| 컬러 테스트 | 컬러 테스트는 따로 없음 | 가온 처리 후 몇 가닥의<br>모발을 티슈로 닦아<br>컬러 확인 | 15~20분 경과 후<br>컬러 테스트 |
| 제형별 | 제1제 | 제1제 | 제1제 + 제2제 |
| 특징 | 특별한 테크닉 없이 원하는<br>부위에 도포 | 반사 빛을 더해주거나<br>탈색모에 염색 시<br>선명한 색상 연출 | 다양한 컬러 연출 |

# 3. 알칼리제와 과산화수소($H_2O_2$)의 역할

## 1) 염색의 원리

영구 염모제의 기본적인 구성 성분은 염료, 알칼리제, 산화제로 이루어져 있다. 알칼리제의 암모니아가 모발의 표피인 큐티클을 들뜨게 하고 과산화수소가 침투하여 모발의 멜라닌 색소를 파괴하면 그 자리를 염료가 채워주는 것이 염색 원리이다.

염색 시 제1제와 제2제를 혼합하여 모발에 도포하면 탈색작용과 발색작용이 동시에 이루어진다. 제1제는 암모니아에 원하는 색상의 염료를 혼합한 것이며 제2제는 과산화수소가 주성분이다.

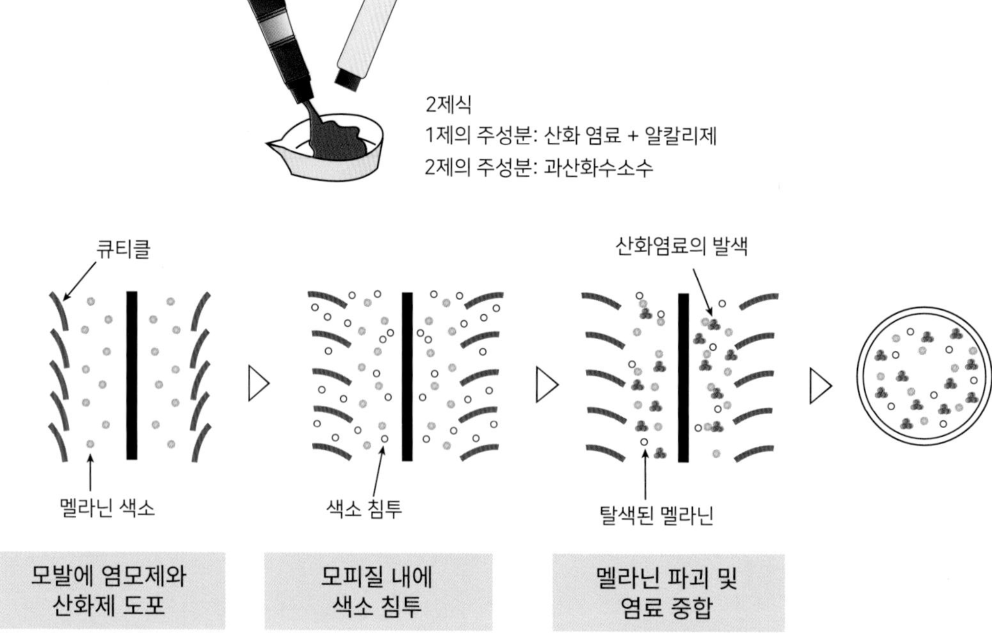


① 모발에 혼합한 약제를 도포: 혼합된 약제의 알칼리제가 작용하여 모발을 팽창시켜 모표피를 들뜨게 만든다. 염모제의 성분이 모발의 내부까지 침투한다.

② 탈색·발색: 약제의 과산화수소수 성분이 산화작용을 일으켜 색소를 분해하여 탈색시키고 산화염료가 결합하여 발색한다.

③ 염색 후의 모발 단면: 탈색된 멜라닌 색소의 자리에 산화염료가 착색하여 모발의 색상이 바뀐다.

| 염모제 성분 및 작용 | | |
|---|---|---|
| 1제 | 산화염료+알칼리제 (팽윤, 연화작용) | • 암모니아는 모발을 부풀려 모표피를 들뜨게 만든다. 염료와 과산화수소가 잘 스며들게 하는 작용을 한다. 염색할 때 따갑고 독한 냄새가 나는 것은 암모니아 때문이다.<br>• 팽윤은 어떤 물질이 물이나 다른 용매에 흡수해 잔뜩 부풀어 오르는 현상을 말한다. |
| | | • 염료는 멜라닌이 파괴된 자리를 메우고 들어가면서 모발의 색을 바꾼다(피그먼테이션). 모발의 기본색 또는 반사 빛을 결정한다. |
| 2제 | 산화제(과산화수소): 중합작용, 탈색 및 발색작용 | • 과산화수소는 색소를 파괴하는 작업을 한다. 모발 속의 멜라닌 색소를 파괴해 탈색하는 작용을 한다. |
| | | • 발색은 인공 염료가 모발에 표현되는 것이다. |

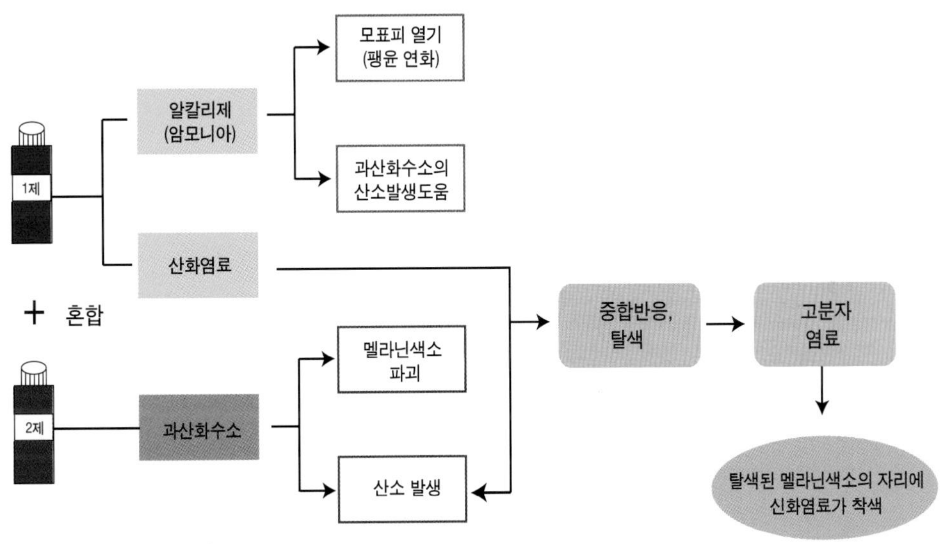


① 영구 염모제에는 알레르기를 유발하는 화학제품인 페놀 성분이 함유되어 있기 때문에 헤어 살롱에서 염색 시술 전에 피부 알레르기 테스트(패치테스트)가 반드시 필요하다.

② 린스 사용 여부를 묻는다. 린스는 모발에 보호막을 형성하기 때문에 제품이 침투하는 것을 방해한다.

③ 염모제 도포 후 작용 시간이 지난 다음 샴푸를 한다. 이것은 염료의 반응과 멜라닌 탈색에 충분한 시간을 주기 위해서다. 염색은 멜라닌 색소의 색을 바꾸는 것이기 때문에 영구적으로 색이 유지된다.

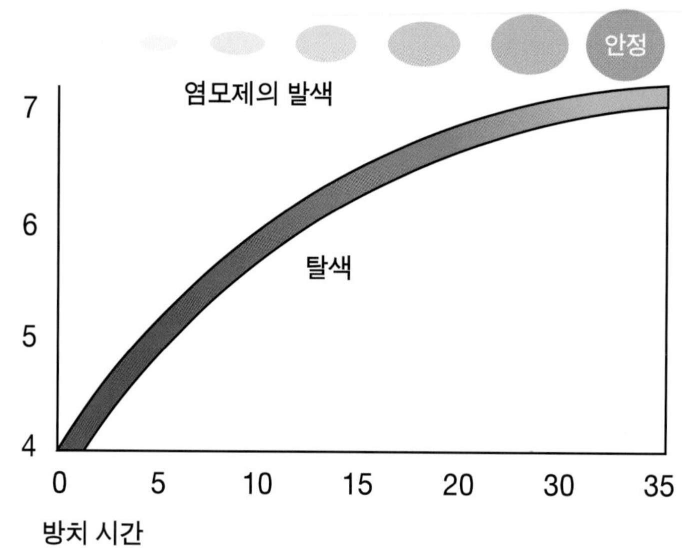


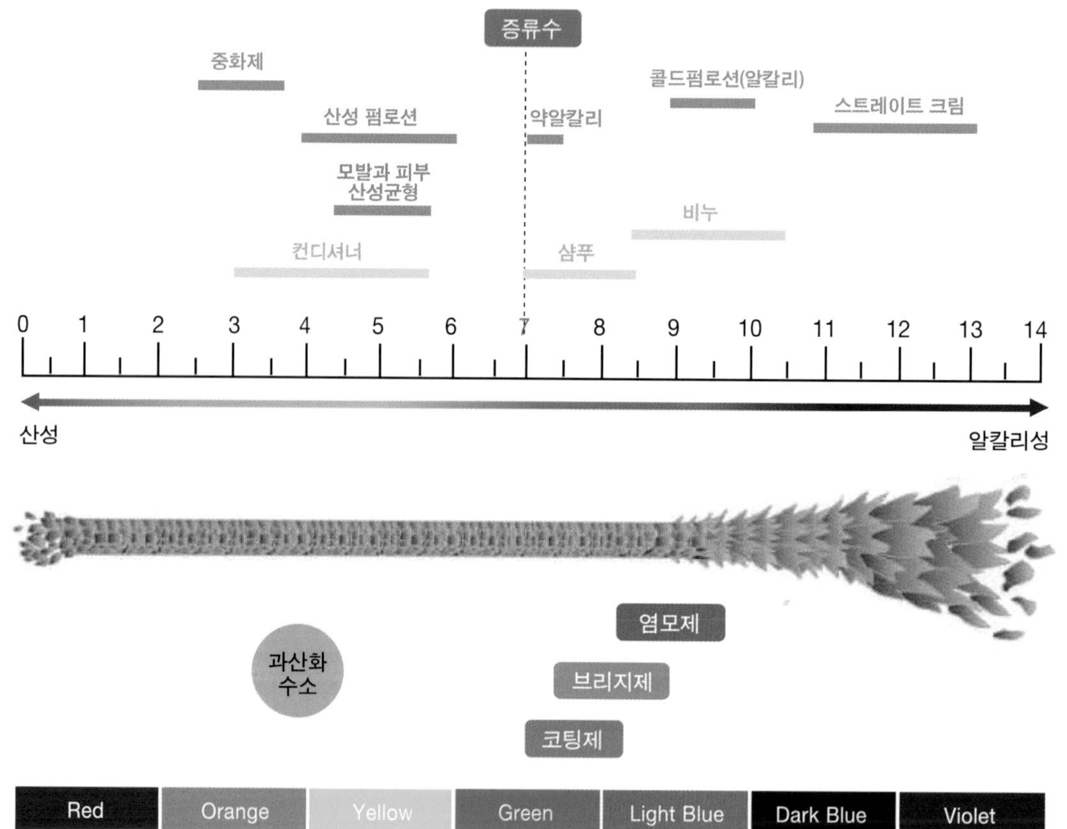


**TIP**

pH란? 수소이온농도지수(Power of Hydrogen Ions)로서 수소의 힘과 잠정적인 수치를 의미한다. 산이나 알칼리 측정 또는 용액 속에 포함된 수소의 집중도를 측정한다.

### 2) 알칼리제의 역할

알칼리제는 모발을 팽윤, 연화시켜 약제의 침투를 좋게 하며, 제2제(산화제)인 과산화수소수의 반응을 활성화시켜 산소 발생을 촉진하는 역할을 한다. 모발의 멜라닌 색소를 분해하고 탈색시켜 모발 색상의 바탕색을 만든다.

| 주성분 | | 작 용 |
|---|---|---|
| **알칼리제** | 암모니아,<br>모노에탄올아민 | • 모표피를 연화 · 팽창시켜 모피질에 염료 및 산화제가 침투하는 것을 돕는다.<br>• 산화제의 분해를 촉진하여 산소의 발생을 돕는다.<br>• 염모제의 pH를 조절한다. |

| 알칼리제의 종류 | | | | |
|---|---|---|---|---|
| 종류 | 성질 | 팽윤도 | 손상도 | pH |
| 암모니아 | 휘발성,<br>가볍다. | 짧은 시간에 팽윤을<br>시킨다. | 휘발성이 잔류하지 않아<br>손상을 줄일 수 있다. | 11~13 |
| 모노<br>에탄올아민 | 불휘발성,<br>무겁다. | 큐티클을 조금 팽윤<br>시킨다. | 잔류하는 알칼리로 지속적인<br>손상을 준다. | 9~11 |

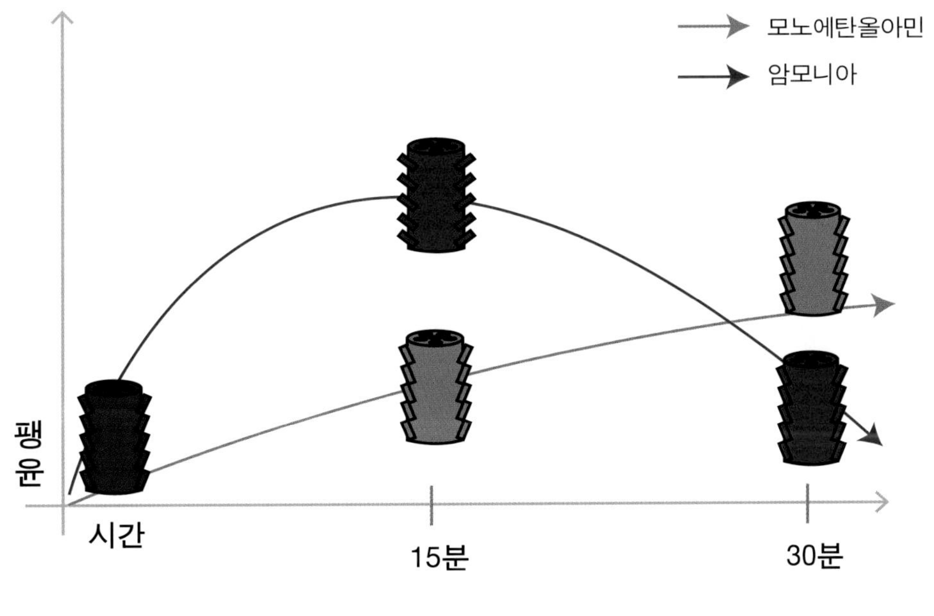


| 알칼리제의 팽윤 그래프 |

### 3) 과산화수소($H_2O_2$)의 역할

과산화수소는 무향·무색의 액체로써 물과 산소로 쉽게 분리되며, 암모니아에 의해 산화작용을 일으키는 촉매제로 사용된다. 모발 내의 멜라닌 색소를 파괴시키면서 탈색하여 모발 색을 밝게 한다. 또한, 염료 중간체와 염료 수정제의 반응을 도우며 암모니아와 같은 알칼리에 의해 보다 빨리 분해된다.

모발에 사용하는 산화제는 3%, 6%, 9%를 주로 사용하며 염모제 1제나 탈색제와 섞어 사용한다. 3%의 과산화수소는 새치 커버나 톤다운 할 경우 사용되며, 6%는 흰머리 커버와 톤온톤 시, 9%는 톤온톤과 하일라이트 시 사용된다.

| 주성분 | | 작 용 |
|---|---|---|
| 산화제 | 과산화수소소수.<br>과산화요수,<br>과붕산나트륨 | • 알칼리와 반응하여 인공적인 색소의 산화를 도와 발색한다.<br>• 멜라닌 색소를 분해하여 모발의 색을 보다 밝게 한다.<br>• 모발 케라틴을 약화시킨다.<br>• 암모니아에 의해 보다 빨리 산소 발생을 촉진 시킨다.<br>• 3%는 모발을 탈색시키지 않고 착색만 가능하다.<br>• 6%와 9%는 염색과 탈색이 가능하다. |

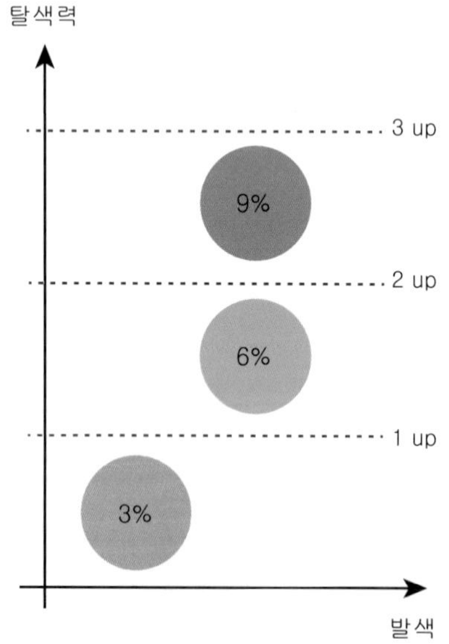


| 볼륨 | 함량 | 리프팅 | 성질 |
|---|---|---|---|
| 10vol | 3% | 1 | 탈색<발색, 착색,<br>톤다운, 톤온톤 |
| 20vol | 6% | 2 | 탈색>발색, 착색,<br>톤온톤, 톤업, 새치커버 |
| 30vol | 9% | 3 | 탈색>발색, 착색<br>톤온톤, 하이라이트 |

| 과산화수소의 메커니즘 |

| 과산화수소 농도에 따른 작용 |

| 구분 | 볼륨(Vol) | 작용 |
|---|---|---|
| 3% | 10 | • 1ℓ의 과산화수소는 10ℓ의 산소 발생<br>• 어두운 컬러 착색 용이<br>• 백모 염색 또는 톤 다운에 사용 |
| 6% | 20 | • 1ℓ의 과산화수소는 20ℓ의 산소 발생<br>• 일반적으로 많이 사용<br>• 흰머리 커버 및 톤 다운, 톤 업 멋내기 염색으로 사용<br>• 1~2레벨 정도 톤 업 작용 |
| 9% | 30 | • 1ℓ의 과산화수소는 30ℓ의 산소 발생<br>• 우수한 탈색작용, 흰머리 커버력 저하<br>• 2~3레벨 정도 톤 업 작용 |
| 12% | 40 | • 1ℓ의 과산화수소는 40ℓ의 산소 발생<br>• 강한 탈색작용을 가지며 1제의 색소 발색력이 없어지므로 착색엔 불가능함<br>• 3~4레벨 정도 톤 업 작용 |
| 15% | 50 | • 1ℓ의 과산화수소는 50ℓ의 산소 발생<br>• 완전 탈색작용으로 흑발에만 사용 가능하나 모발 사용을 금함 |
| 18% | 60 | • 1ℓ의 과산화수소는 60ℓ의 산소 발생<br>• 탈색 시 사용 가능한 최대치이나 모발 사용을 금함 |

**과산화수소의 볼륨 조절 방법**

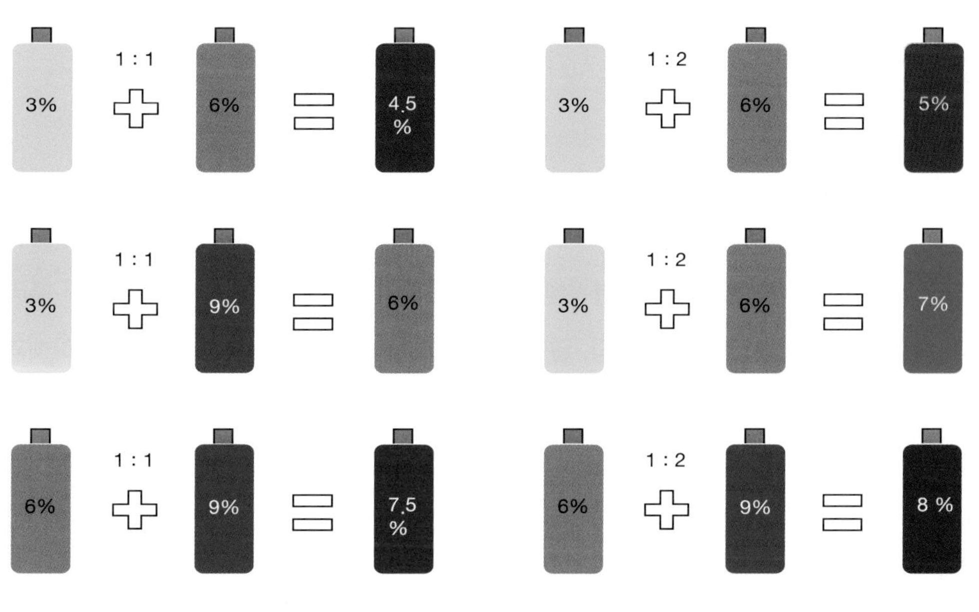

# 4. 염모제 레벨과 색소량 및 넘버링 읽기

## 1) 염모제 레벨과 색소량

염모제는 레벨마다 색소량의 다르며, 각 회사별로 염모제 쉐이드 보는 법이 조금씩 차이가 있다.

**염모제 레벨과 색소량**

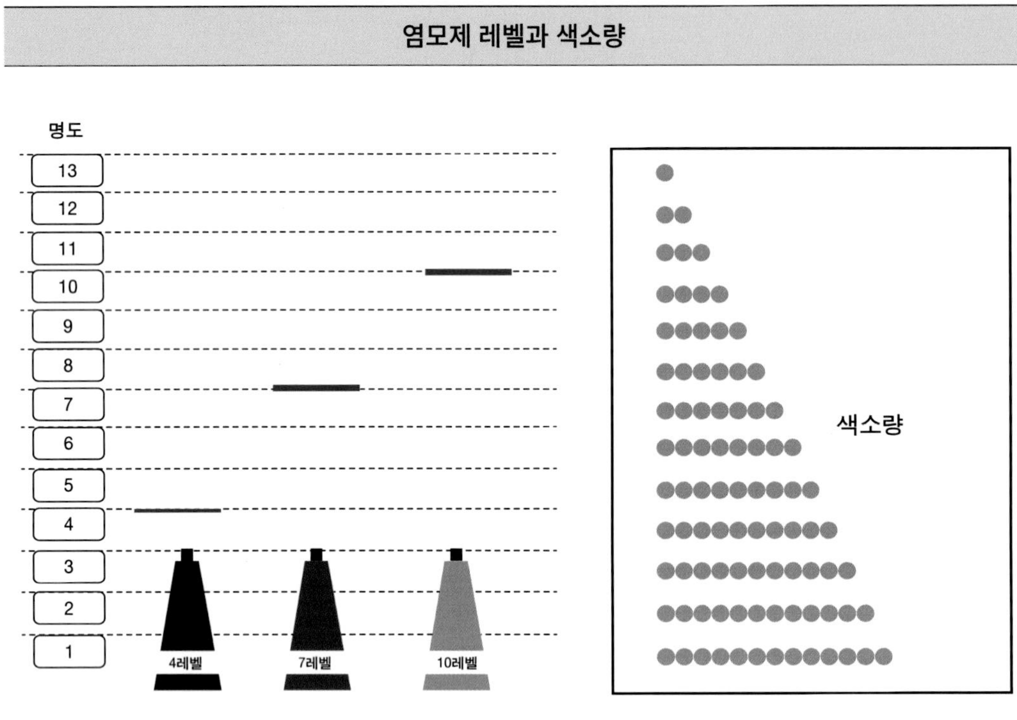


## 2) 반사 빛(Color)

반사 빛이란 우리가 볼 수 있는 색상을 의미하며 일반적으로 명도를 나타내는 번호 뒤에 자리하고 제조회사마다 번호 혹은 영어 알파벳을 이용하여 표시한다. 반사 빛은 색상에 따라 한 가지 혹은 두 가지를 사용하기도 한다. 일반적으로 표기는 X-XX, X/XX, X.XX 또는 알파벳과 숫자를 혼용하여 표기하는 경우도 있다. 이 색상은 제조사별로 차이가 있으므로 사용 전에 반드시 설명서를 읽고 확인할 필요가 있다.

예를 들어 7.43의 번호를 가지는 염색제의 경우 명도는 7단계로서 염색제의 밝기를 의미한다. 4는 붉은색으로 '1차색'이라 불리며 주요 색상을 나타내며, 3은 금색으로 '2차색'이라 불리며 주요 색상 뒤로 조금 추가되는 색상을 나타낸다. ICS는 국제 컬러링 시스템(Internation Coloring Systerm)의 약자이다. 이것은 모발의 색을 정의하는 시스템으로 색상들은 다음과 같이 분류하여 수로 표시 된다.

| 명도 |
|---|
| 1/10 블루-블랙 |
| 2/0 블랙 |
| 3/0 어두운 갈색 |
| 4/0 중간 갈색 |
| 5/0 밝은 갈색 |
| 6/0 어두운 브론드 |
| 7/0 중간 브론드 |
| 8/0 밝은 브론드 |
| 9/0 매우 밝은 브론드 |
| 10/0 아주 아주 밝은 브론드 |

| 로레알 마지렐 반사 빛 |

| 번호 | 반사 빛 |
|---|---|
| 1 | 회색 |
| 2 | 버건디 |
| 3 | 골드 |
| 4 | 쿠퍼 |
| 5 | 마호가니 |
| 6 | 레드 |
| 7 | 매트 |

| 아모스 반사 빛 |

| 번호 | 반사 빛 |
|---|---|
| 1 | 회색 |
| 2 | 매트 |
| 3 | 골드 |
| 4 | 쿠퍼 |
| 5 | 레드 |
| 6 | 마호가니 |
| 7 | 보라 |

| 영구 헤어 컬러제의 넘버링 |

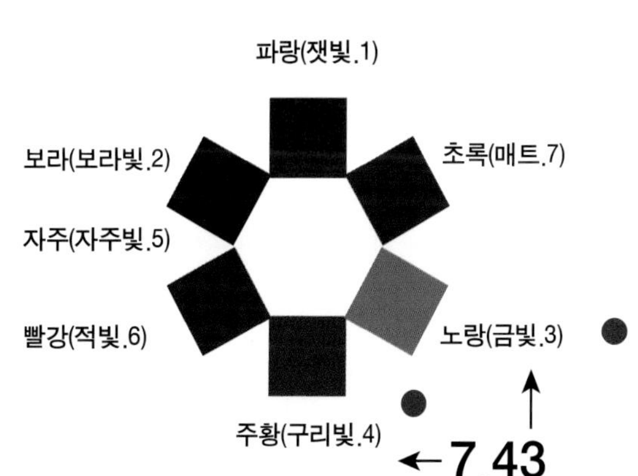

| 로레알 컬러 차트 |

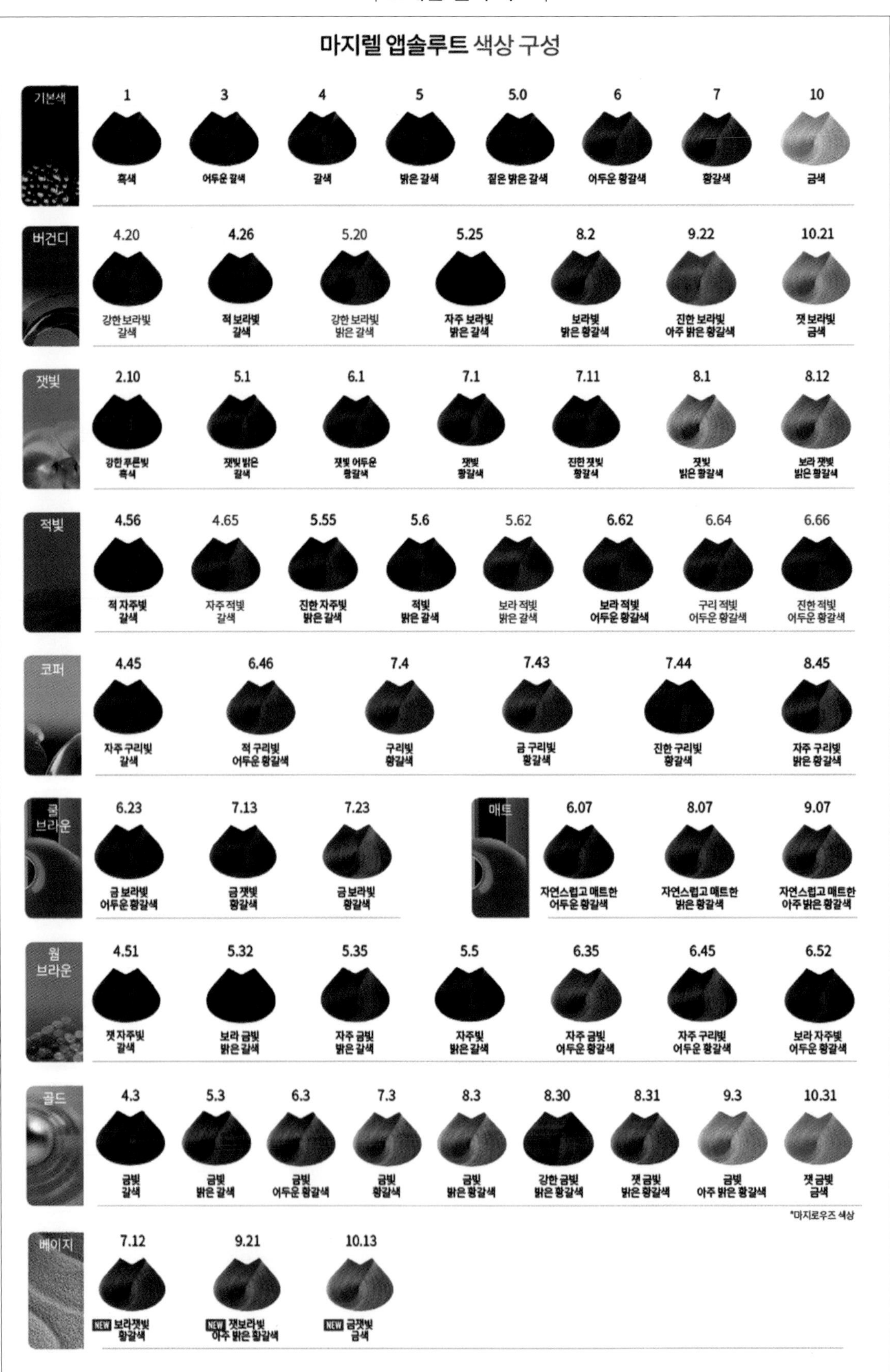


출처:로레알프로페셔널파리 홈페이지 https://www.lorealprofessionnel.co.kr/

| 아모스 컬러 차트 |

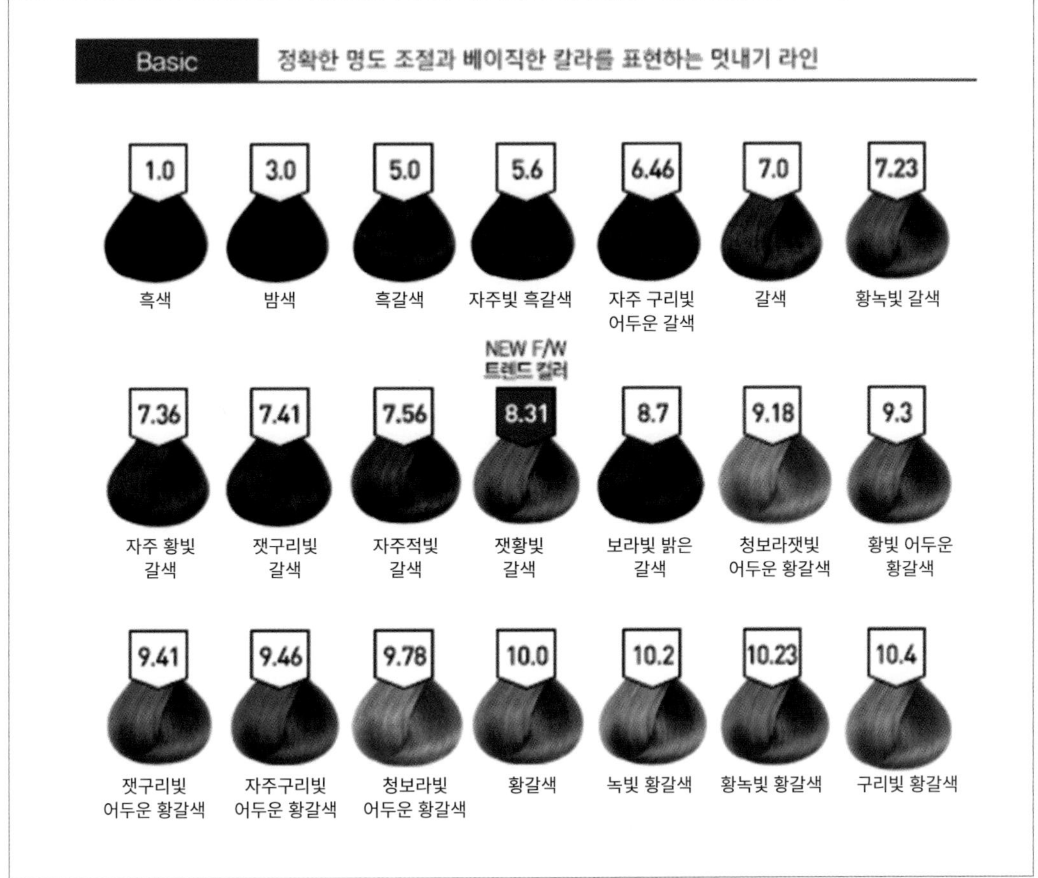


출처: 아모스프로페셔널 홈페이지 www.amosprofessional.com

**Intense** 확실한 고명도의 선명한 반사빛을 연출해주는 라인

| 번호 | 색상 |
| --- | --- |
| 2.11 | 강한 잿빛 어두운 밤색 |
| 7.17 | 보라 잿빛 갈색 |
| 7.51 | 잿적빛 갈색 |
| 7.57 | 보라 적빛 갈색 |
| 8.11 | 강한 잿빛 밝은 갈색 |
| 8.21 | 잿녹빛 밝은 갈색 |
| 8.22 | 강한 녹빛 밝은 갈색 |
| 8.55 | 강한 적빛 밝은 갈색 |
| 8.47 (NEW F/W 트렌드 컬러) | 보라구리빛 밝은 갈색 |
| 9.76 | 자주 보라빛 어두운 황갈색 |
| 11.21 | 잿녹빛 밝은 황갈색 |
| 11.34 | 황구리빛 밝은 황갈색 |
| 11.46 | 자주 구리빛 밝은 황갈색 |
| 12.56 | 자주적빛 금색 |
| 13.33 | 강한 황빛 밝은 갈색 |

**Deep** 30-40대 진행형 새치를 위한 새치커버 전문 라인

| 번호 | 색상 |
| --- | --- |
| 5.00 | 진한 흑갈색 |
| 5.03 | 진한 황빛 흑갈색 |
| 5.04 | 진한 구리빛 흑갈색 |
| 6.03 | 진한 황빛 어두운 갈색 |
| 6.04 | 진한 구리빛 어두운 갈색 |
| 6.05 | 진한 적빛 어두운 갈색 |
| 7.00 | 진한 갈색 |
| 7.03 | 진한 황빛 갈색 |
| 7.04 | 진한 구리빛 갈색 |
| 8.00 | 진한 밝은 갈색 |
| 8.03 | 진한 황빛 밝은 갈색 |
| 8.04 | 진한 구리빛 밝은 갈색 |
| 8.05 | 진한 적빛 밝은 갈색 |

출처: 아모스프로페셔널 홈페이지 www.amosprofessional.com

## 5. 염색 기법

### 1) 흰머리 염색

① 흰머리가 많이 있는 부분부터 먼저 바르고 전체 도포한다. 보통 페이스 라인에 흰머리가 많으므로 앞부분부터 진행한다.

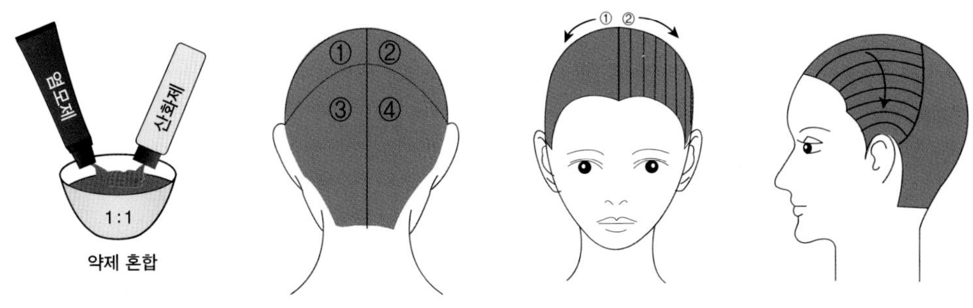


② 염색이 잘 안 되는 부분부터 도포한다.

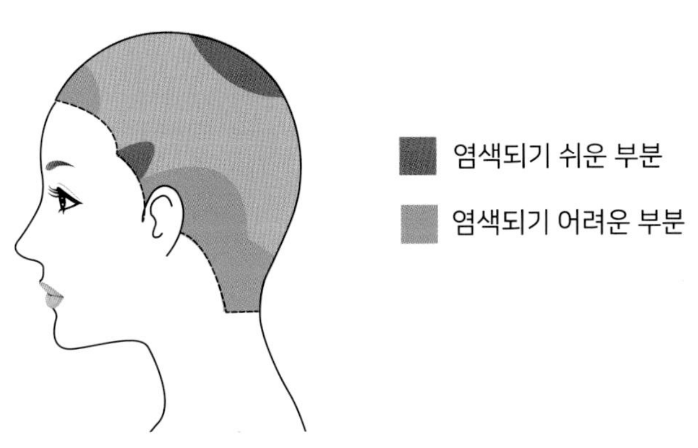

염색되기 쉬운 부분

염색되기 어려운 부분

| 흰머리 염색 시 기본색과 희망색의 혼합 비율 | |
|---|---|
| 흰머리 양 | 기본색: 희망색 |
| 10% | 10: 90 |
| 30% | 30: 70 |
| 50% | 50: 50 |
| 70% | 70: 30 |
| 90% | 90: 10 |

■ 주의 사항

- 흰머리가 50%를 넘는 경우 프리소프트닝 기법을 사용한다.
- 도포 후 빗질하지 않는다.
- 재염색 시 원터치하면 재염색 부위에 색소가 쌓여 그 부분의 색이 더 진해진다.

③ 전체 도포가 끝나면 크로스 체크한다. 구레나룻 부분과 페이스 라인 부분은 염모제의 침투가 용이하도록 페이퍼를 모발에 붙여준다.

## 2) 처녀모 염색

처녀모는 화학적 시술을 하지 않았던 건강한 모발을 말하는 것으로, 두피에서 2cm 정도 떨어진 부분부터 혼합액을 바르고 마지막에 두피 2cm 부분을 바른다. 혼합액을 바를 때는 경계가 생기지 않게 골고루, 꼼꼼히 발라준다. 앞머리는 뒷머리보다 염색이 빨리되므로 백에서 프론트 부분으로 도포한다.

① 네이프부터 도포한다.
② 처음 염색하는 모발이 건강하고 긴 모발일 경우 3단계로 나눠서 도포해야 한다.
(모발 끝부분→ 중간 부분→ 뿌리(모근) 부분)
③ 처녀모를 어둡게 할 경우에는 원터치로 두피에서 모발 끝까지 도포한다.
④ 명도 레벨과 원하는 레벨이 3레벨 이상 차이가 날 경우에는 산화제를 9%를 선택한다.

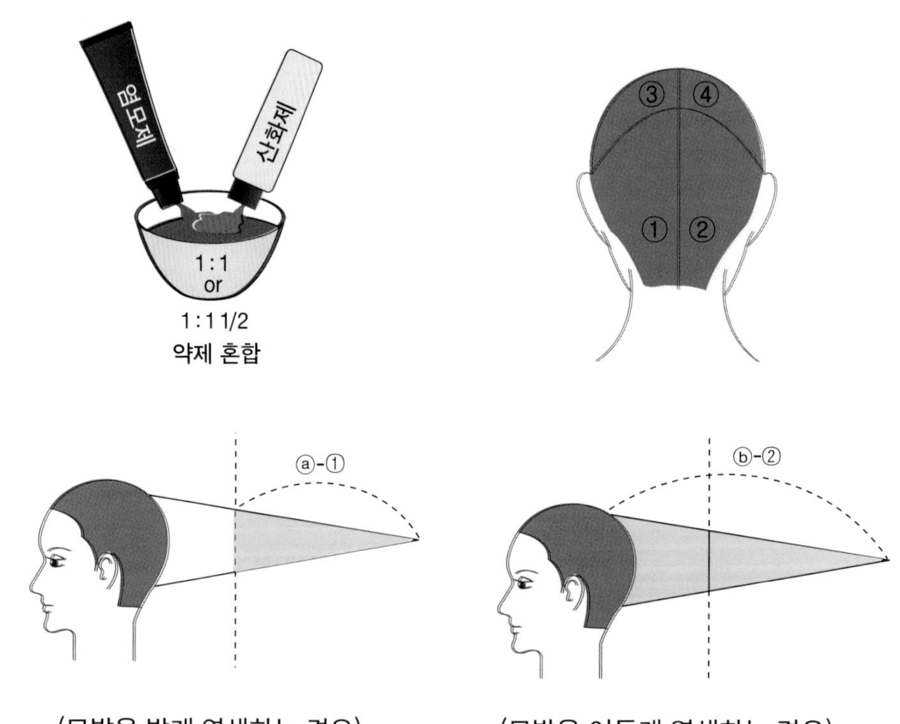

### 3) 재염색

새로 자라난 부위만 혼합액을 바르고 20분 정도 방치 후에 남은 혼합액을 모발 전체에 바르고, 전체적으로 성근 빗으로 빗질하여 5~10분간 다시 방치하여 기존 염색 부위와 새로 자라난 부위의 경계선을 없애는 것이 중요한 포인트이다.

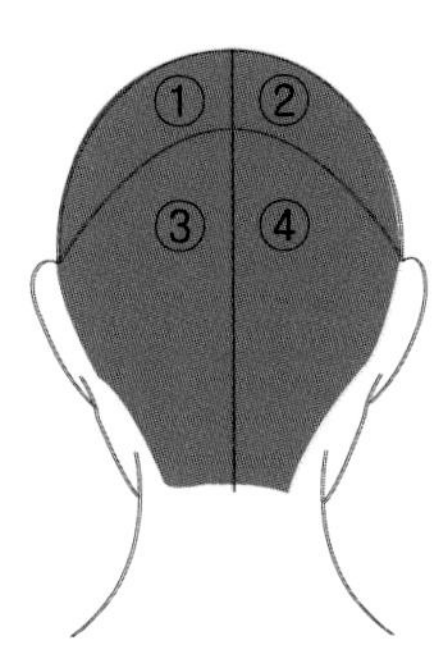


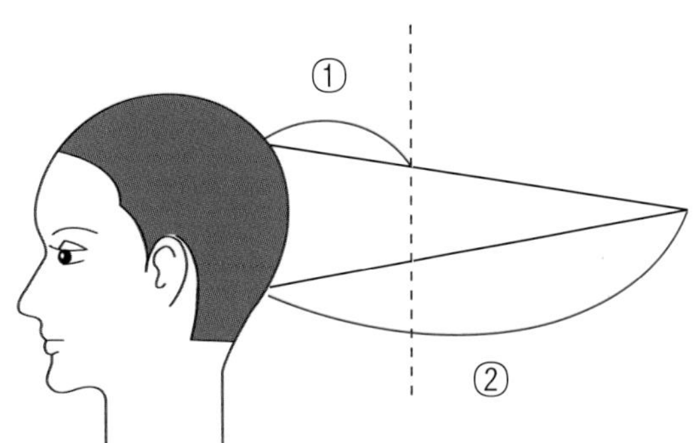


| 재염색 시술 방법 | | |
|---|---|---|
| 기염부의 퇴색 정도 | 신생부 방치 시간 | 재염색 부분 방치 시간 |
| 퇴색이 적은 경우 | 20~25분 | 5~10분 |
| 퇴색 정도가 중간 | 10~15분 | 15~20분 |
| 퇴색 정도가 많음 | 5~10분 | 20-25분 |

■ 모발 상태에 따라 시간이 변동될 수 있다.

### 4) 부분 염색

모발을 부분적으로 염색하는 것을 말하며, 부분 염색은 머리 전체를 염색하는 것보다 부담스럽지 않고 헤어 컬러에 변화를 주는 장점이 있다. 부분 염색한 곳은 머리결이 상하기 쉬우므로 평소 트리트먼트를 자주 한다.

① 위빙 기법은 입체감을 주는 자연스러운 컬러 연출을 할 수 있다. 포니테일이나 올림머리를 자주하는 고객에게 알맞다.

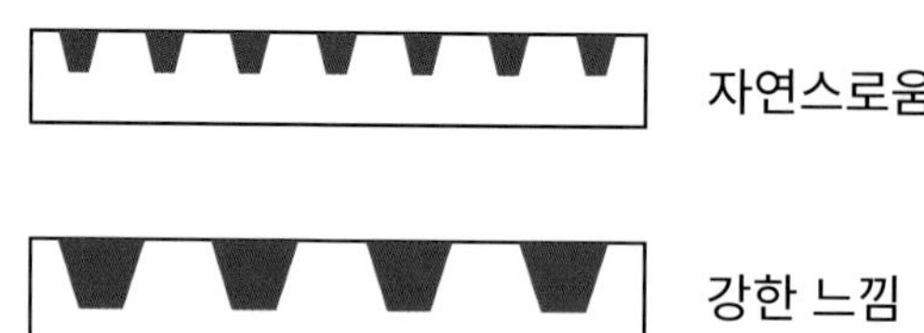


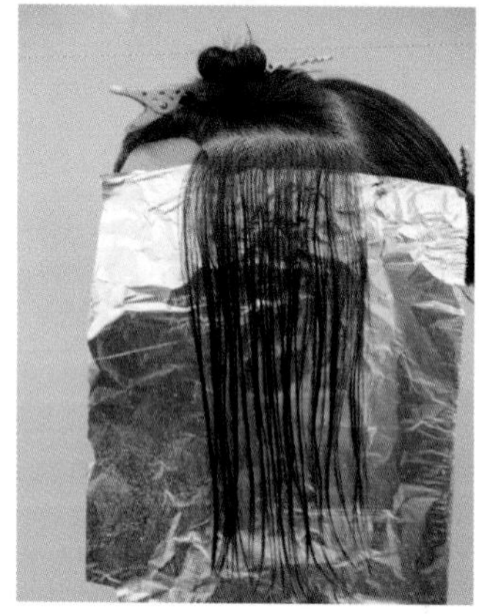

② 슬라이싱 기법은 모발을 얇게 떠서 염색하는 기법으로 2가지 이상의 염모제 및 탈색제를 사용한다.

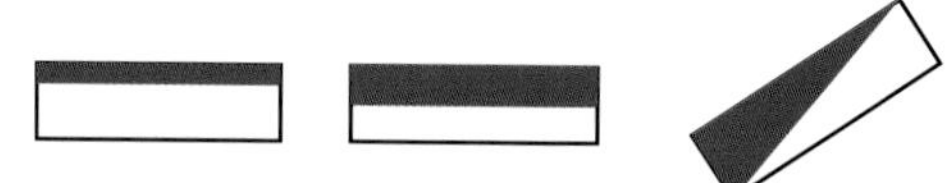

• 위빙 효과를 주거나 면을 강조하고 싶을 때

• 컬러의 액센트를 줄 때, 선을 강조하고 싶을때

**TIP**

• 위빙과 슬라이싱의 차이점은 위빙은 코바늘을 꿰듯이 모발을 나누는 기법으로 칩의 간격, 패널의 폭, 칩의 크기에 따라 디자인이 결정된다.
• 슬라이싱은 패널을 슬라이싱하는 기법으로 슬라이싱의 폭, 슬라이싱의 두께, 슬라이싱의 각도에 따라 디자인이 결정된다.

### 5) 전체 염색

평소와는 다른 분위기를 연출하고자 할 때 전체 염색을 한다. 염색을 시작하기 전 염색약이 자신의 피부에 맞는지 먼저 패치테스트를 해야 한다. 귀의 뒷부분이나 팔 안쪽에 동전 크기 정도로 염색약을 묻힌 후 그 부위가 붉어지거나 가려우면 염색을 하지 않도록 한다 .

| 도포 방법의 차이 | |
|---|---|
| 컬러 염색 | 흰머리 염색 |
| 도포량이 적다. | 도포량 많다. |
| 두피에서 1~1.5cm 띄우고 도포한다. | 두피 가까이에 도포한다. |
| Nape부터 시작한다. | Front부터 시작한다. |
| 염색 붓을 뉘어서 도포한다. | 염색 붓을 45°로 세워서 도포한다. |

TIP

■ 염색 시술 시 고려할 사항

| 시술 내용 | 고려할 사항 | 시술 방법 |
|---|---|---|
| 흰머리 | 고객의 흰머리가 몇 %인지 파악 | 흰머리 염색 |
| 처녀모 | 패치테스트(알레르기 반응 여부) | 처녀모 염색 |
| 2레벨 이상 밝게 염색 | 탈색제를 사용하여<br>새로운 색상 체크 | 샴푸 블리치+염색 |
| 재염색 | 전에 언제, 어떤 색상으로<br>염색했는지 파악 | 재염색 |
| 3레벨 이상 밝은색에서<br>어두운색으로 톤다운 | 정상모 | 컬러 매치 |
| | 손상모 | 프리피그먼테이션 |
| 저항모 | 버진헤어, 흰머리 | 프리소프트닝 |
| 원하는 색조와 현재의 색조가<br>톤(쿨톤/웜톤)이 다를 경우 | 색조 결정 | 클렌징 |
| 어두운 색조에서<br>밝은 색조로 바꾸려할 경우 | 색조 결정 | 딥 클렌징 |

■ 프리 피그먼테이션: 재염색 시 손상되고 민감한 모발 색의 지속력을 유지시키는 방법이다.
(휠러 색상+미온수-기염부 도포-헹구지 않고 즉시 염모제 도포- 원하는 컬러+산화제 20vol(6%)

### 6) 옴브레 발레아주

발레아주는 프랑스어로 '쓰레질'이라는 뜻으로 염색 붓을 이용하여 섬세한 붓 터치로 탈색제로 가닥가닥 색을 뺀 후 원하는 컬러를 입히는 염색 기법이다.

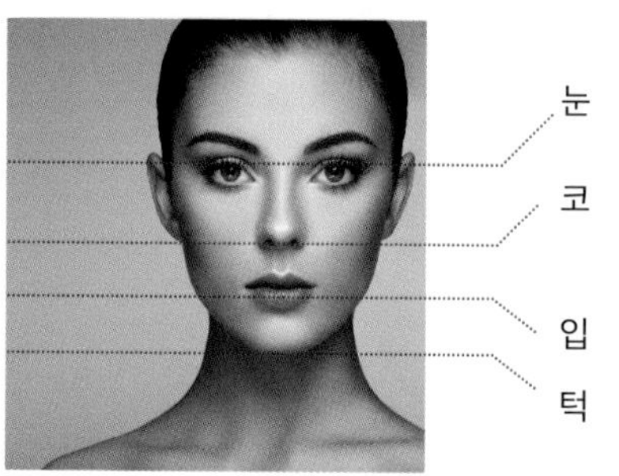


- 산화제 볼륨의 활용한다.
- 1제와 2제의 혼합 비율을 조정한다.
- 테치 테크닉을 빗질하듯 부드럽고 빠르게 도포한다.
- 모발의 면에 그라데이션을 넣는다.
- 슬라이스의 두께 조절한다.
- 고객의 얼굴형에 맞게 V자와 W자를 만든다.

하이라이트

옴브레

로우라이트

리버스옴브레

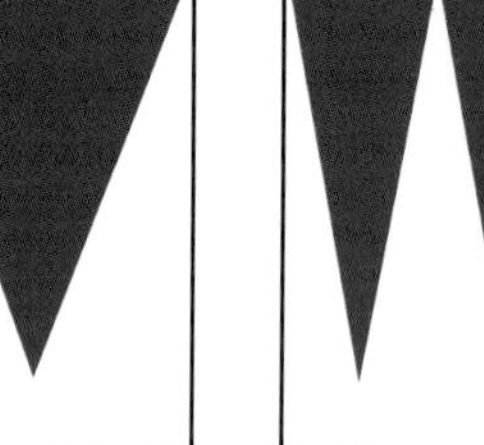

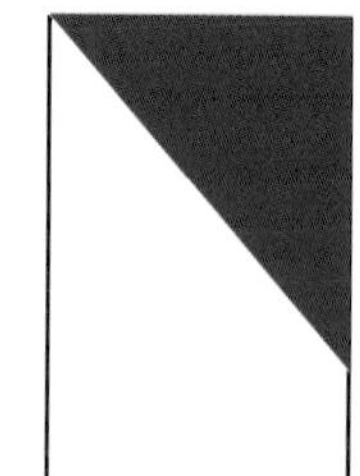

| 도포 방법 |

## 7) 틴징

한 가지 컬러를 이용하여 모발 채도의 그라데이션을 연출하는 방법이다.

| 틴징 테크닉의 방법 |

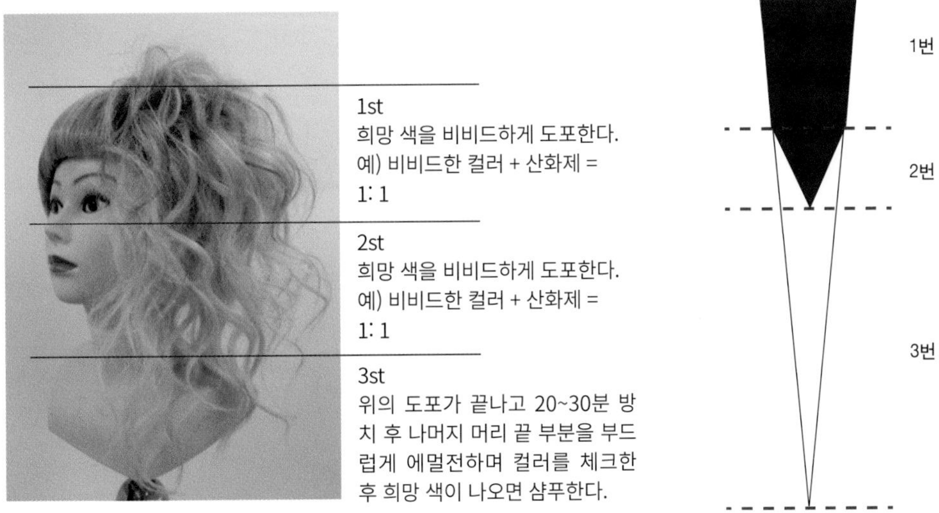


| 틴징 매커니즘과 도포 방법 |

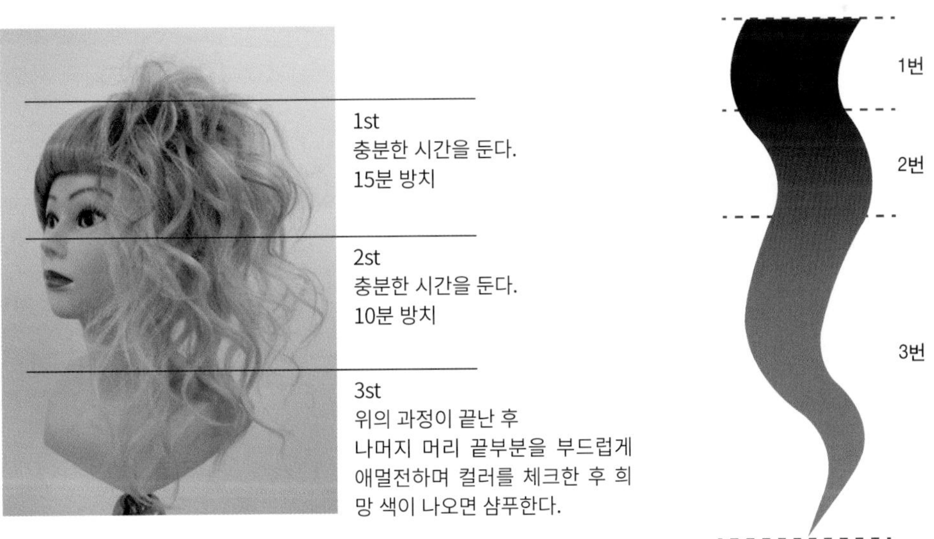

### 8) 그라데이션 컬러

탈색을 통하여 그라데이션 베이스를 만든 다음 그 위에 염색을 통하여 풍부한 컬러를 입힐 수 있다. 영구적 염색을 통하여 그라데이션 효과를 줄 수 있으며 탈색을 한 후에 진행하면 좀 더 극적인 대비감을 줄 수 있다.

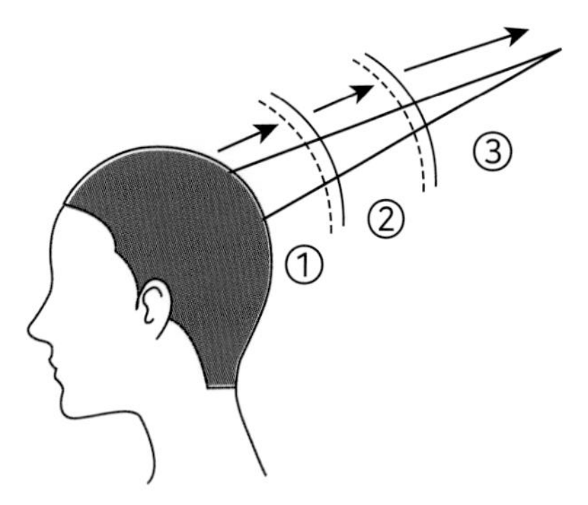

## 6. 탈색과 클리닝 기법

### 1) 탈색

탈색은 모발 내에 존재하는 멜라닌 색소 또는 인공색소를 제거하는 것으로 탈색제는 알칼리제(암모니아수 등)가 주성분인 제1제와 산화제(과산화수소 등)가 주성분인 제2제을 혼합하여 사용한다. 이때에 발생되는 산소로 모발의 멜라닌 색소가 분해되며 모발의 색을 낮은 명도에서 높은 명도로, 짙은 색에서 보다 옅은 색으로 변화한다.

즉, 모발 내에 존재하는 색소가 산화제에 의해 분해되는 성질을 이용하여 모피질 안에서 화학반응을 일으켜 자연색소와 인공색소를 약화시키고 분산시키는 것이다. 이때 높은 농도의 산화제일수록 많은 양의 산소를 방출하게 되며, 방출된 산소는 모발 내의 색소를 파괴함으로써 모발을 탈색시키게 된다.

#### (1) 탈색의 원리

탈색은 염색과 유사하나 가장 큰 차이점은 색소가 들어 있지 않고 멜라닌 색소를 파괴시켜 색상을 밝게 한다는 점이다. 모발의 멜라닌 색소는 알칼리와 산 그리고 산화제, 환원제 등의 약품에 의해 파괴, 분해되어 색을 잃는 성질이 있다. 탈색은 멜라닌 색소의 이러한 성질을 극대화시킨 거라고 볼 수 있다. 탈색제의 성분인 과황산암모늄과 과붕산나트륨이 함유된 1제와 과산화수소가 함유된 2제를 혼합하여 모발을 팽창시키고 큐티클을 열게 함과 동시에 모발 내부 깊숙이 침투하여 과산화수소를 만나 산소를 발생하면서 그 반응으로 인해 모발에 열이 생긴다. 이 열은 모발 내부의 멜라닌을 파괴 분해하고 있는 과정에서 발생한다. 이때 과산화수소의 농도에 따라서 산소의 발생량이 달라지는데 농도가 높을수록 많은 양의 산소를 발생시킨다.

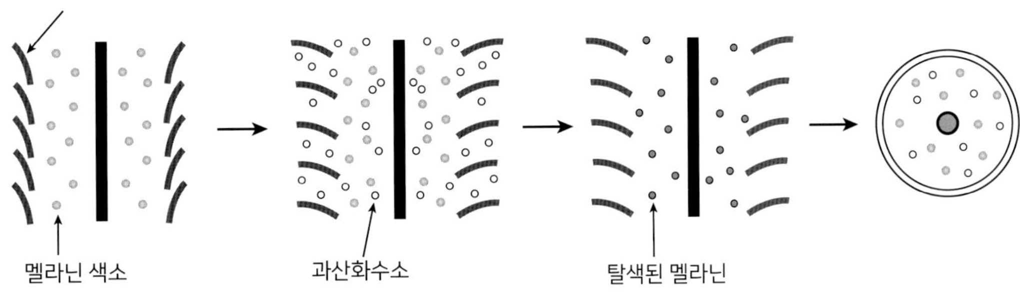


① 약제를 도포-알칼리제가 작용하여 모표피를 열고 모발을 팽창시켜 과산화수소수를 모피질까지 침투시킨다.

② 탈색-알칼리제에 의해 분해된 과산화수수소가 반응하여 멜라닌 색소를 탈색시킨다.

③ 탈색 후의 단면-멜라닌 색소가 탈색되어 모발의 색은 밝아진다.

### (2) 탈색제의 종류와 장 · 단점

탈색제는 분말 타입, 크림 타입, 액상 타입이 있다.

| 구 분 | 장 점 | 단 점 |
|---|---|---|
| 분말 타입 | • 전체 탈색보다 부분 탈색에 유용<br>• 탈색 반응이 매우 빠른 속도로 탈색<br>• 도포 후 모발의 색상 변화를 눈으로 확인 할 수 있을 정도로 급하게 진행<br>• 높은 명도의 레벨까지 탈색 | • 두피나 모발 손상이 큼<br>• 시술 시간 차에 의한 명도차가 큼<br>• 지나치게 탈색될 수 있음<br>• 탈색 시 얼룩이 잘 생김 |
| 크림 타입 | • 시술 시간 차에 의한 얼룩이 적음<br>• 모발의 손상이 적음<br>• 약제가 흘러내리지 않아 오버레핑하는 번거로움이 없음<br>• 모발과 두피를 보호<br>• 붉거나 노랗게 변하는 것을 방지<br>• 탈색제가 잘 건조되지 않음 | • 약제가 강하지 않아 높은 명도 레벨까지 탈색되지 않음<br>• 탈색 진행 과정을 보기 어려움 |
| 액상 타입 | • 모발의 손상이 가장 적음<br>• 탈색 시 두피의 자극이 적음<br>• 탈색이 진행되는 과정을 보면서 적당한 시기에 탈색을 종료 가능 | • 탈색 속도가 느림<br>• 높은 레벨까지 탈색이 어려움<br>• 모발에 도포된 양의 파악이 어려우며, 반복해서 도포할 우려가 큼 |

### (3) 탈색제의 성분 및 작용

| 분 류 | | 주성분 | 작 용 |
|---|---|---|---|
| 1제 | 과산화물 | 과붕산나트륨,<br>과황산암모늄 | • 강력하게 산소를 발생하여 모발을 탈색<br>• 모발 손상 |
| | 알칼리제 | 암모니아 | • 모표피를 연화 · 팽창시켜 모피질에 산화제가 침투하는 것을 도움<br>• 산화제의 분해를 촉진하여 산소의 발생을 도움<br>• pH를 조절 |
| 2제 | 산화제 | 과산화수소수 | • 멜라닌 색소를 분해하여 모발의 색을 보다 밝게 함<br>• 모발 케라틴을 약화<br>• 암모니아에 의해 보다 빨리 산소를 발생 |

(4) 자연모의 레벨과 블리치(탈색) 레벨의 차이

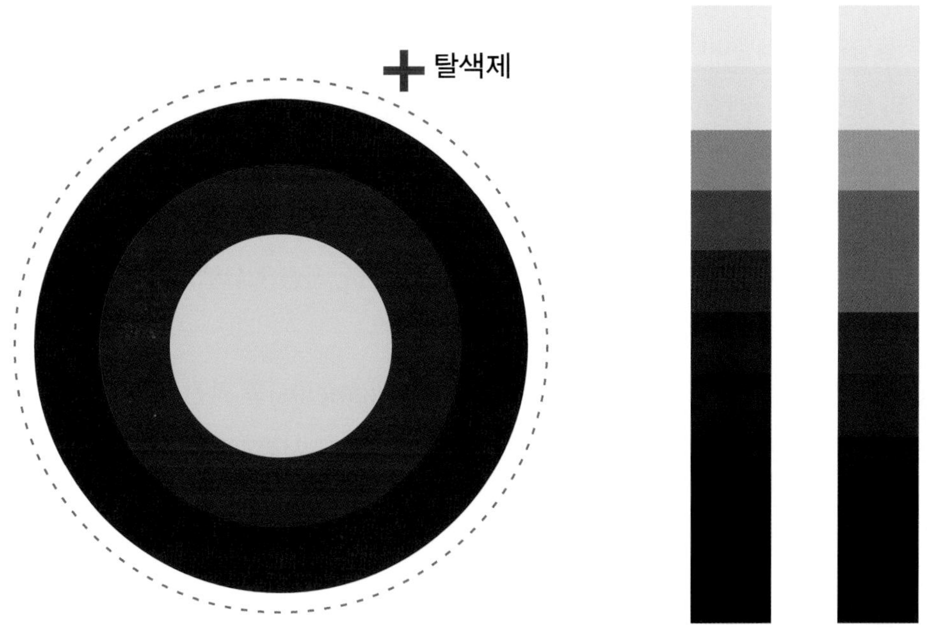


| 명도 | 자연모 레벨 | 블리치 레벨 |
|---|---|---|
| 1 | 흑색 | 아주 어두운 빨강 |
| 2 | 아주 어두운 갈색 | 아주 어두운 빨강 |
| 3 | 어두운 갈색 | 어두운 빨강 |
| 4 | 갈색 | 빨강 |
| 5 | 밝은 갈색 | 빨강 오렌지 |
| 6 | 어두운 황갈색 | 오렌지 |
| 7 | 황갈색 | 노랑 오렌지 |
| 8 | 밝은 황갈색 | 아주 밝은 노랑 오렌지 |
| 9 | 아주 밝은 황갈색 | 밝은 노랑 |
| 10 | 아주 아주 밝은 황갈색(금색) | 아주 밝은 노랑 |

블리치(탈색) 레벨이란? 모발은 산소에 의하여 멜라닌이 산화되는 과정을 거치게 되는데, 이때 제거되고 남은 멜라닌이 일정한 밝기와 반사 빛을 나타내게 된다. 이것을 일정한 밝기의

기준에 따라 나누어 놓은 것을 의미한다. 자연모의 레벨과 블리치 레벨은 보통 1단계에서 10단계까지의 등급으로 나누어져 있다. 자연모의 레벨은 멜라닌에 의해 결정되고, 블리치의 레벨은 화학약품에 의해 결정된다.

보통 동양인은 4레벨이나, 한국인의 경우 대부분 조금 어두운 2, 3레벨을 가지고 있으며, 서양인의 명도는 6, 7레벨이다. 이러한 명도의 차이는 멜레닌의 종류와 함유량에 따라 차이를 보인다.

일반적으로 멜라닌 과립은 유멜라닌과 페오멜라닌의 두 종류가 존재하며 인종에 따라 흑갈색에서 부터 금색에 이르기까지 다양한 색상을 나타낸다. 사람은 유멜라닌과 페오멜라닌을 다 가지고 있다.

황인종은 검은색, 흑갈색의 입자형 색소(Granular Pigments)를 가진 유멜라닌의 함량이 노란색, 붉은색의 분사형 색소(Diffuse Pigments)를 가진 서양인의 페오멜라닌의 함량보다 월등히 많아서 모발의 색은 흑색 모발이 대부분이다.

## 2) 크린징 기법

### (1) 샴푸 블리치(Shampoo Bleach)

자연 모발에서 염색을 2레벨 정도 밝게 하거나, 자연스런 밝기의 탈색을 원할 때, 코팅의 색조를 더욱더 자연스럽게 색상을 내고자 할 때 주로 샴푸실에서 5~10분 정도 부드럽게 마사지하며 샴푸 블리치를 시술한다.

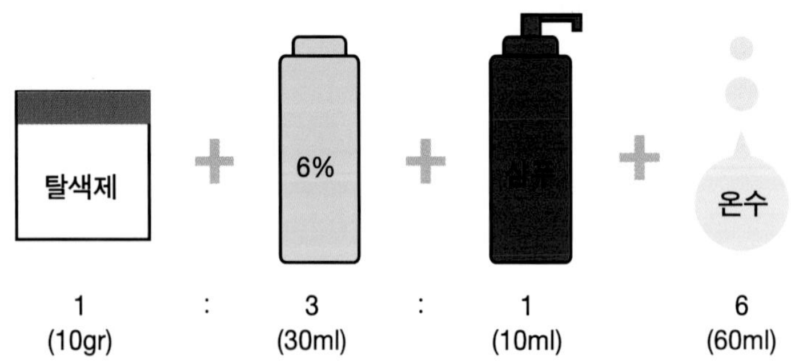


- 방법: 탈색제 10gr + 산화제 20Vol(6%) 30ml + 샴푸 10ml + 온수 60ml

  샴푸제의 작용: 알칼리 성분으로서 모표피를 팽윤시키며 샴푸의 계면 활성제의 기포작용에 얼룩을 방지시킨다. 모발 손상도와 기존 염색의 색상에 따라 비율이 달라질 수 있다.

| 명 도 | 탈염 |
|---|---|
| 5~6 | 탈색제 + 3%, 6%, 9% |
| 3~4 | 탈색제 + 산화제 + 샴푸 |
| 2~3 | 탈색제 + 산화제 + 샴푸 + 온수 |

### (2) 크리닉 블리치(Clinic Bleach)

클리닉 블리치는 모표피 안의 색소를 제거를 하는 과정으로 모발의 손상을 초래하게 된다. 따라서 모발 손상을 최소한으로 막기 위해 탈색 과정에서 모발 보호제 성분을 추가(단백질 앰플, 크림 등) 혼합한다. 도포 후 30분 방치한다.

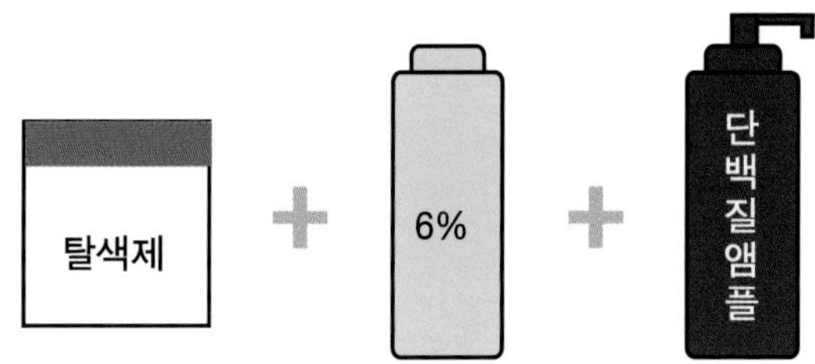


■ 방법: 탈색제 + 산화제 20Vol(6%) + 단백질 앰플 (1 : 2 : 1 의 비율)

### (3) 클렌징 기법(Cleansing Bleach)

기존 염색모의 반사 빛과 하고자 하는 컬러 반사 빛이 다를 때 기존의 반사 빛을 제거하는 기법이다. 도포 후 5~30분 모발 상태에 따라 방치 시간을 조절한다. 이때 모발 상태, 도포량, 탈색을 원하는 정도에 따라 방치 시간을 조절해야 하며, 도포 후 5분마다 체크하는 것이 중요하다. 원하는 밝기에 도달했을 경우 미온수도 깨끗하게 헹군 다음, 산성 샴푸로 세척한다.

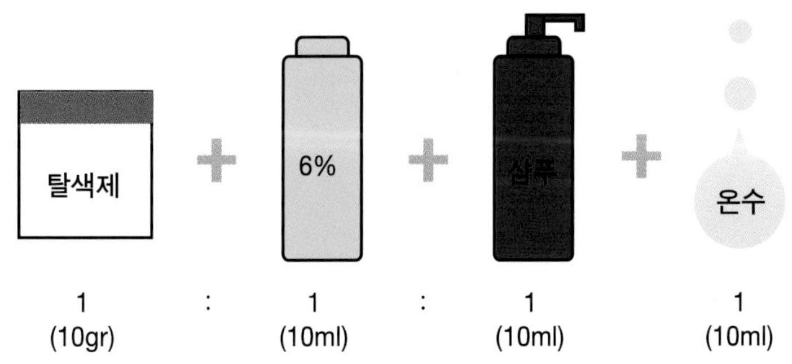


■ 방법: 탈색제10gr + 산화제 10ml + 샴푸 10ml + 온수 10ml (1 : 1 : 1 : 1 의 비율로 혼합)

### 4) 딥 클렌징(Deep Cleansing)

어두운 색의 자연모를 밝게는 염색 시술이 가능하지만, 기존에 어둡게 염색 시술한 모발을 한 번에 깨끗하게 밝게 하기는 힘들다. 이때 딥 클린징 기법을 이용하여 다시 얼룩진 부분을 제거하는 기법이다. 시술 시 두피에서 1~1.5cm 띄우고 색상이 많이 어두운 곳부터 도포한다. 40~50분 정도 원하는 색상의 블리치 레벨까지 자연 방치 후 샴푸한다.

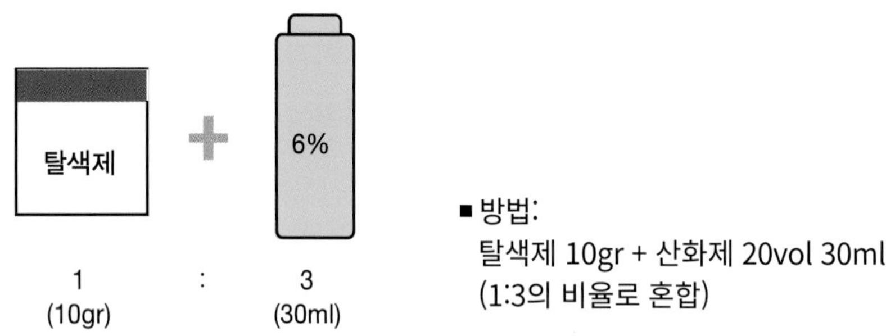


## 7. 보색 원리

모발 염색 시 원하지 않는 색이 나왔거나 이미 염색된 모발을 중화시켜 없애려고 하는 경우에 보색이 되는 색을 이용하여 갈색의 베이스가 되도록 중화시키는 것을 보색 중화라 한다.

색상환에서 마주 보고 있는 색을 보색이라 하며 붉은 색상 제거 시 녹색, 노란 계통의 색상 제거 시 보라, 주황 계통의 색상 제거 시 파랑을 사용한다. 녹색 계열의 색상이 없을 경우 파랑 계열의 색을 사용한다. 따라서 중화란, 특정 반사 빛을 없애고 갈색 계열로 변화시키는 것이다.

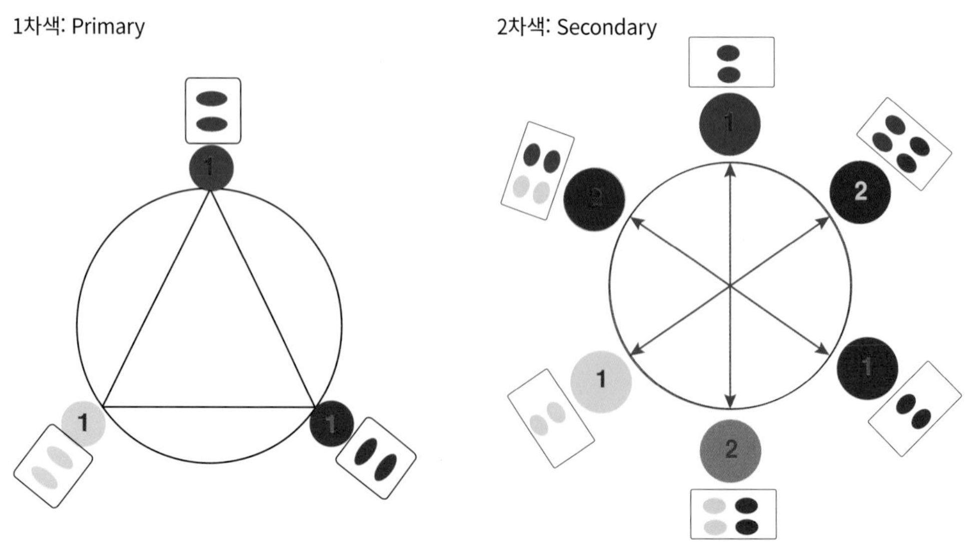

| 1차색과 2차색의 보색 |

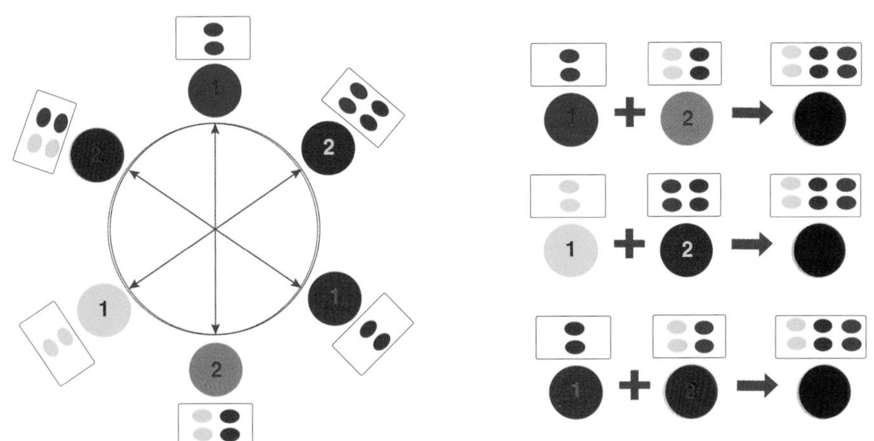

| 3차색의 보색 |

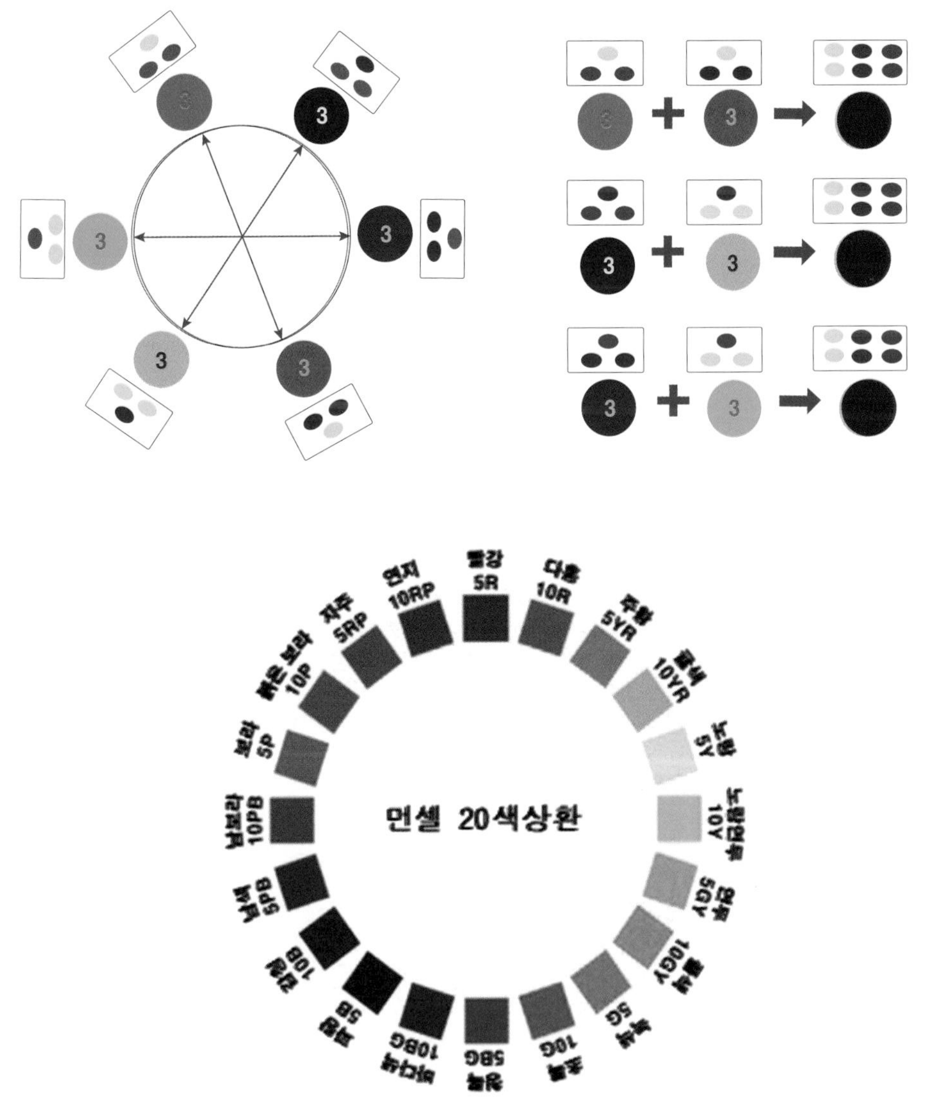

## 헤어컬러 디자인 용어

- 그라데이션 컬러(Graduation Color)
  한 가지 색으로 보이도록 염색하는 것이 아니라 모발에 점차적으로 색이 어두워지거나 밝아지도록 염색하는 것

- 그레이징(Grazing)
  염색 시술 후에 광택을 내기 위하여 투명한 산성 컬러를 도포하는 것

- 기염모
  기존에 염색이 되어 있는 모발

- 내추럴 라이진(Natural Resin)
  여러 색을 모발에 도포하여 밝은색과 어두운색으로 자연스러운 느낌을 주는 것

- 단색 염색(Solid Color)
  한 가지 색으로 모발을 염색하는 것

- 더블 프로세스(Doble Process)
  모발을 밝게 염색한 후에 다시 염모제나 산성 컬러를 이용하여 염색하는 것

- 데미지 헤어(Damage Hair)
  손상된 모발

- 디멘쇼날 컬러(Dimensional Color)
  2~3가지의 하이라이트를 조화시켜 입체감 있는 컬러를 연출하는 것

- 라이튼 업(Lighten Up)
  블리치와 비슷한 효과를 지닌 제품을 말하며 탈색제를 말하기도 함

- 레벨(Level)
  모발과 염모제의 명도

- 로우라이트(Low Light)
  모발을 부분적으로 어둡게 염색하여 입체감 있는 표현을 하는 것

- 리무버(Remover)
  모발에 염색되어 있는 색을 빼주는 제품

• 리터치(Retouch)
염색 후 자라난 신생모 부분에 염색해 주는 것

• 머드 컬러(Mud Color)
카키 계열의 쿨톤(Cool Tone) 컬러

• 브러시 온(Brush on)
브러시에 염모제를 묻혀서 모발에 불규칙하게 도포하는 것

• 비비드 컬러(Bibid Color)
핑크, 빨강, 오렌지 등 원색적인 색

• 스트리킹(Streaking)
모발의 한 줄 혹은 슬라이스에 포인트 컬러를 연출하여 줄무늬 모양을 내는 것

• 위빙(Weaving)
'짜다, 엮다'라는 뜻으로 모발을 부분적으로 빼내어 다른 색상으로 연출하는 것

• 컬러 호일(Color Foil)
모발 염색에서 사용하는 컬러 호일

• 컬러 차트(Color Chart)
염모제 제조회사에서 염모제별로 각각 염모된 모발 컬러를 보여 주는 샘플

• 하이블리치(High Bleach)
베이지색 정도로 모발을 아주 밝게 탈색하는 것

# 4 | 디자인 분석과 개발

## 1. 디자인의 개념

넓은 의미로의 디자인은 심적 계획(Mental Plan)을 말하는 것으로 우리의 정신 속에서 싹이 터서 실현으로 이끄는 계획 및 설계를 의미한다. 좁은 의미로는, 보다 사용하기 쉽고 안전하며, 아름답고 쾌적한 생활 환경을 창조하는 조형 행위이며, 미술에 있어서의 계획(Plan in Art)으로 특히 회화 제작에 있어서의 예비적인 스케치류를 의미하기도 한다. 사전적 의미로서의 디자인을 살펴본다면 명사로서의 디자인은 이탈리아어의 Disegno와 프랑스어의 Dessin에서 볼 수 있는 것처럼 '계획'이라는 의미로 쓰인다.

## 2. 디자인의 어원

디자인이란 단어는 라틴어의 Designare(데지그나레)에서 발생한 것으로 표시를 한다. 계획을 기호로 명시한다는 어원을 갖고 있다. 이것은 물건을 만들기 전에 여러 가지로 생각하고 연구하는 것을 의미하고 있다. 단어적 의미로는 ,

① 어떠한 행동의 계획을 발전시켜 나가는 프로세스(Process)

② Plan 또는 설계라는 것으로 사용되며, 이는 목적에 합치하는 조형의 과정을 일관하는 계획

※프랑스어: Dessin(데셍), 이탈리어: Disegno(디세뇨오)을 말한다.

## 3. 디자인 계획의 의의

디자인은 보편적으로 아름다움을 추구하는 디자인 영역에서 기능적인 것을 연결하여 공간적인 형태와 시각적인 예술을 만들어 조형예술로 아름다움을 추구한다. 특히 디자인 요소들을 합리적으로 선택하여 실용적인 가치와 미적인 가치를 구성하는 목적으로 계획되어야 한다.

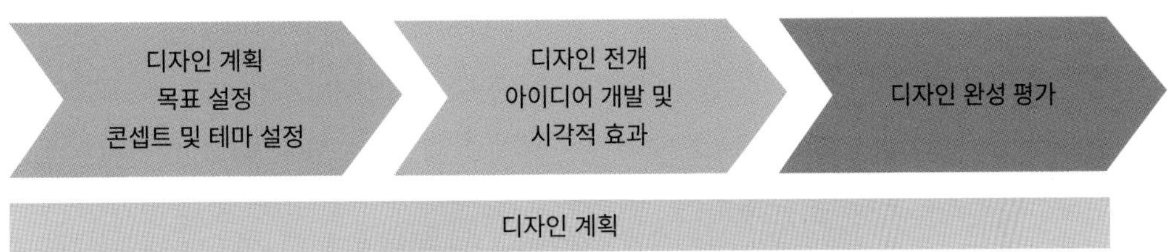


## 4. 디자인의 조건

### 1) 합목적성

여기서 목적은 실용상의 목적을 가리킨다. 이것이 실용성과 효율성이다. 객관적이며 합리적으로 얻어진다. 과학적 기초 위에 세부적인 부분까지 성립된다.

### 2) 심미성

심미성은 합목적성과는 반대로 개인이 주관적으로 아름답다는 느낌, 즉 미의식을 뜻한다. 따라서 개인차는 물론 시대, 국가, 민족에 따라 공통의 미의식이 있다. 미의식은 시대성, 국제성, 민족성, 사회성, 개성 등이 복합되어 나타난다. 또한, 유행과도 밀접한 관련이 있다.

### 3) 경제성

최소의 재료와 노력에 의해 최대의 효과를 얻으려는 것이다. 적은 비용으로 좋은 디자인을 만들려면 재료, 조립, 가공 등 전 분야에 걸친 철저한 계획이 있어야 한다.

### 4) 독창성

차별화, 주목성이 높도록 창조적인 디자인을 해야 얻을 수 있다. 전체가 완전히 다르지 않아

도, 즉 부분 수정이나 변경을 뜻하는 재디자인(Redesign)도 창조에 속한다. 그러나 독창성만을 강조하여 대중성이나 기능을 무시해서는 안 된다. 평범하게 보이는 것에 새로운 창조와 수준 높은 독창성이 숨어 있을 수도 있다.

### 5) 질서성

질서성은 앞의 네 가지 조건, 즉 합목적성, 심미성, 경제성, 독창성이 서로 조화 있게 유지되는 것을 말한다. 각 원리에서 가리키는 모든 조건을 하나의 통일체로 하는 것은 질서를 유지하고 조직을 세우는 것으로 이것은 디자인에 있어서 매우 중요하고 필요하다. '디자인은 질서(Order)이다'라고 하는 것도 이 때문이다.

## 5. 디자인의 과정

디자인은 왜 필요한가 생각하는 과정이 곧 디자인의 출발점이며 디자인은 물건을 만들어 낸다고 하는 조형 활동의 일종으로, 제품은 생활에 유용해야 함은 물론이며 실용성과 미적 요소를 필수조건으로 하는 목적에 속하게 되는 것으로써 다음의 '3단계 4과정'으로 나뉠 수 있다.

### 1) 생각하는 단계

욕구 과정: First Cause

- 여러 요건을 만족시키기 위한 형태를 생각한다. (제품을 만들게 되는 원인, 동기)
- 인간공학, 인간심리, 행동과학 등과 관련지어 종합적 연구를 하여야 한다.

### 2) 시각화하는 단계

조형 과정: Formal Cause, 재료 과정: Material Cause

- 조형 과정은 사용재료나 접합 방법 등을 통하여 시각화한다. 조형 과정은 일의 진행 중에 결정될 수도 있으나 양산의 조형은 모든 과정, 즉 조형상의 기술적 문제, 사용 재료의 문제, 공구의 문제 등이 결정되어야 한다.
- 재료 과정은 재료에 대한 지식을 전제로 한다. (재료와 조형, 환경과의 문제)

### 3) 기술적 단계

기술 과정: Technical Cause

- 실제 제작의 기술적 완성을 추구하는 과정
- 재료에 형태를 주는 단계

위의 3가지 단계를 통한 질서와 통일 여부에 따라 'Good Design'이 탄생되며 이는 인간 생활에 지속적인 기쁨과 미를 줄 것이다.

## 6. 헤어 캡스톤 디자인(Hair Capstone Design)의 정의

디자인이란 조형의 요소와 질서를 종합적으로 판단하고 그 위에 자신에게 맞게 발전시키며 구성하는 작업이다. 디자인(Design)이라는 용어는 '지시하다, 표현하다, 성취하다'의 뜻을 가지고 있는 프랑스어의 데생(Dessin)과 마찬가지로 그리스어 데자노(Diseno)에서 기원하였고 몇천 년 전부터 사용되어 오던 용어이다. 근래에 와서는 모든 조형 활동에 대한 계획을 의미하며 도안, 설계, 구상 등의 의미까지도 포함한다.

헤어 캡스톤 디자인(Hair Capstone Design)이란 '창의적 종합설계'로서 작품으로 분석 · 디자인 콘셉트 설정 · 제품 제작 · 연구를 통한 결과로써 다양함과 창의성이 돋보이는 작품들로 구성한다. 이는 산업현장에서 근무하면서 부딪히는 문제를 시술자들이 주도하여 스스로 해결할 수 있도록 습득한 지식을 바탕으로 기획 · 설계 · 결과물 제작까지 이끌어 내는 작업이다. 이 같은 작업 방식은 창의적이고 실무 능력을 향상시키며, 산업현장에서의 적응력을 높이고 있어 각광받고 있다.

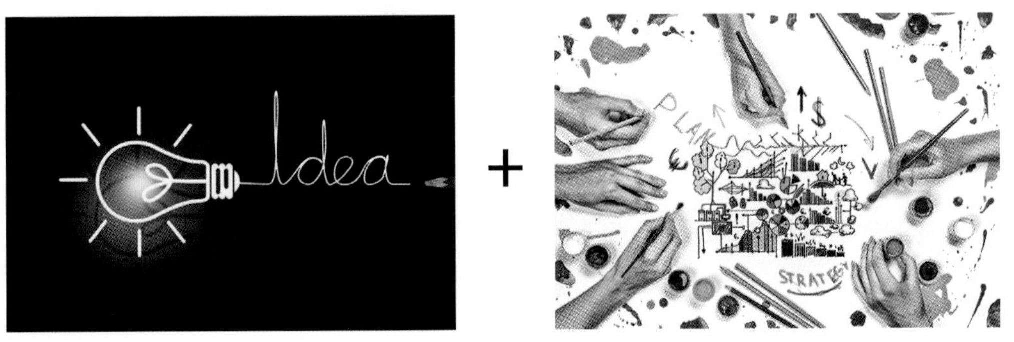

### 1) 헤어 캡스톤 디자인의 과정

일반적으로 헤어 캡스톤 디자인을 효과적으로 수행하기 위해서는 다음의 과정을 거친다.

| 과 정 | 설 명 |
|---|---|
| 기획 단계 | 필요에 의한 심리적 욕구가 생기는 단계이다. 헤어 캡스톤 디자인 대상의 기획, 시장조사(패션쇼, 트랜드 조사), 소비자 조사가 이루어진다. |
| 조형 단계 | 구체적으로 시각화하는 단계이다. 헤어 분석(커트, 컬러, 스타일링), 계획서 작성, 이미지 맵 작성, 헤어디자인을 결정한다. |
| 재료 결정 단계 | 분석을 토대로 구체적 재료를 사용하는 단계이다. 커트 도구 및 형태 결정, 컬러 색상 결정, 컬러 기법 결정, 스타일링 도구 및 방법 결정을 체계화한다. |
| 작업 단계 | 선택한 재료 및 시술 방법를 토대로 작업이 이루어지는 단계이다. |

[예시] 클래식/원톤 컬러

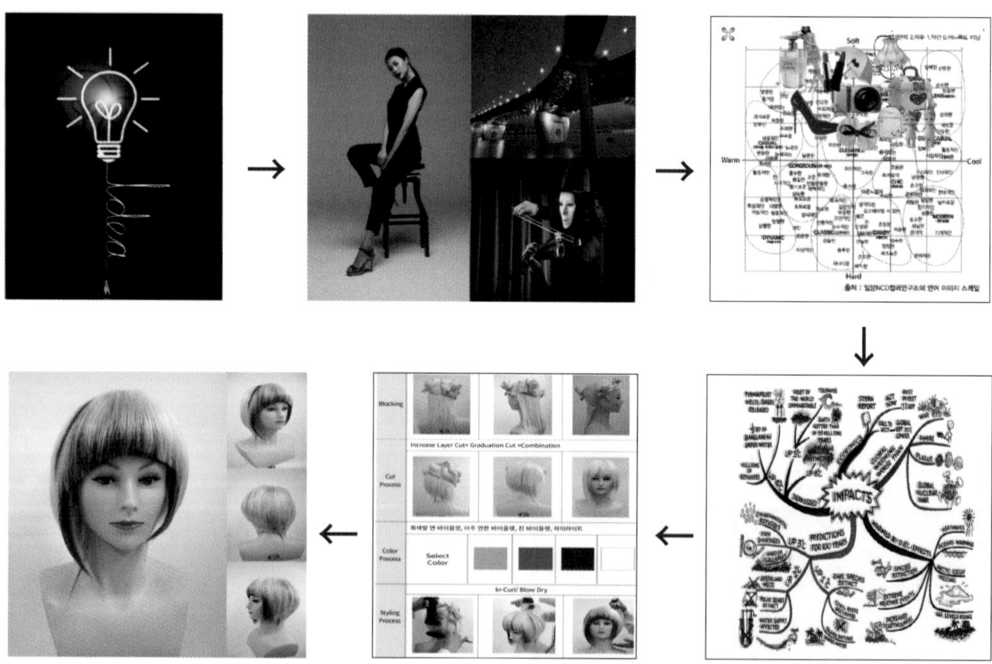

# CHAPTER 02

## 2. 실기편

# 1 | 헤어 이미지 분석에 따른 작품 제작

## 1. 클래식/ Classic

전체적인 비대칭 라인의 커트 선으로 인해 얼굴형이 갸름해 보이고 세련된 느낌을 연출하였다. 네이프는 베이스에 밀착시킨 후 강한 비대칭 곡선의 흐름으로 조각 커트하여 백 부분과 흐름을 연결하였다. 질감은 전체적으로 매끄러운 면을 형성하였으며, 컬러는 동일계열로 자연스러운 느낌이 되도록 연출하였다. 페이스라인은 짙은 바이올렛 컬러를 사용하여 안정감을 주었다.

## 1) DESIGN CONCEPT

| 디자인의 요소 | 형태 | • 후두부은 인크리스레이어 커트의 가벼운 질감과 두정부는 그래쥬에이션 커트의 무거운 질감으로 혼합형 |
|---|---|---|
| | 질감 | • 비대칭 구도<br>• 두정부를 기준으로 컨백스 라인과 컨케이브 라인의 비대칭<br>• 후두부는 인크리스레이어 커트 후 비대칭으로 조각 커트 |
| | 컬러 | • 전체적으로 바이올렛 계열로 그라데이션 기법 사용 |

## 2) DESIGN PROCESS

| DESIGN PROCESS | | | |
|---|---|---|---|
| Blocking |  | 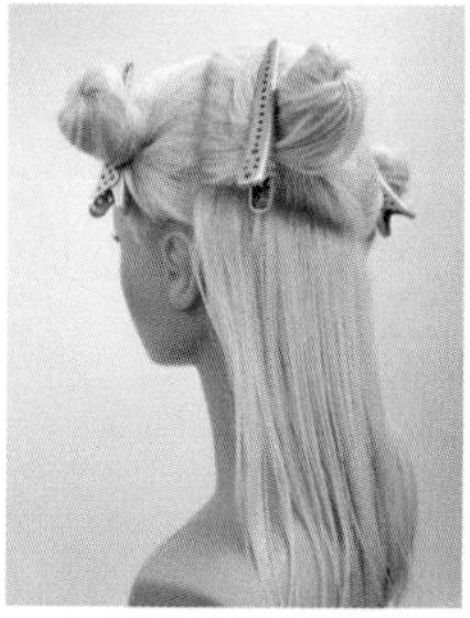 | 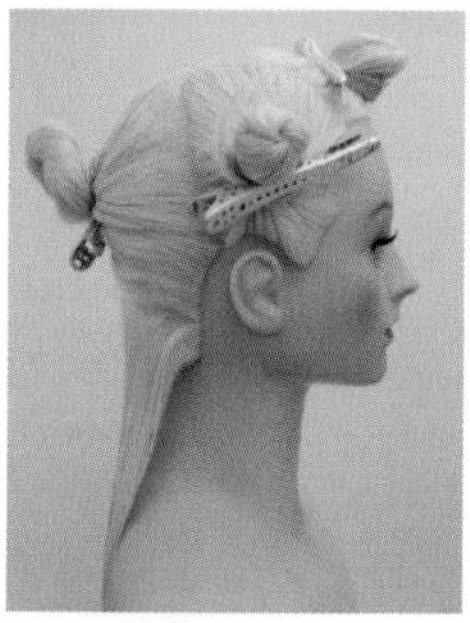 |
| Cut Process | Increase Layer Cut+ Graduation Cut =Combination | | |
| |  | 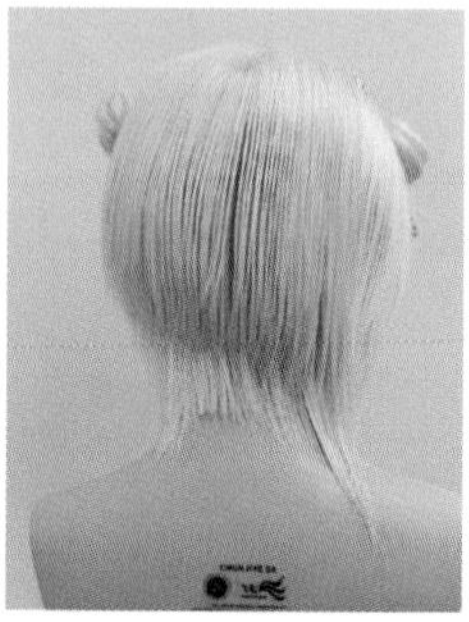 |  |
| Color Process | 회색빛 연 바이올렛, 아주 연한 바이올렛, 진 바이올렛, 하이라이트 | | |
| | 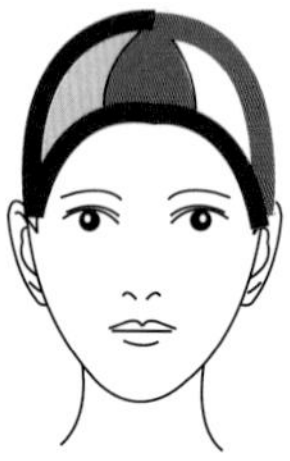 | Select Color | |
| | 산성 컬러(바이올렛) 1 : 산성 컬러(투명) 9 = 1 : 9 비율<br>산성 컬러(바이올렛) 1 : 산성 컬러(핑크) 1 : 산성 컬러(투명) 8 = 1 : 1 : 8 비율<br>산성 컬러(바이올렛) 2 : 산성 컬러(블랙) 1 : 산성 컬러(투명) 7 = 2 : 1 : 7 비율 | | |
| Styling Process | In-Curl/ Blow Dry | | |
| | 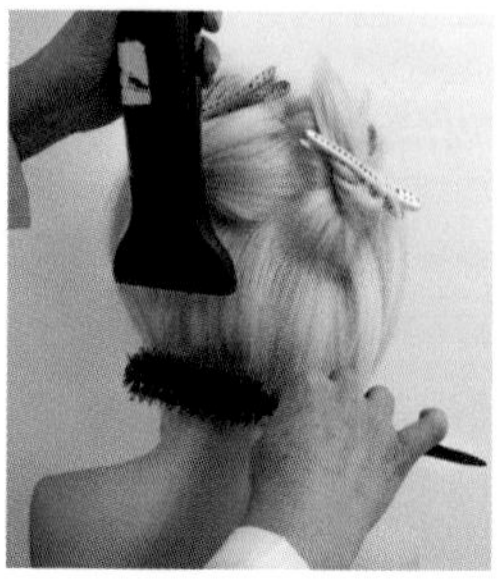 |  |  |

## 3) WORK PROCESS

### (1) Cut Process

① C.P에서 B.P, E.P~to~E.P, B.P를 기준으로 좌측은 후대각 섹션과 우측은 전대각 섹션으로 나눈다.

② 레이저 에칭 기법으로 인크리스레이어 커트를 시술한다.

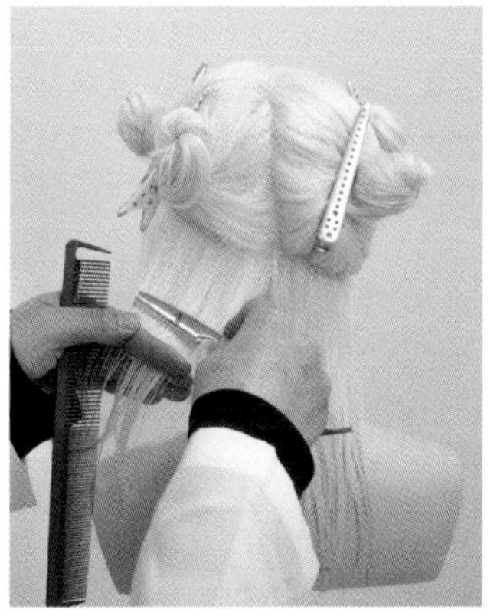
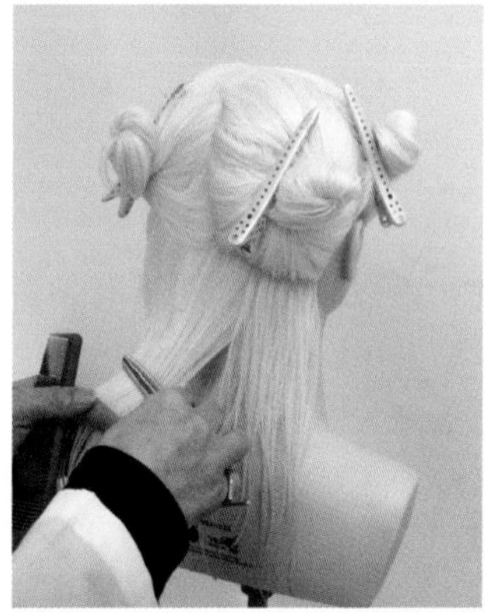

③ 직각 분배, 낮은 시술각으로 섹션과 평행하게 시술한다.

④ 네이프는 각도를 낮춰 비대칭으로 형태선을 만든다.

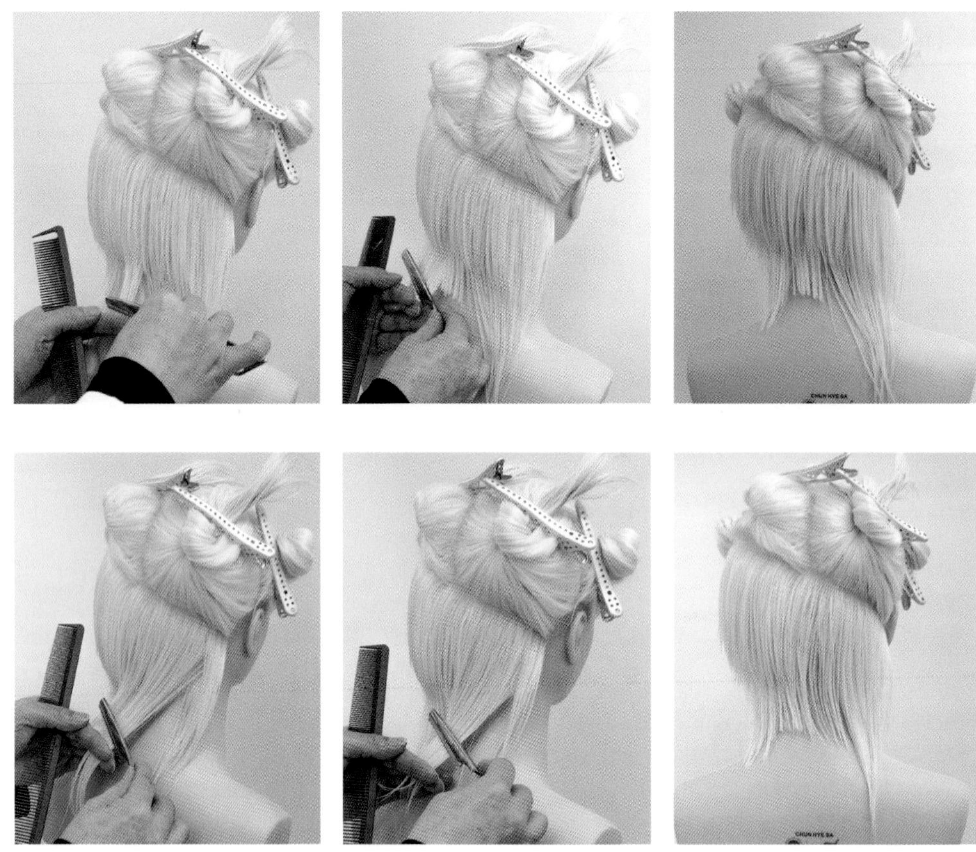

⑤ 직각 분배, 중간 시술각으로 섹션과 평행하게 시술한다.

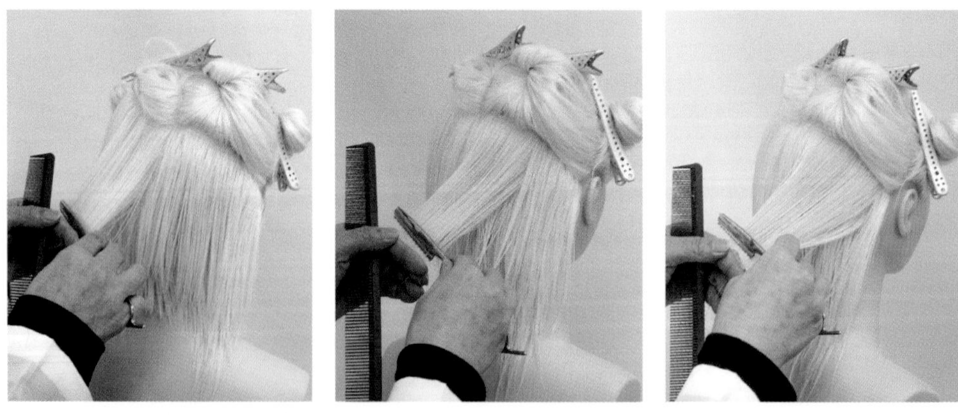

⑥ 인테리어 부분도 동일하게 시술한다.

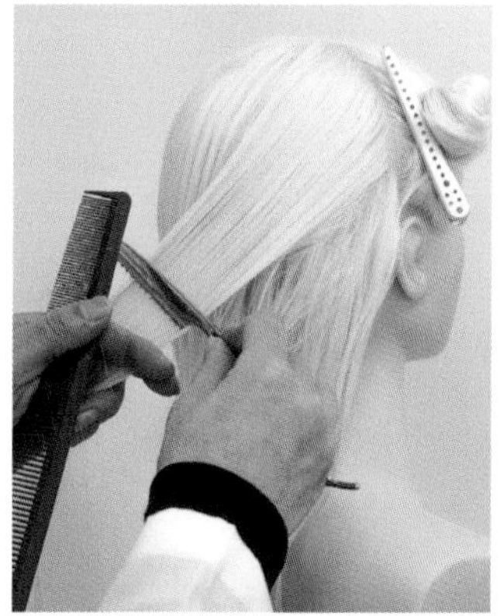
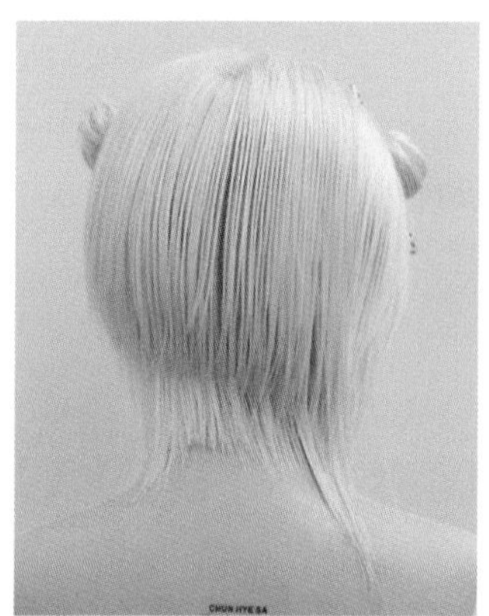

⑦ 사이드는 수평 세션으로 하여 E.P에 가이드라인을 고정시켜 에칭 기법으로 시술한다.

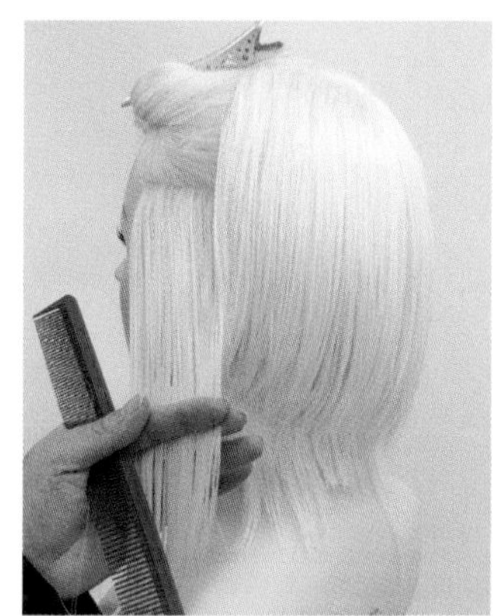

⑧ 다음 단도 동일한 방법으로 중간 시술각으로 시술한다.

⑨ 동일한 방법으로 시술한다.

⑩ 반대편의 사이드은 전대각 섹션으로 하여 섹션과 비평행하여 시술한다.

⑪ 동일한 방법으로 시술한다.

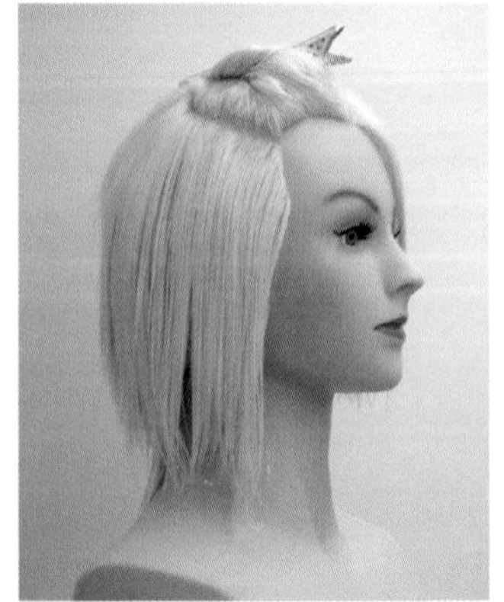

⑫ 동일한 방법으로 시술한다. 손가락은 섹션과 비평행으로 하여 시술한다.

⑬ 앞머리는 삼각 섹션으로 나눈 다음, 사선 섹션하여 눈동자를 기준으로 섹션과 비평행으로 시술한다.

⑭ 섹션과 비평행으로 하여 옆머리와 자연스럽게 연결하고 가볍게 질감 처리한다.

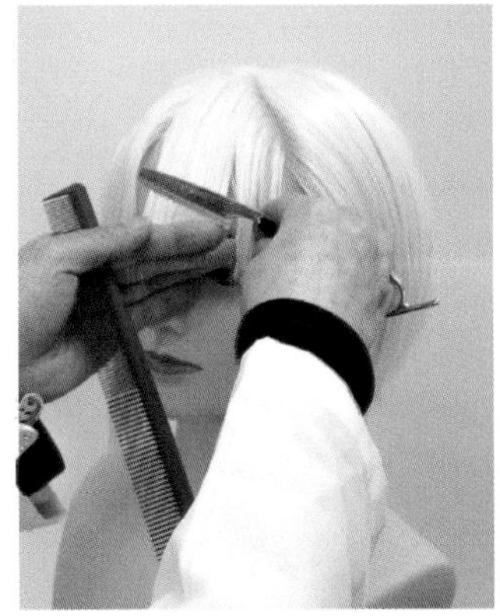

## (2) Color Process

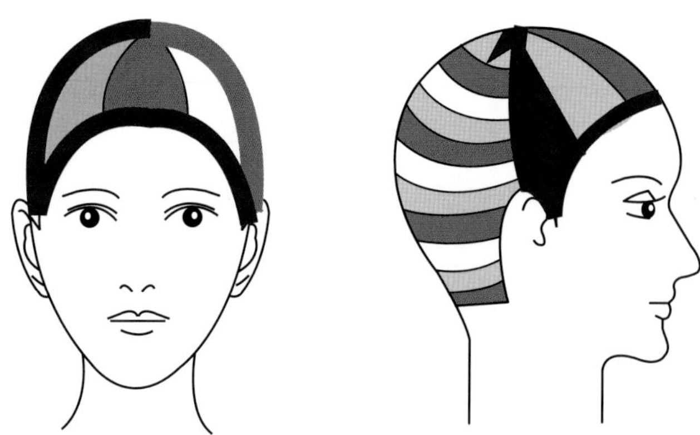

① C.P에서 B.P, E.P~to~E.P, B.P를 기준으로 좌측은 후대각 섹션과 우측은 전대각 섹션 하여 컬러를 도포한 다음 호일로 덮는다. 산성 컬러(바이올렛) 1 : (투명) 9 = 1 : 9 비율

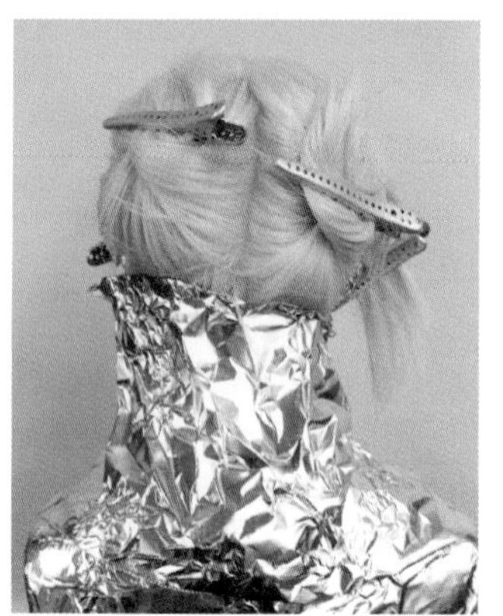

② 사선 섹션으로 2cm 슬라이스 한 후, 동일한 방법으로 모발 끝까지 도포한 다음 호일로 덮는다. 산성 컬러(바이올렛) 0.5 : 산성 컬러(블랙) 0.5 : (투명)9 = 0.5 : 0.5 : 9 비율

③ 회색빛 연 바이올렛 컬러와 연 바이올렛 컬러를 교대하여 시술한다. 동일한 방법으로 모발 끝까지 도포한 다음 호일로 덮은 후, 2cm 슬라이스하여 니베아 크림을 바르고 호일로 덮는다.

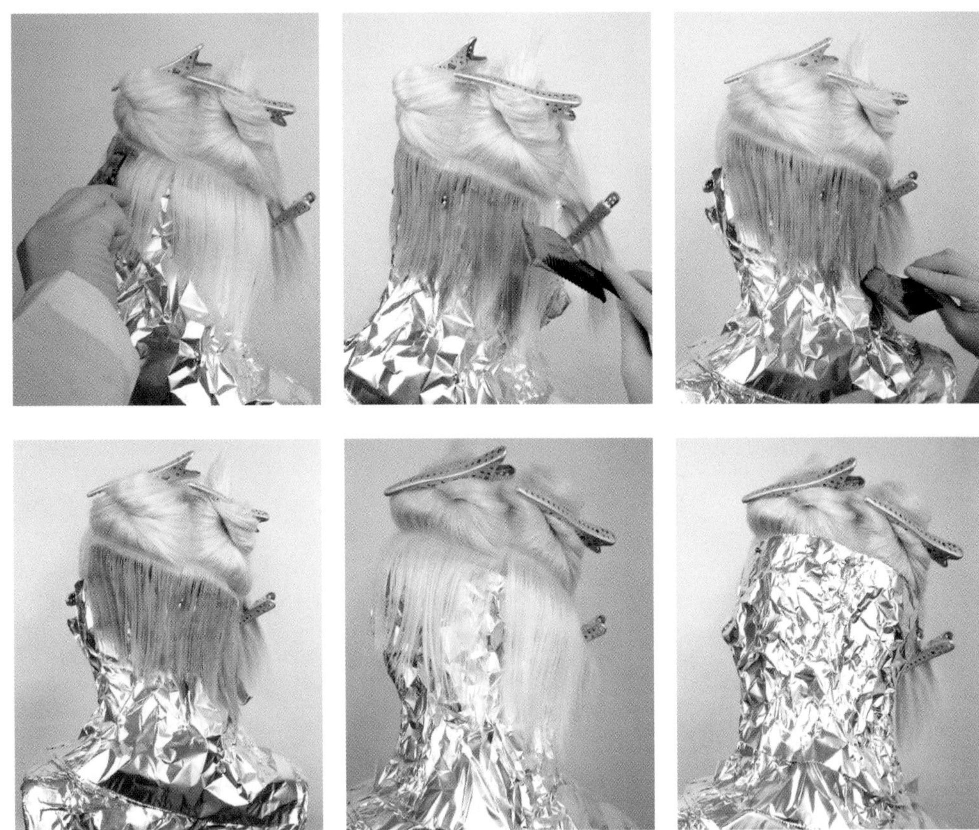

④ 인테리어에서도 동일한 방법으로 시술한다. 2cm 슬라이스 한 후 회색빛 연 바이올렛 컬러를 모발 끝까지 도포한 다음 호일로 덮는다.

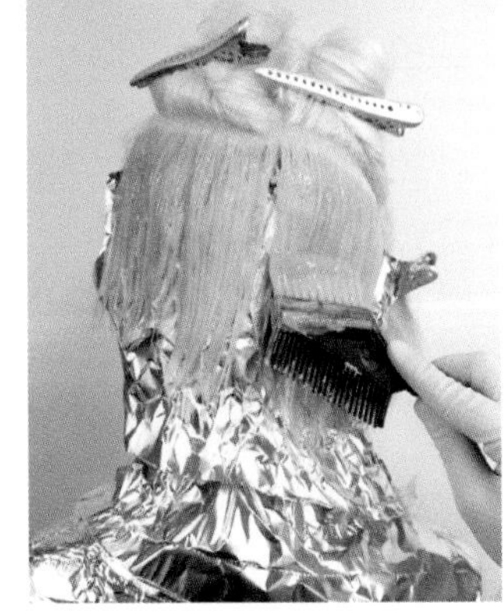

⑤ 동일한 방법으로 시술한다. 연 바이올렛 컬러를 도포한 후 니베아 크림을 교대하여 시술한다. T.P 부위에서는 위빙 뜨기로 포인트 컬러인 진 바이올렛을 도포한 후 호일로 감싼다.

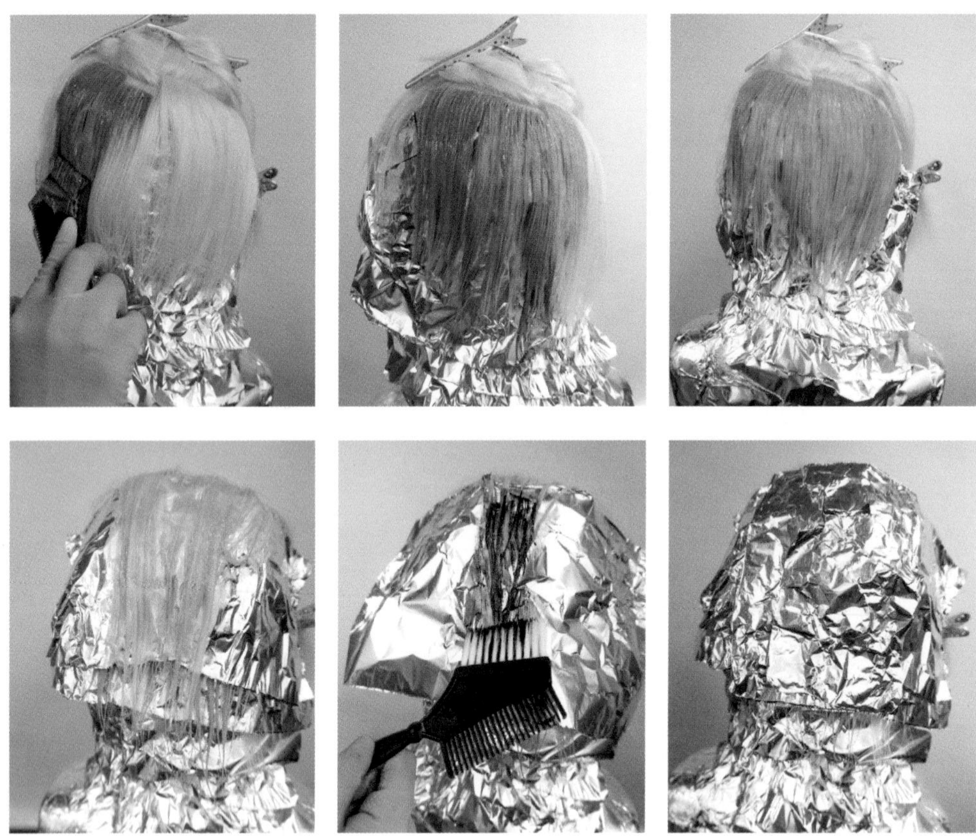

⑥ 앞머리는 페이스라인을 2cm 슬라이스 하여 진 바이올렛 컬러로 도포한다.
산성 컬러(바이올렛)2 : 산성 컬러(블랙)1 : (투명)7 = 2 : 1 : 7 비율

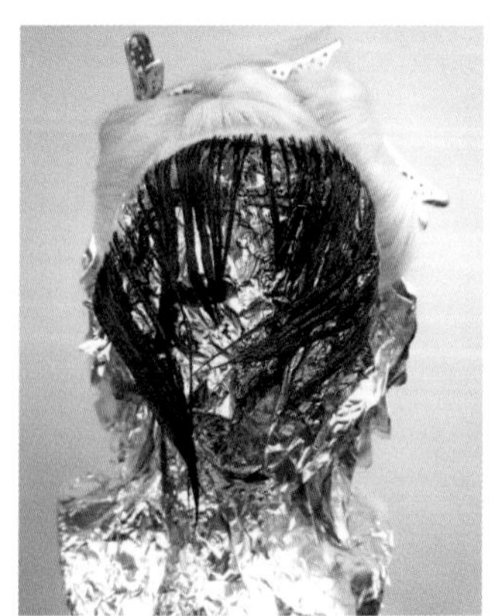

⑦ T.P를 중심으로 방사선 섹션으로 나눠 연 바이올렛, 니베아 크림, 연 바이올렛, 회색빛 연 바이올렛, 진 바이올렛 컬러를 교대로 도포한다.

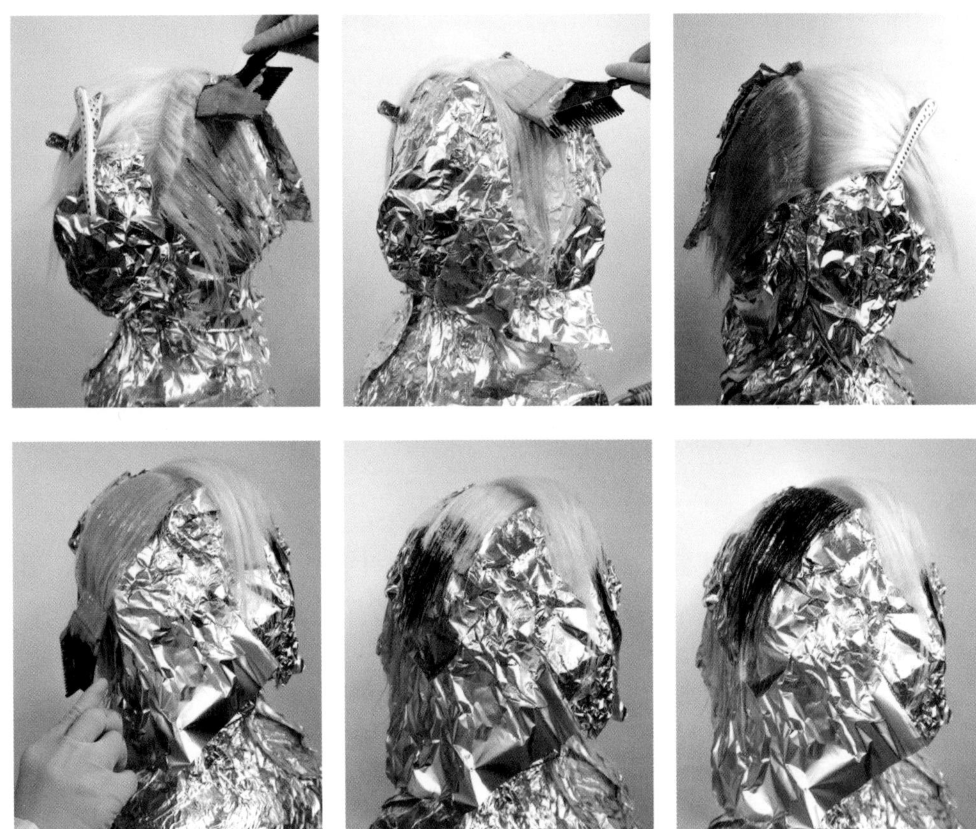

⑧ 컬러 시술이 끝나면 자연 방치 60분 후, 샴푸와 트리트먼트로 헹궈 내고 드라이어로 건조한다.

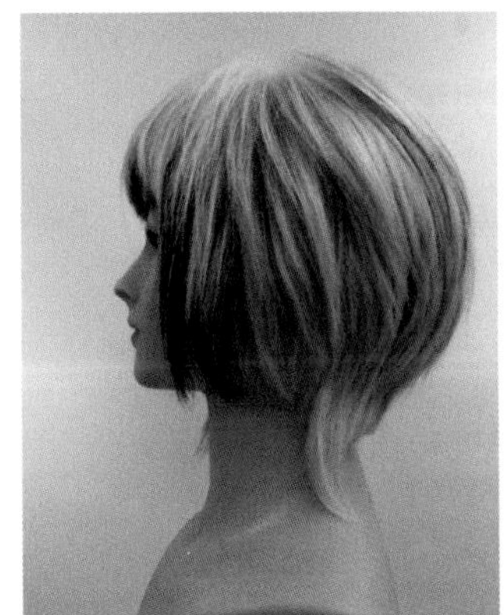
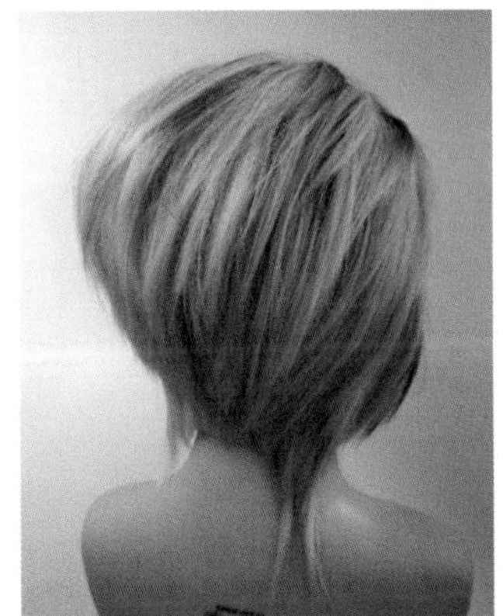

### (3) Styling Process

① 네이프는 1.5~2cm 사선으로 섹션을 뜬다. 브러시의 각도를 낮춰 롤링하면서 모발의 결을 정돈한다.

② 모발을 90°로 들어 볼륨을 준 후, 브러시를 반바퀴 돌려 뜸을 준다. 모발에 윤기를 주기 위해 반원을 그리고 브러시를 롤링하여 각도를 나춰 시술한다.

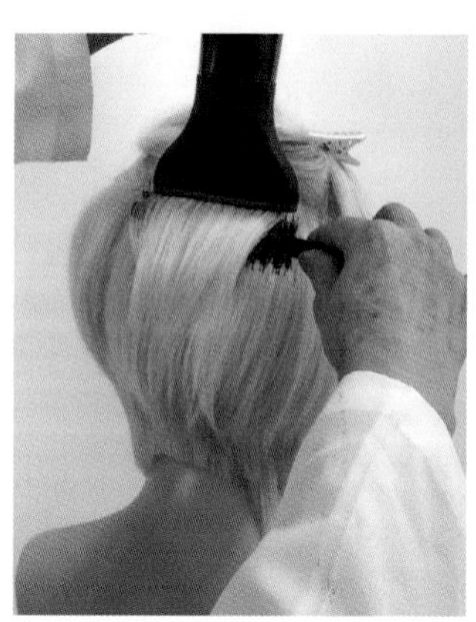

③ 각도를 120° 이상 들어 볼륨을 준 후, 롤 브러시의 각도를 낮춰 롤링하며 브러시를 빼준다.

④ 사이드는 각도를 낮춰 힘 조절을 하면서 모발을 펴준 후, 반원을 그리며 롤링하면서 포워드 방향으로 브러시를 빼준다.

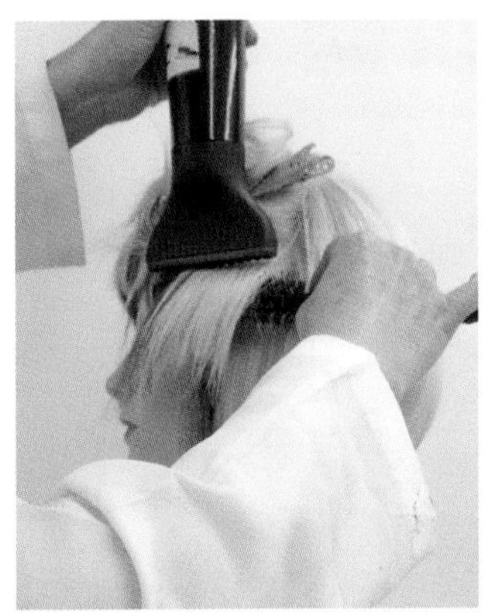
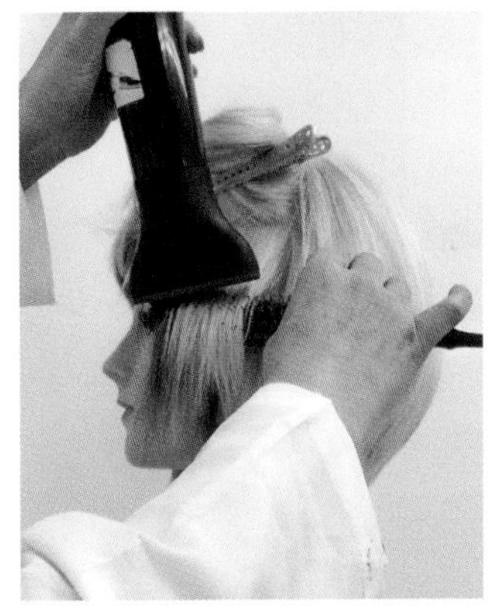
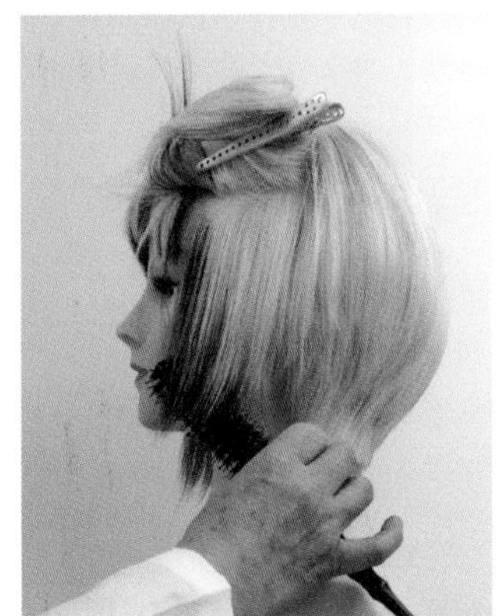

⑤ 모발을 90°로 들어 볼륨을 준 후 브러시를 크게 반원을 그리면서 롤링하면서 각도를 나춰 포워드 방향으로 자연스럽게 연결한다.

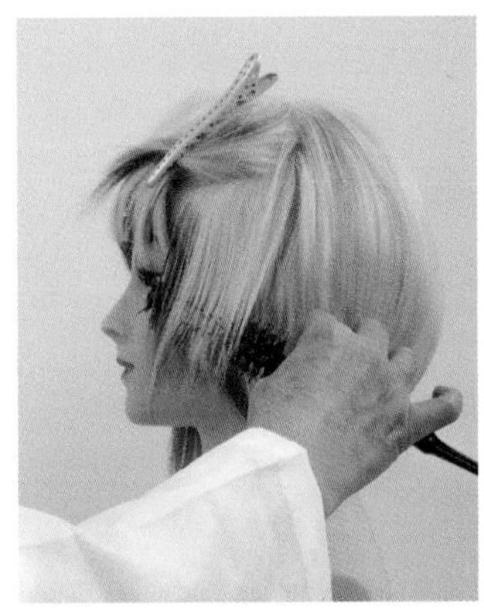

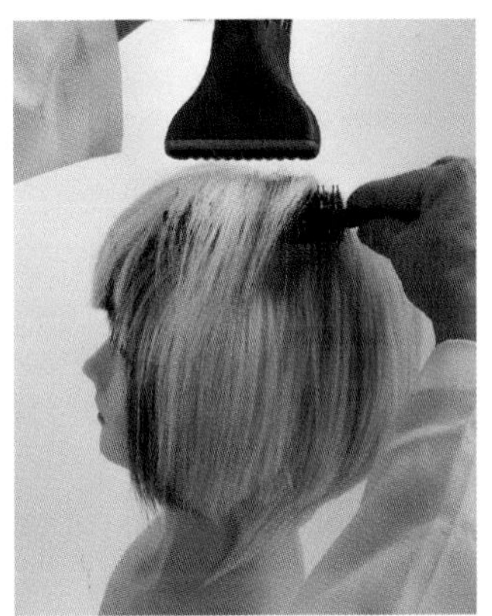

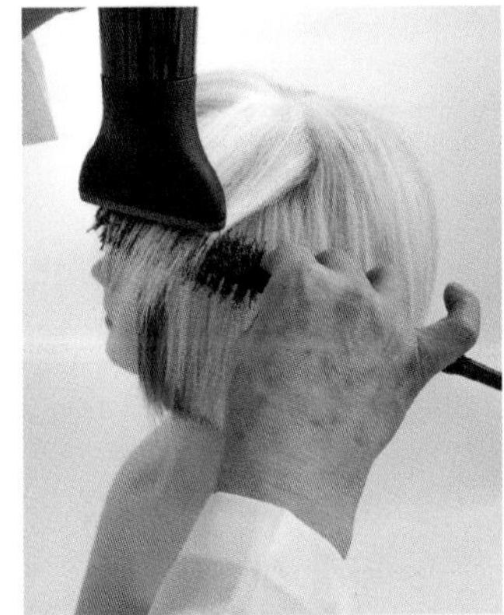
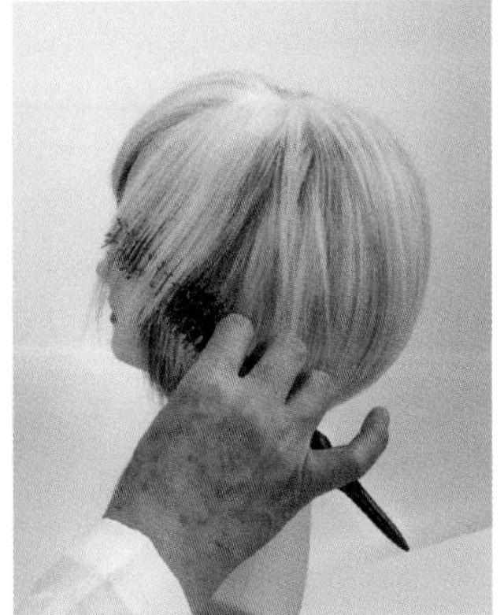

⑥ 반대편 사이드는 1.5~2cm 정도로 섹션을 뜬 다음, 가볍게 롤링하고 각도를 낮춰 힘 조절을 하면서 포워드 방향으로 자연스럽게 브러시를 빼준다.

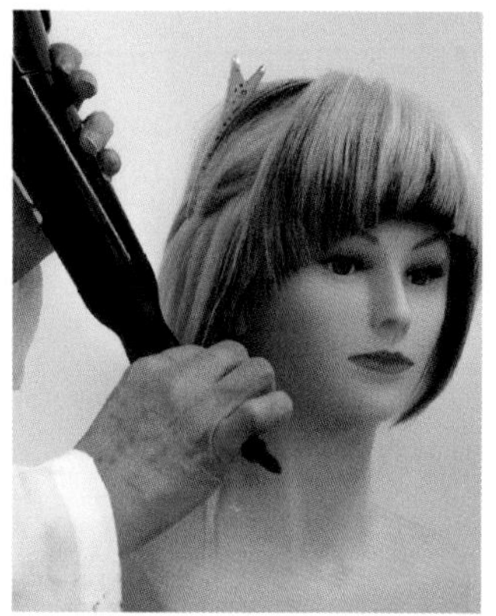

⑦ 반원을 그리면서 가볍게 롤링한 다음, 각도를 낮춰 포워드 방향으로 자연스럽게 브러시를 뺀다.

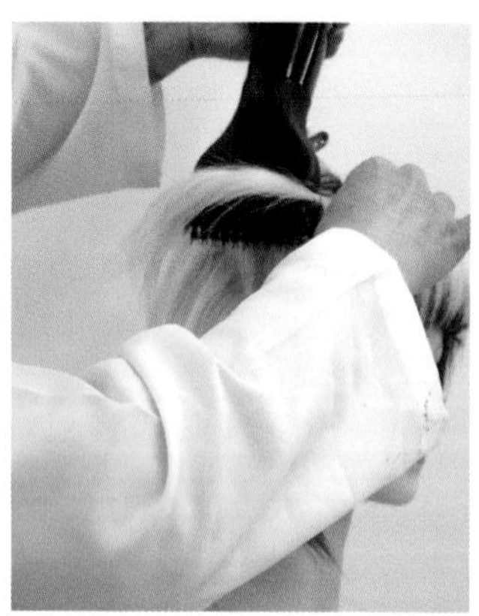

⑧ 모발을 90°로 들어 볼륨을 준 후 브러시를 크게 반원을 그리면서 롤링하면서 각도를 나춰 뺀다.

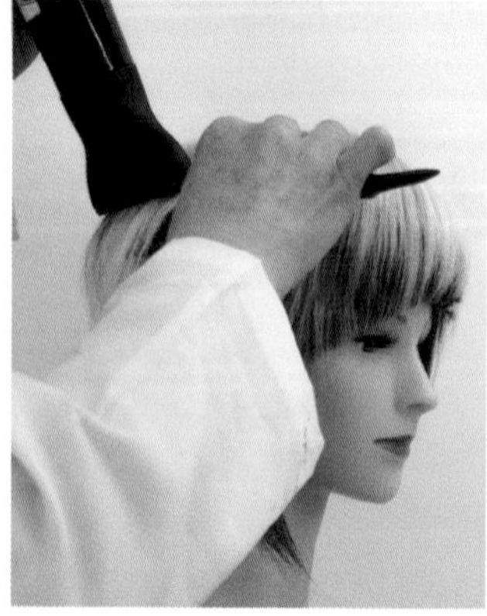

⑨ 앞머리는 각도를 낮춰 롤 브러시의 방향을 이끌며 롤링하고 옆머리와 자연스럽게 연결하면서 시술한다.

⑩ 드라이 시술이 완성되면 커트라인의 형태선을 깨끗하게 정리한다.

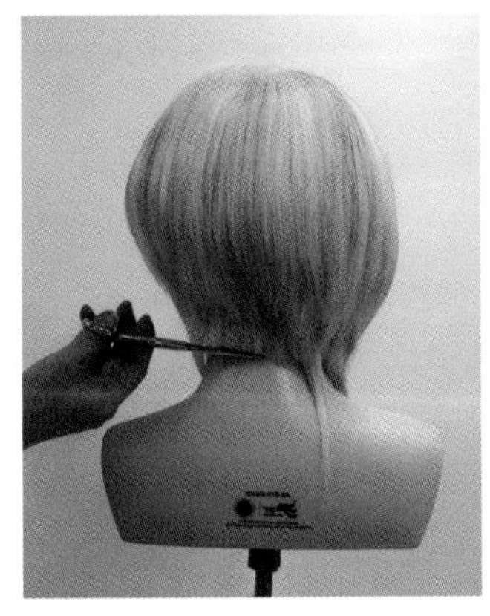

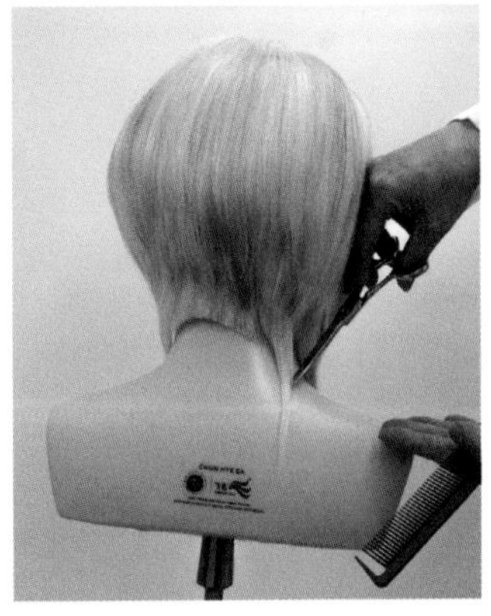

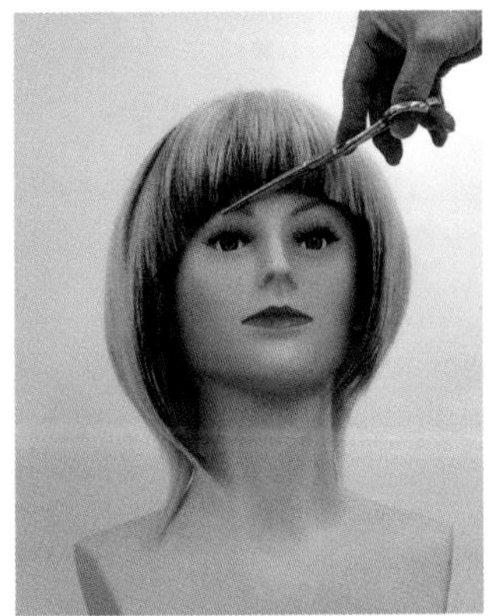

⑪ 전체적으로 광택제와 소프트 스프레이를 분사하여 모발 표면을 매끄럽게 마무리한다.

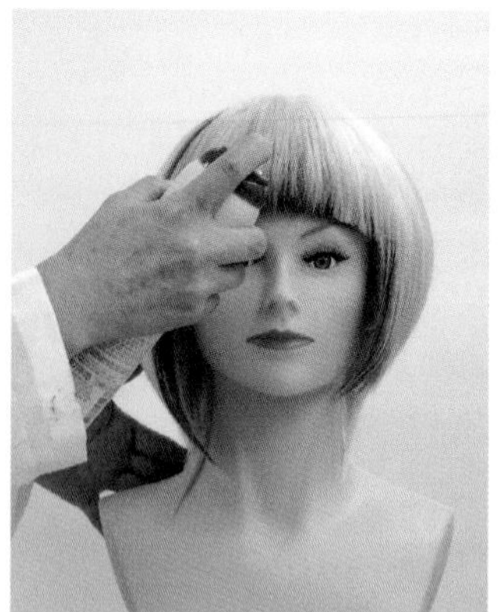
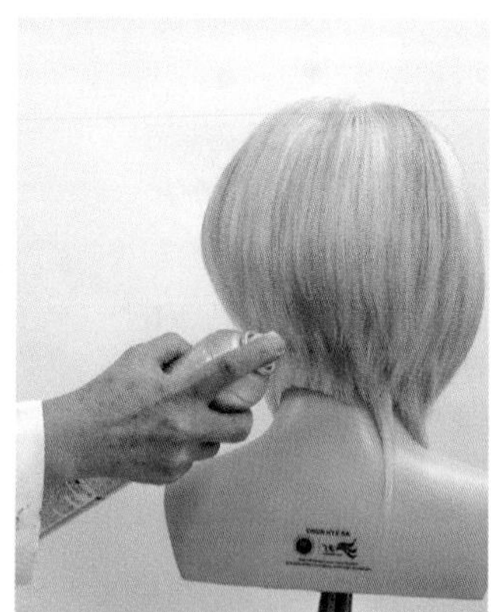

⑫ 스타일이 완성된 상태이다.

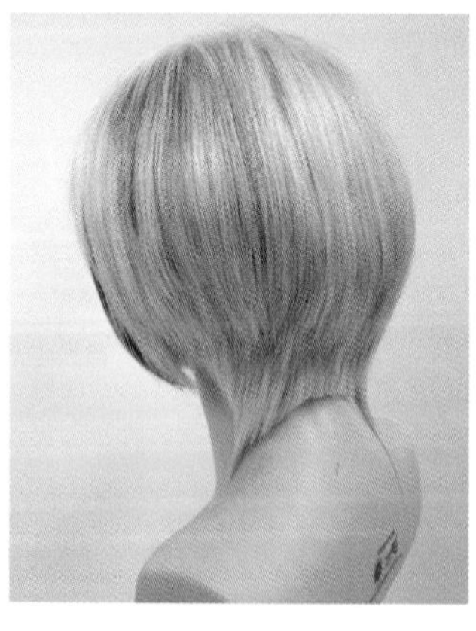
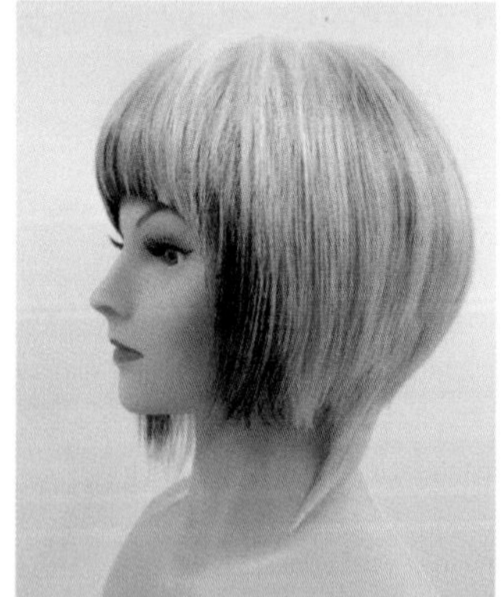

## 2. 액티브/ Active

"아름다운 새의 비상"

전체적으로 비대칭 구도로 컬러는 그린과 옐로우의 그라데이션 기법과 오렌지, 핑크, 스카이블루 컬러을 사용하여 역동적인 이미지로 표현하여 화려함을 연출하였다.

베이스는 클리퍼를 사용하여 조각 커트를 하였으며, 뒷머리는 아름다운 새의 비상을 표현하기 위해 모발 표면을 밀착시키고 매쉬의 패널을 넓게 펼쳐 스프레이로 고정하였다. 모발 끝부분을 가닥가닥 불규칙하게 커트하여 날렵한 느낌으로 연출하였다. 반대편 베이스는 대조적으로 굵은 웨이브를 연출하여 백 부분의 날개와 조화롭게 흐름을 연결하여 입체적으로 표현하였다.

## 1) DESIGN CONCEPT

| 디자인의 요소 | | |
|---|---|---|
| | 형태 | • 전체적인 비대칭 타원형의 구도<br>• 베이스 영역과 매쉬 영역으로 나뉨<br>• 크게 펼쳐진 매쉬로 새의 날개 표현 |
| | 질감 | • 모발 끝부분을 가볍게 연출하기 위해 레이저를 사용하여 커트<br>• 뒷머리는 모발 끝부분을 패널로 펼쳐 스프레이 고정 후 불규칙하게 커트<br>• 베이스는 클리퍼를 사용하여 조각 커트 시술 |
| | 컬러 | • 짙은 그린, 옐로우 그린, 옐로우의 그라데이션 기법 사용 |

## 2) DESIGN PROCESS

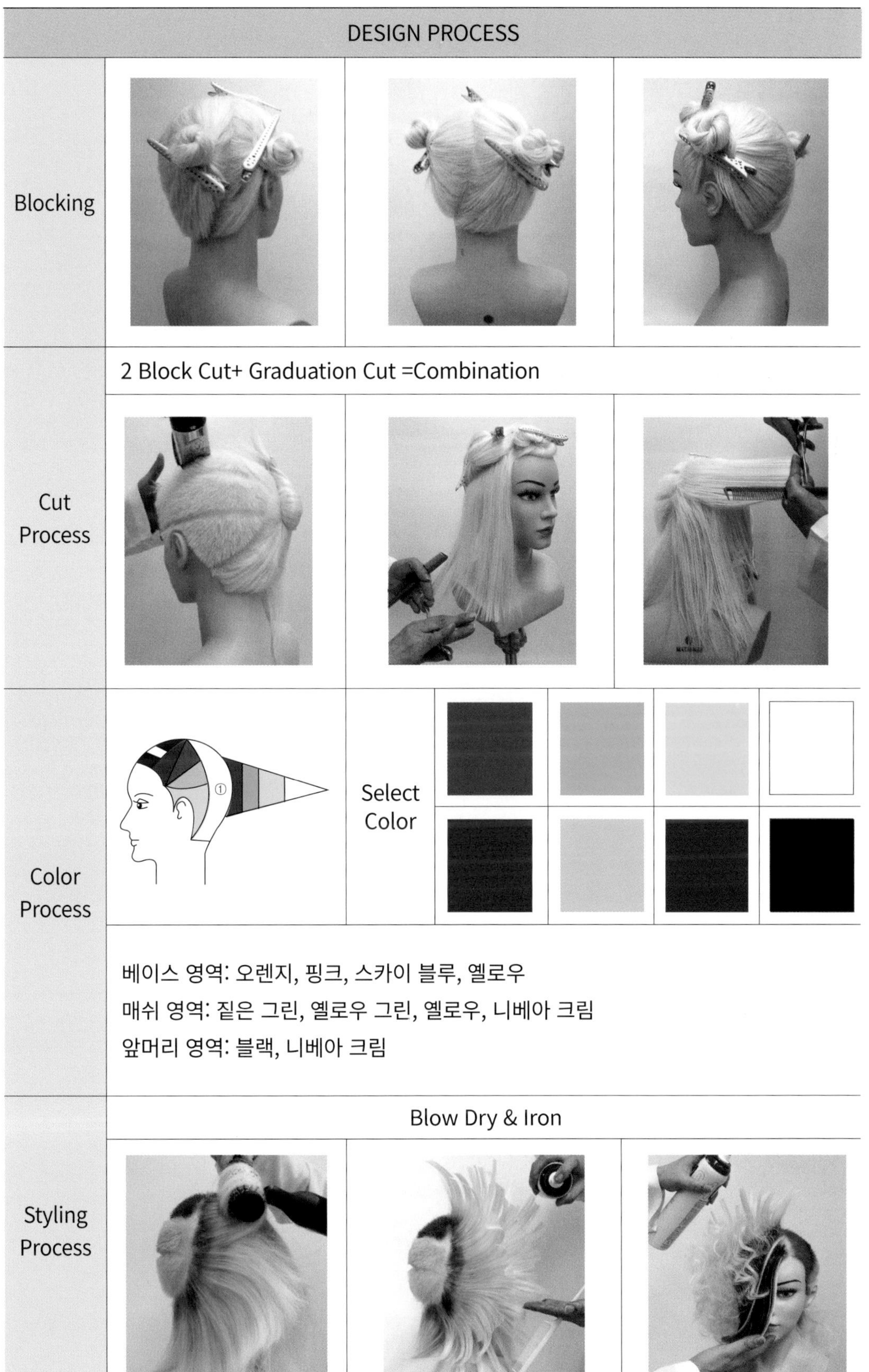

| DESIGN PROCESS | |
|---|---|
| Blocking | |
| Cut Process | 2 Block Cut+ Graduation Cut =Combination |
| Color Process | Select Color |
| | 베이스 영역: 오렌지, 핑크, 스카이 블루, 옐로우<br>매쉬 영역: 짙은 그린, 옐로우 그린, 옐로우, 니베아 크림<br>앞머리 영역: 블랙, 니베아 크림 |
| Styling Process | Blow Dry & Iron |

## 3) WORK PROCESS

### (1) Cut Process

① 블로킹한 상태이다.

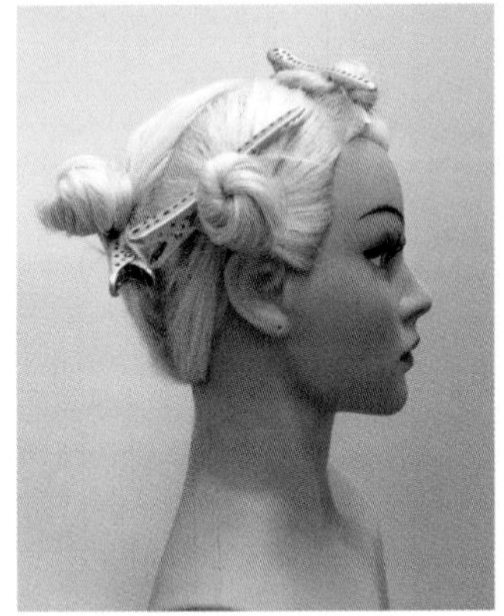
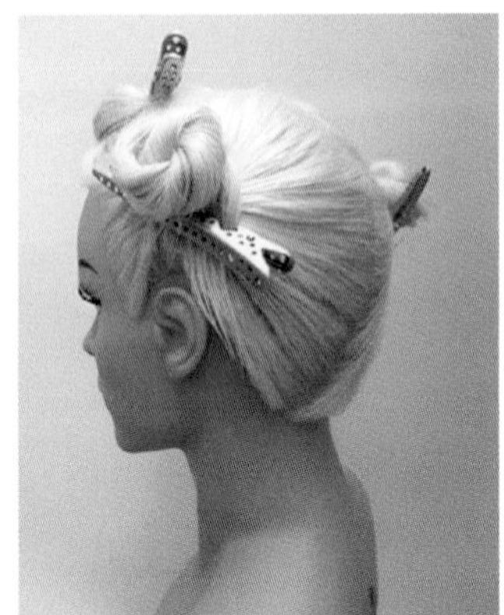

② 사이드는 거칠게 싱글링한 다음, 클리퍼를 사용하여 6mm로 커트를 시술한다.

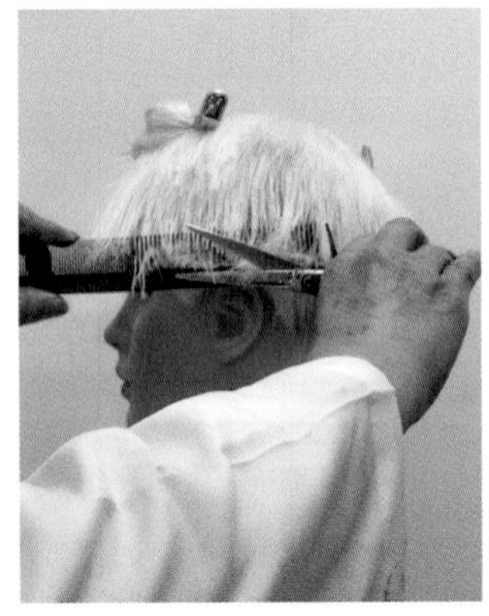
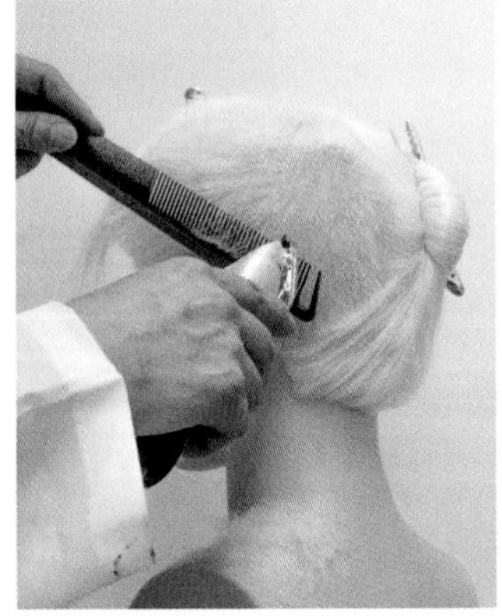
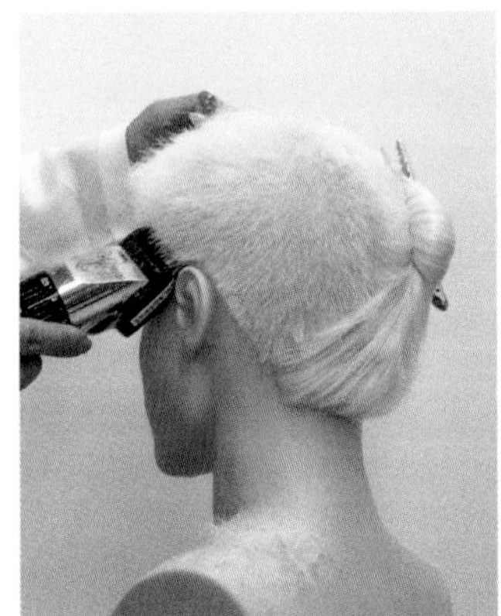

③ 클리퍼를 사용하여 조각 커트를 시술한다.

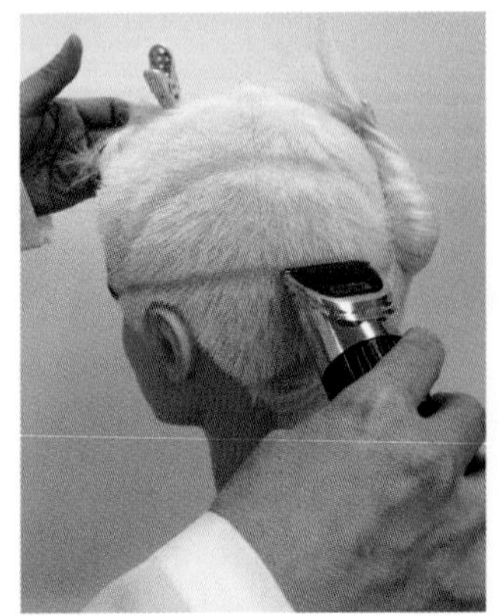
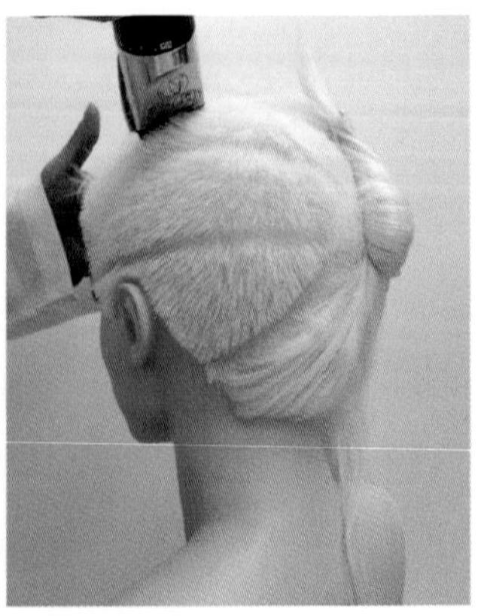
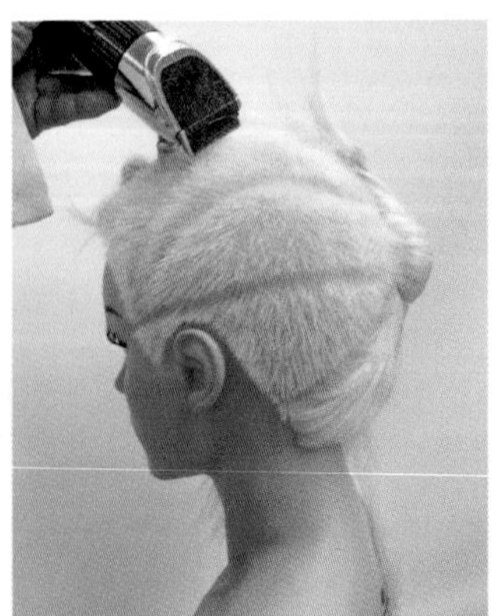

④ 사이드의 조각 커트가 완성된 상태이다.

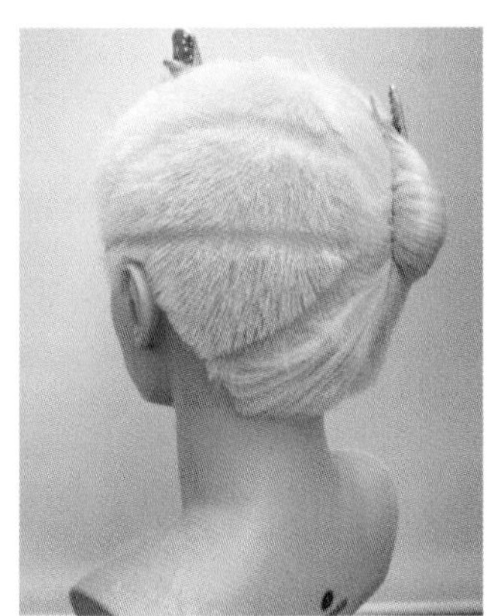
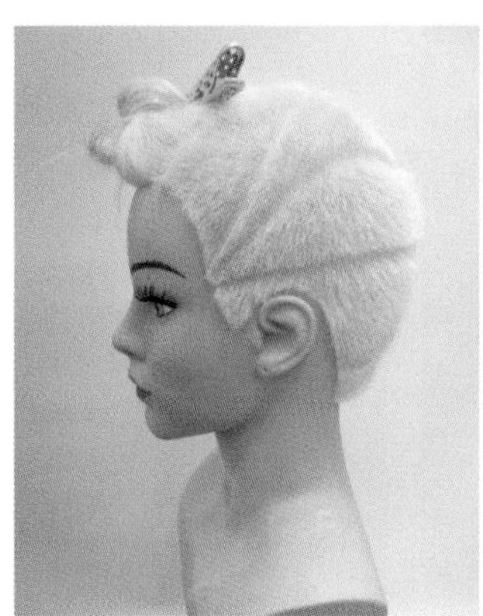

⑤ 반대편 사이드는 켄벡스 라인의 낮은 시술각으로 파팅과 평행하여 가이드를 설정하고 그래쥬에이션 커트를 시술한다.

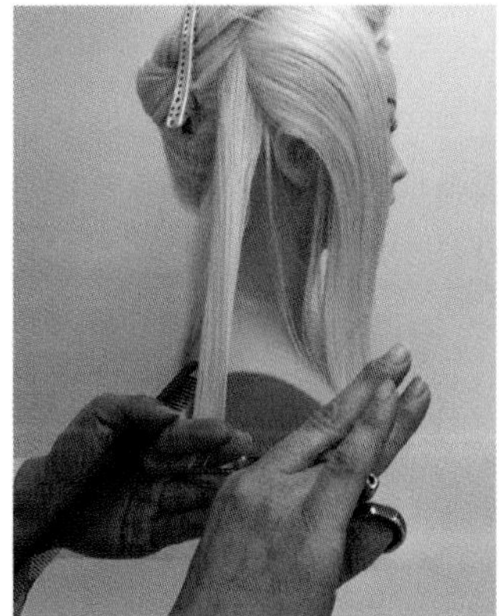

⑥ 15cm 길이로 가이드를 설정하여 가이드에 맞춰 커트를 시술한다.

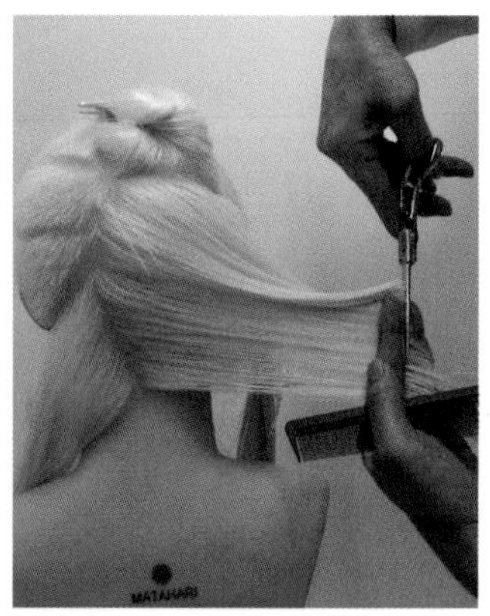
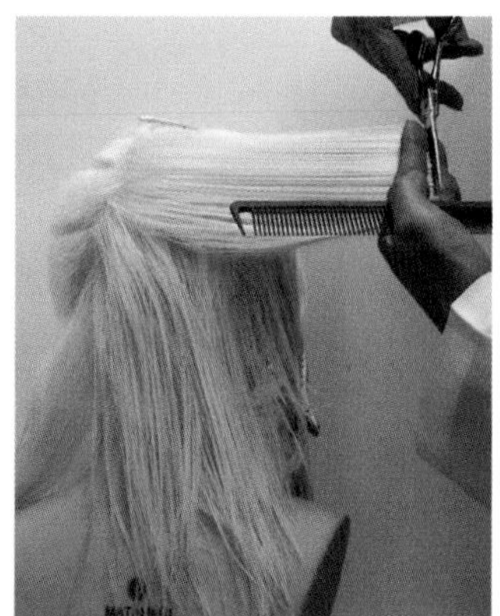

⑦ 톱 부분의 코너를 정리한다. 앞머리는 가이드를 설정한 다음, 가이드에 맞춰 커트를 시술한다. 전체적으로 레이저로 가볍게 질감 처리한다.

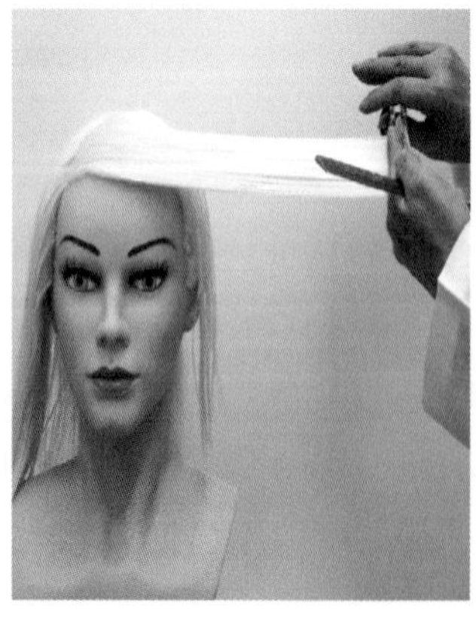
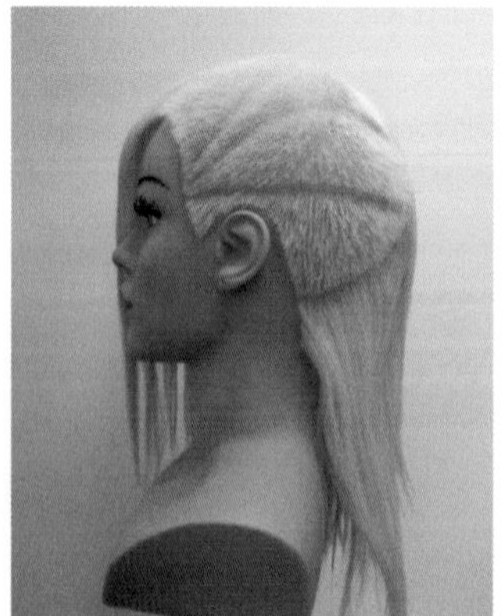

## (2) Color Process

① 컬러 그래픽

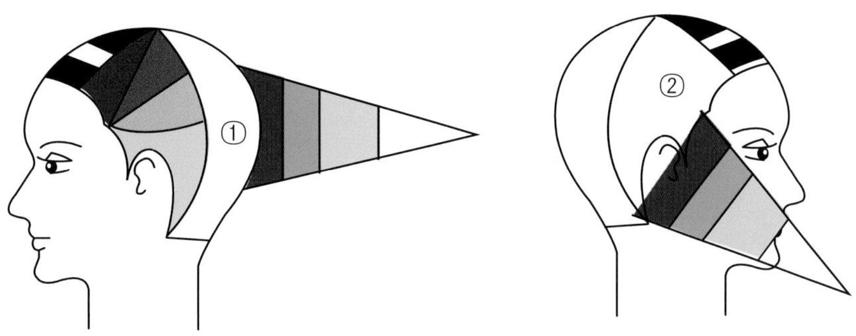


② 산성 컬러 짙은 그린, 옐로우 그린, 옐로우를 도포한 다음, 모발 끝부분에 니베아 크림를 도포한다.

③ 동일한 방법으로 시술한다.

- 짙은 그린: 산성 컬러(그린) 9 : 산성 컬러(블랙) 1 = 9 : 1 비율
- 옐로우 그린: 산성 컬러(옐로우) 6 : 산성 컬러(그린) 2 : (투명) 2 = 6 : 2 : 2 비율

④ 동일한 방법으로 컬러를 도포한다.

⑤ 뒷머리는 매쉬가 돌아가는 방향으로 사선 섹션하여 모근 쪽에 옐로우 그린과 옐로우를 모발 끝쪽에 니베아 크림을 도포한다.

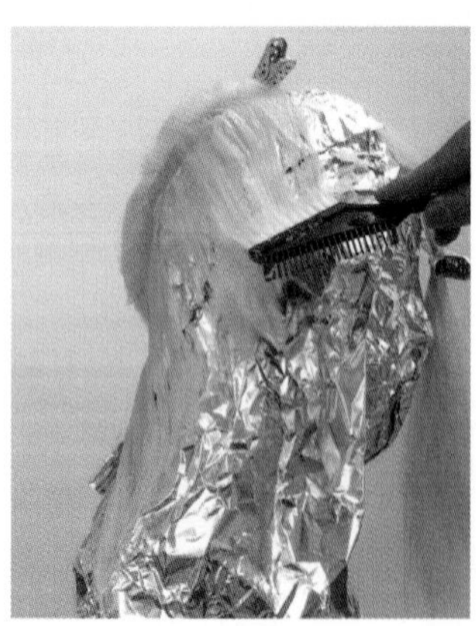
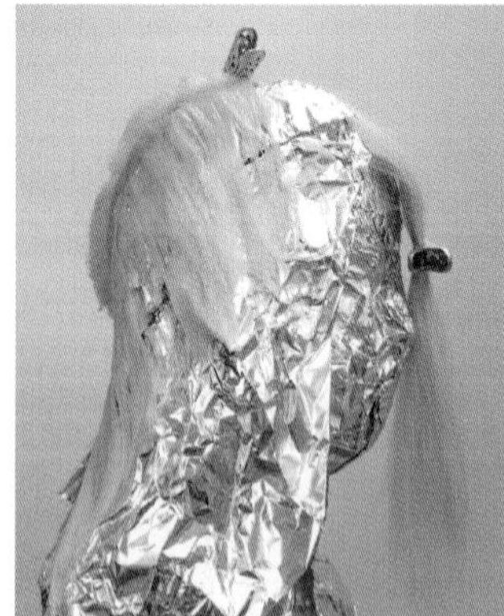

⑥ 무근 쪽에 짙은 그린, 옐로우 그린, 옐로우를 도포하고 모발 끝쪽에 니베아 크림을 도포한다.

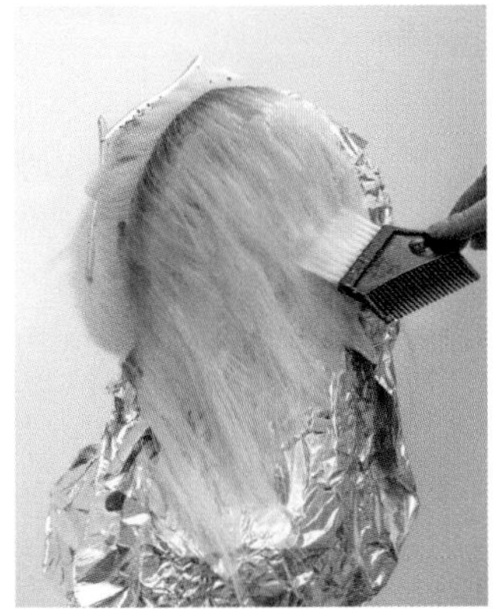
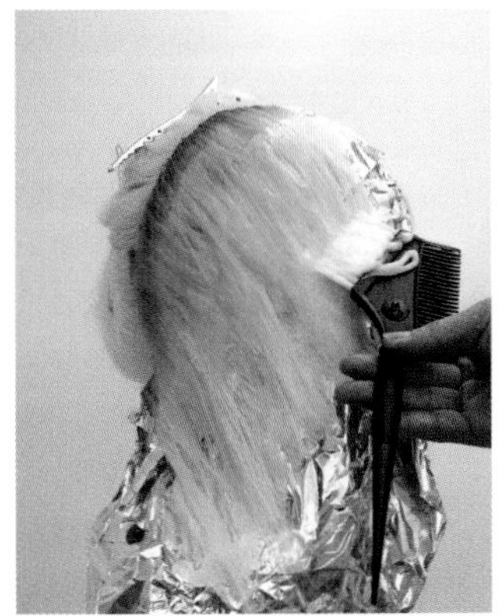

⑦ 앞머리는 니베아 크림과 블랙 컬러를 교대로 도포한다.

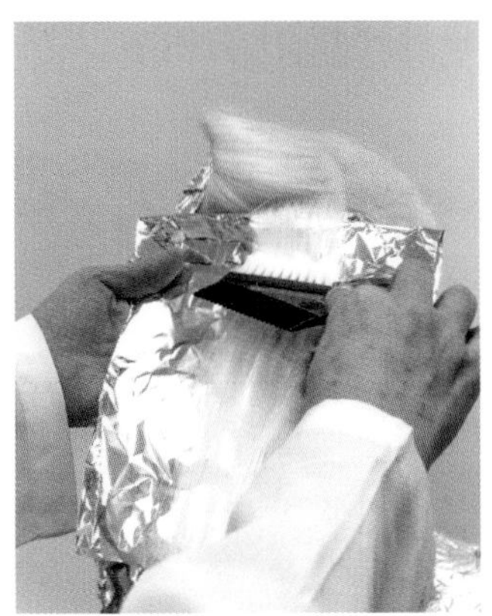

⑧ 사이의 조각 커트 부위는 산성 컬러 옐로우, 핑크, 스카이 블루, 오렌지 색상을 도포한다. 자연 방치 60분 후 샴푸로 깨끗하게 헹궈 내고 모발을 컨디셔닝 한다.

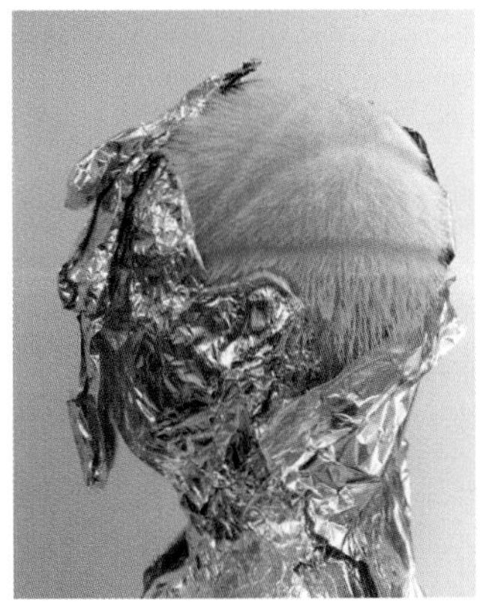
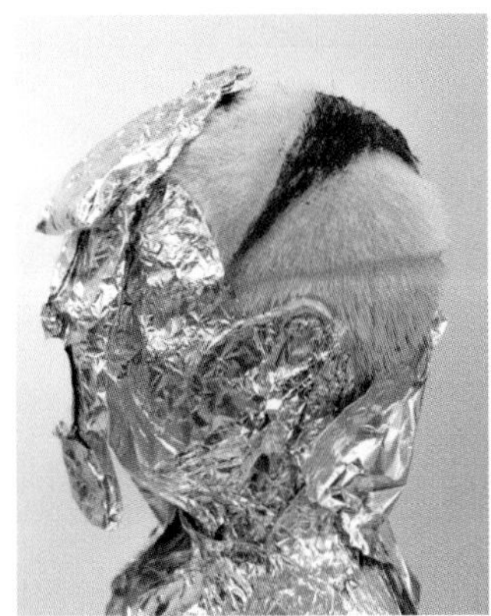
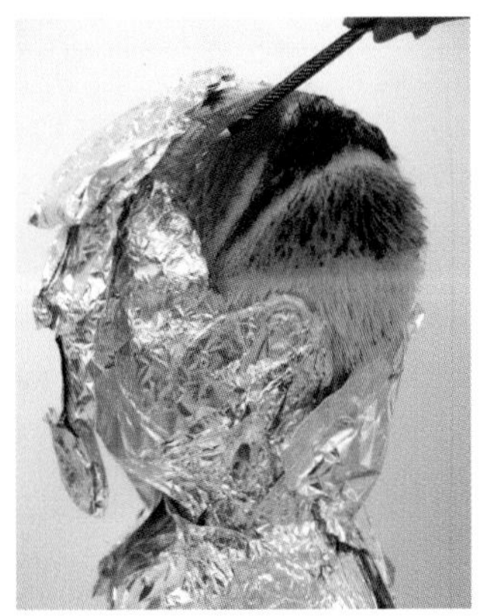

### (3) Styling Process

① 롤 브러시를 사용하여 디자인에 맞춰 C커브로 몰딩하여 표면을 매끄럽게 한다.

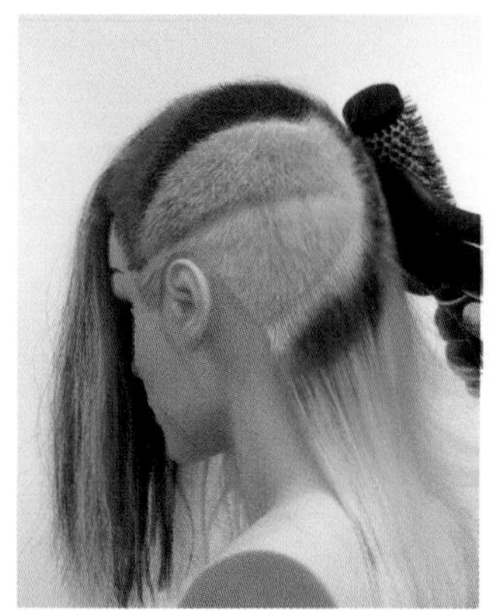

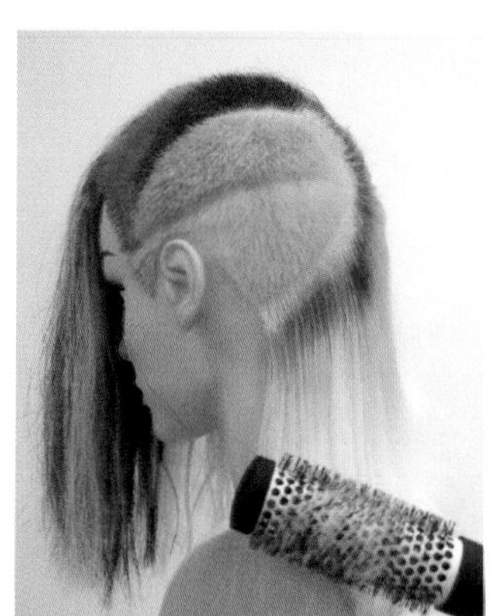

② 롤 브러시로 롤링하면서 뿌리를 위쪽으로 밀어주면서 크게 C커브의 흐름을 연출한다.

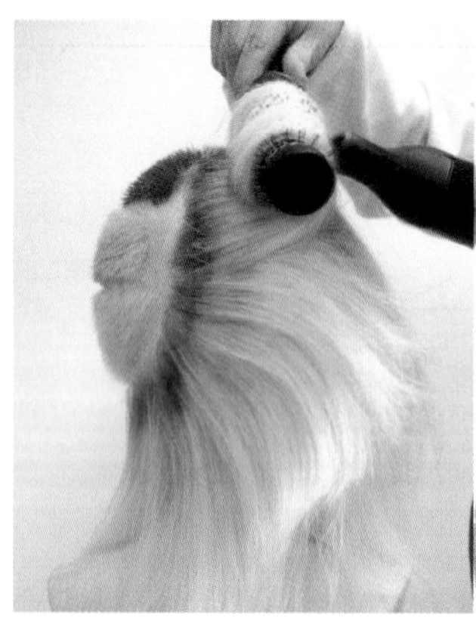

③ 매쉬의 패널을 넓게 펼쳐 스프레이를 도포하고 플랫 아이론으로 고정한 다음, 모발 끝 부분을 가닥가닥 불규칙하게 커트하여 날렵한 느낌을 표현한다.

④ 스프레이와 광택제를 사용하여 고정한다.

⑤ 네이프는 원형 아이론 12mm을 사용하여 스파이럴식으로 와인딩하다.

⑥ 동일하게 포워드 방향으로 스파이럴식으로 와인딩을 시술한다.

⑦ 모근 방향으로 백콤을 넣은 다음 스프레이로 고정한다.

⑧ 동일한 방법으로 백콤을 넣는다.

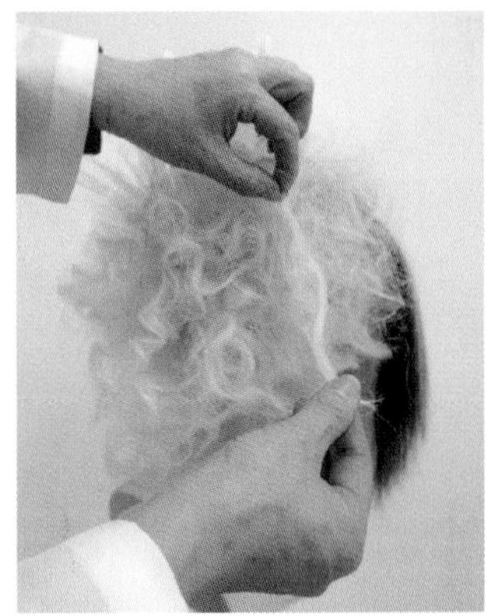

⑨ 백콤을 넣은 상태에서 스프레이와 광택제를 사용하여 고정한다.

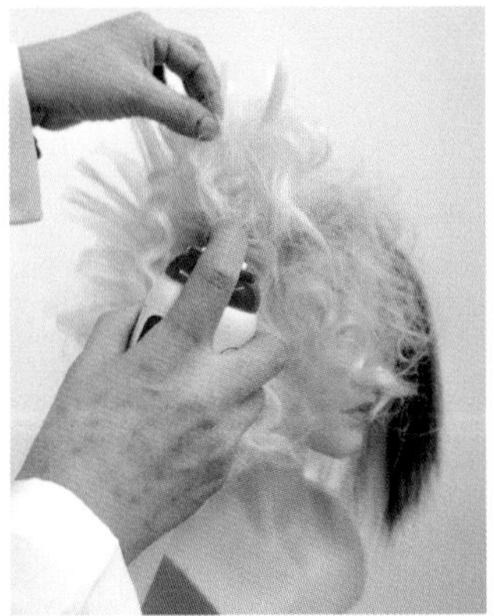

⑩ 뒷부분의 매쉬 부분이 완성된 상태이다.

⑪ 앞머리는 아이론으로 매끄럽게 드라이한 다음, 매끄럽게 빗질하여 스프레이를 도포한다.

⑫ 전체적으로 광택제를 도포하여 마무리한다. 스타일링이 완성된 상태이다.

# 3. 모던/ Modern

"모던라인 "

형태는 세련되고 현대적인 이미지를 연출하기 위해 뒷머리의 컨백스 라인과 사이드는 후대각 섹션과 전대각 섹션으로 커트하여 비대칭 헤어스타일을 연출하였다. 컬러는 블랙과 그린색의 극단적인 컬러를 사용하여 서로 균형 있게 조화를 이루었다.

앞머리 뱅과 골덴포인트에 짙은 그린색을 사용하여 눈썹이 보이는 비대칭의 사선 라인에 무게감을 주어 세련되고 차분한 느낌의 모던한 이미지를 연출하였다.

## 1) DESIGN CONCEPT

| 디자인의 요소 | | |
|---|---|---|
| | 형태 | • 타원형의 비대칭 구도<br>• 두정부의 컨백스 라인<br>• 사이드의 후대각 섹션과 전대각 섹션 |
| | 질감 | • 두정부를 기준으로 후두부은 레이어 커트의 가벼운 질감과 두정부는 그래쥬에이션 커트의 무거운 질감으로 혼합형 |
| | 컬러 | • 블랙과 그린색의 극단적인 컬러 사용 |

## 2) DESIGN PROCESS

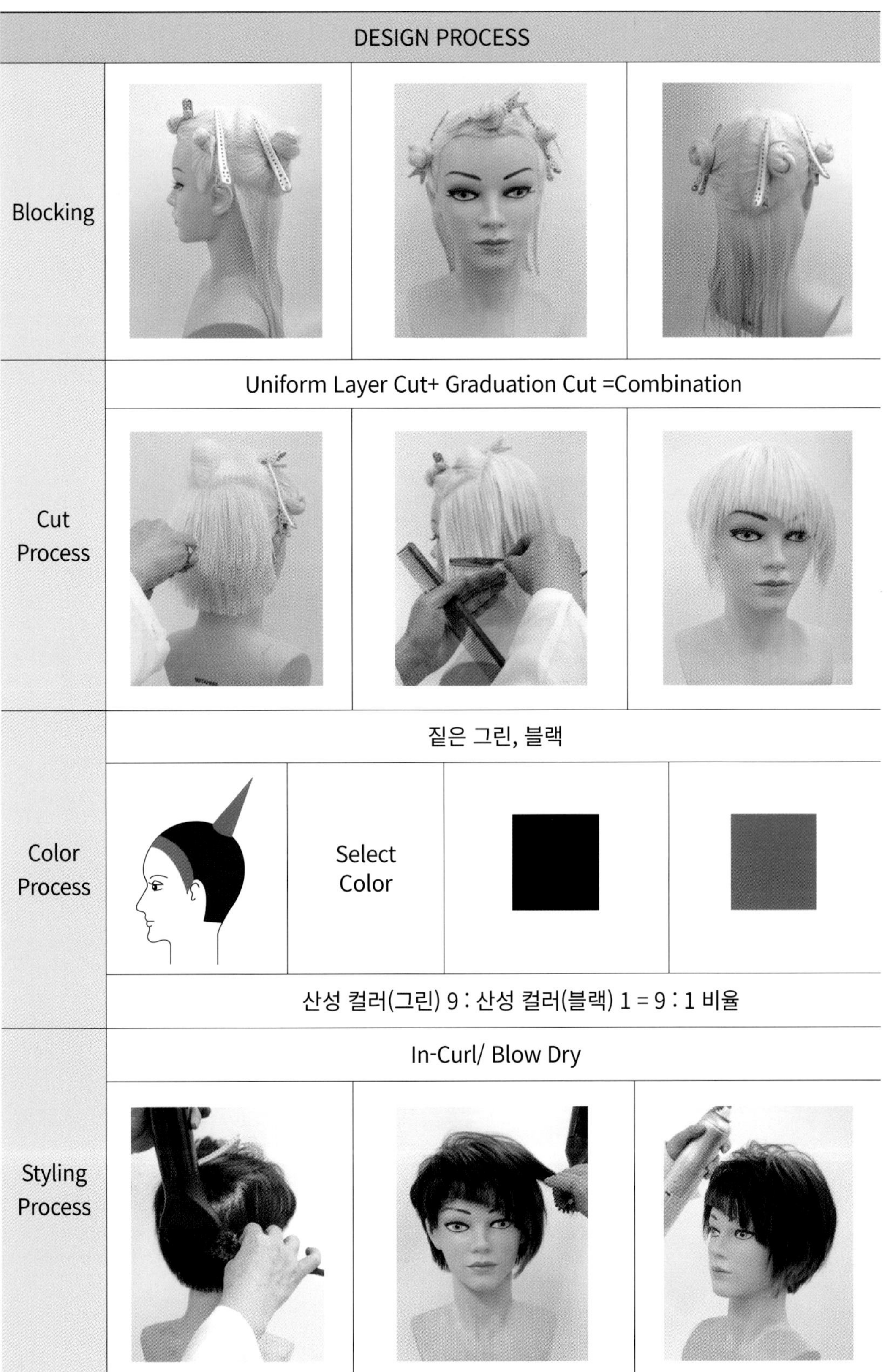

| DESIGN PROCESS | | | | |
|---|---|---|---|---|
| Blocking | | | | |
| Cut Process | Uniform Layer Cut+ Graduation Cut =Combination | | | |
| Color Process | 짙은 그린, 블랙 | | | |
| | | Select Color | | |
| | 산성 컬러(그린) 9 : 산성 컬러(블랙) 1 = 9 : 1 비율 | | | |
| Styling Process | In-Curl/ Blow Dry | | | |

### (1) Cut Process

① C.P에서 B.P, E.P~to~E.P, B.P를 기준으로 후대각 섹션으로 나눈다.

② B.P 아래는 모발 길이를 짧게 싱글링한다.

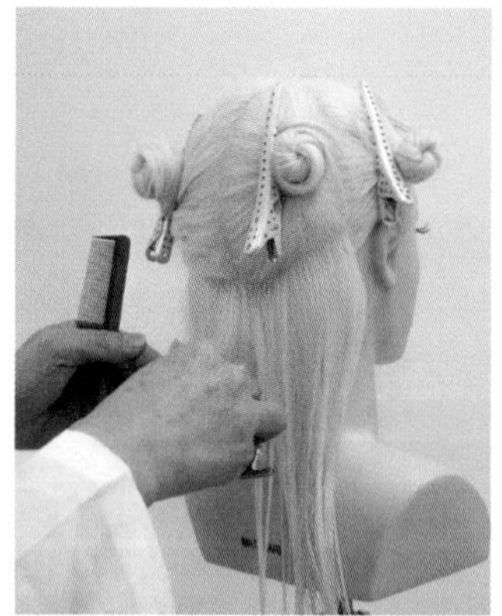
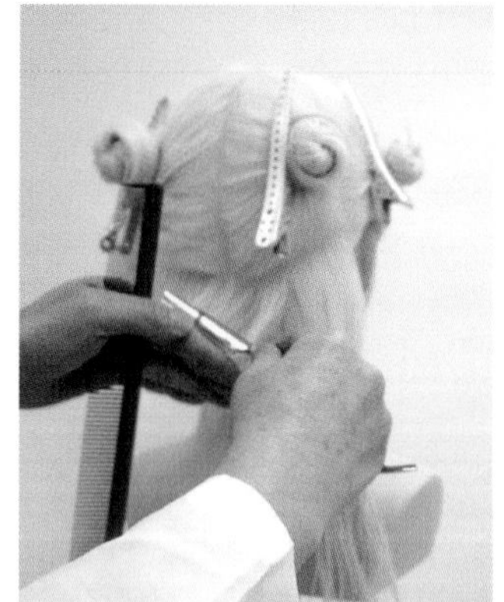
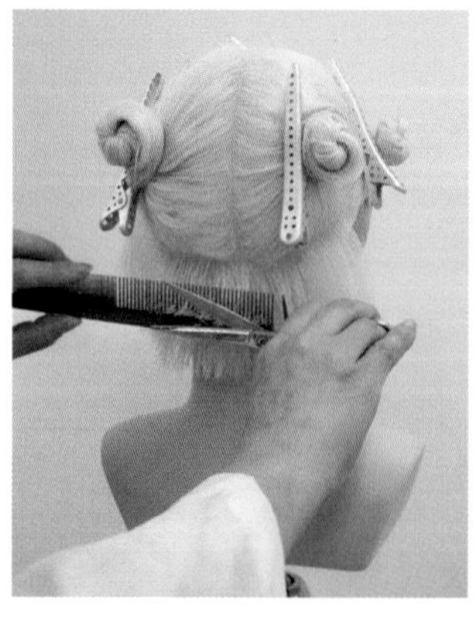
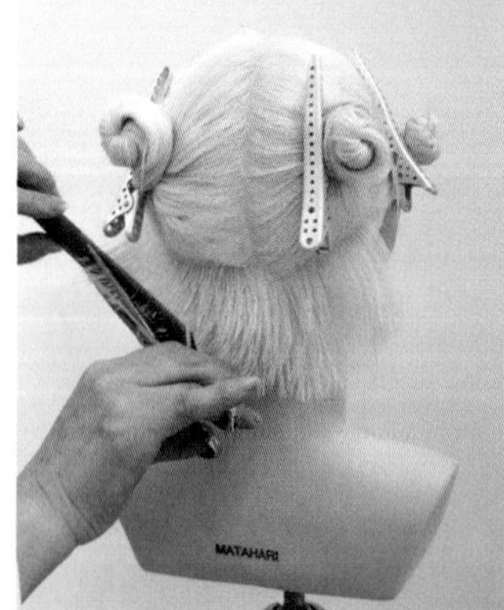
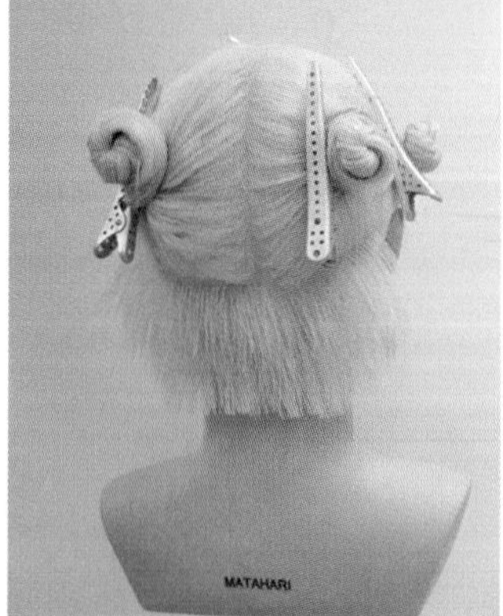

③ 후대각 섹션으로 나누고 레이저 에칭 기법으로 직각 분배, 중간 시술각, 이동 가이드라인, 손가락은 섹션과 평행하게 하여 그래쥬에이션 커트를 시술한다.

④ 동일한 방법으로 시술한다. 형태선이 컨백스 라인이 되도록 한다.

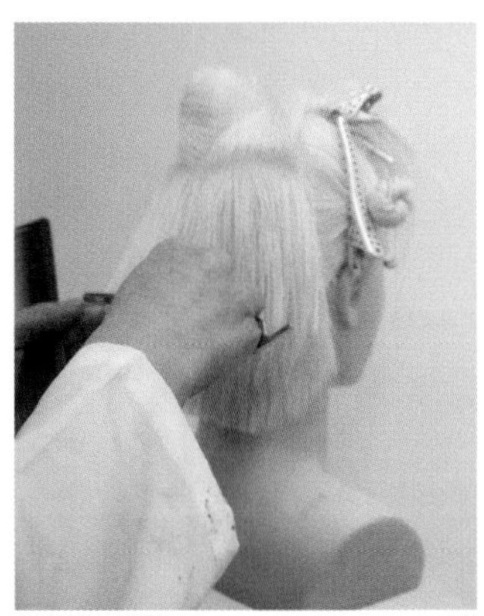
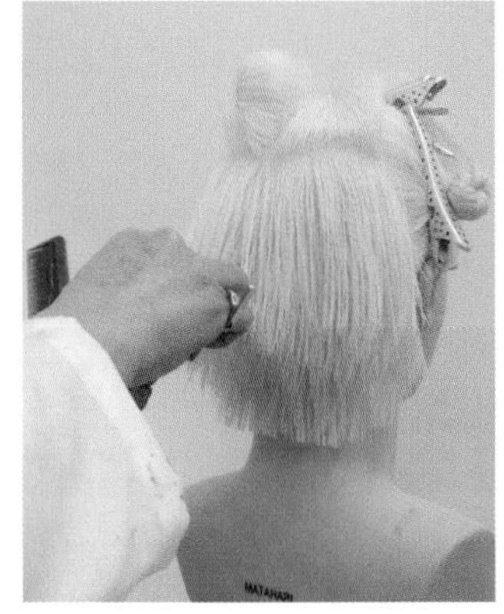
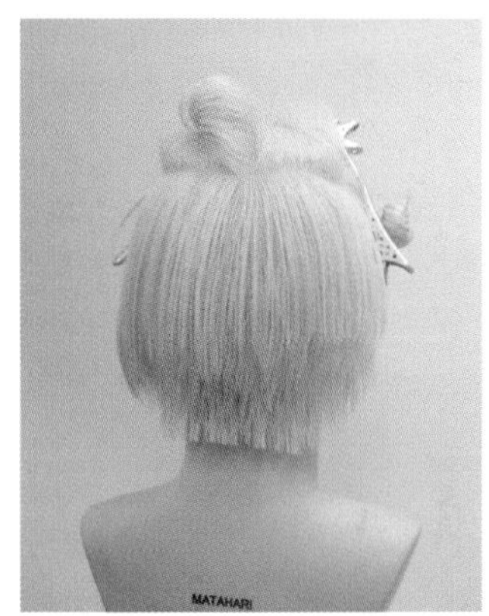

⑤ 인테리어도 동일한 방법으로 시술한다. 레이저 에칭 기법으로 중간 시술각, 직각 분배로 시술한다.

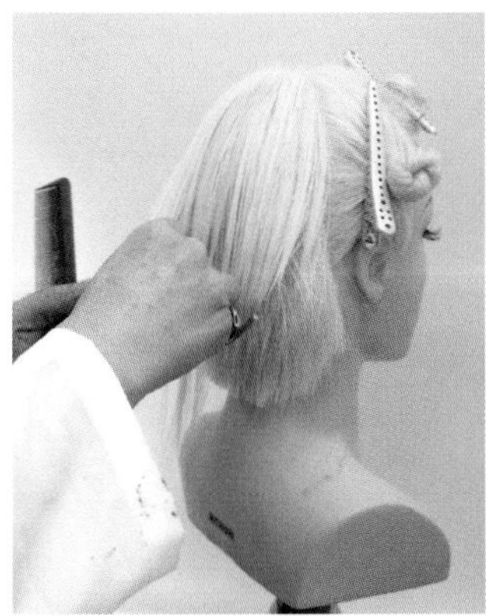
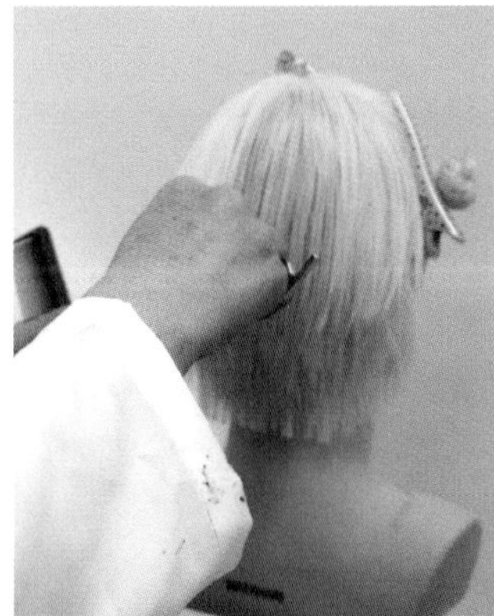
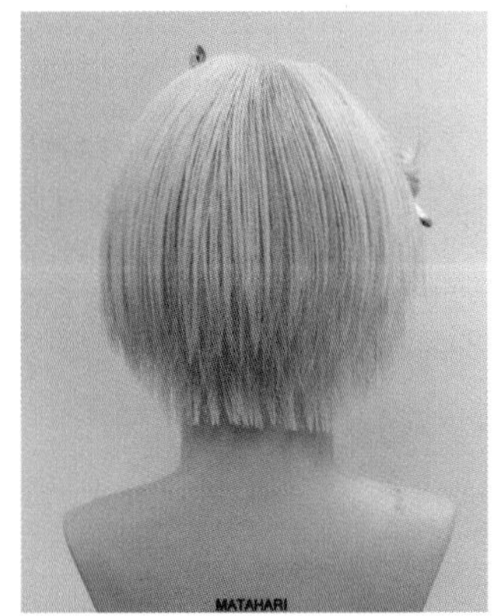

⑥ 사이드는 전대각 섹션하여 중간 시술각, 직각 분배, 섹션과 평행하여 에칭 기법으로 시술한다.

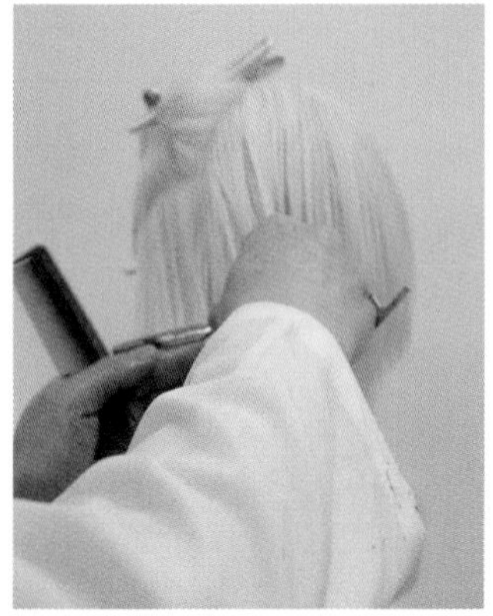
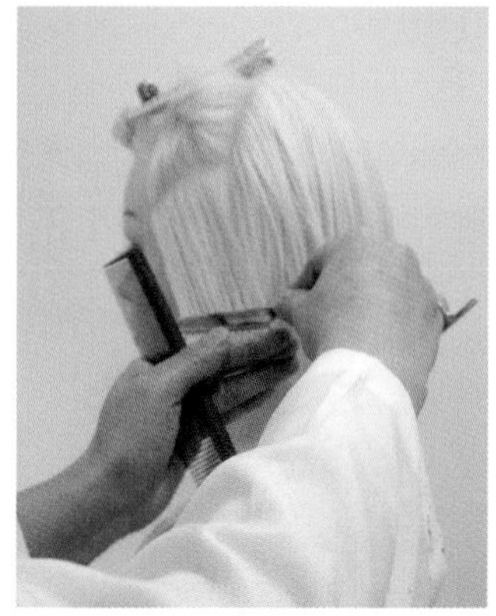

⑦ 다음 단도 동일한 방법으로 중간 시술각, 직각 분배, 이동 가이드라인으로 섹션과 평행하게 시술한다.

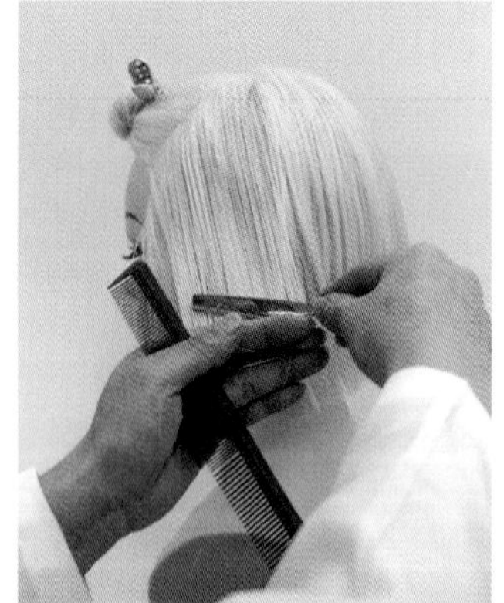

⑧ 반대편 사이드은 후대각 섹션으로 자르고 귀 앞쪽으로 전대각, 귀 뒤쪽으로 후대각으로 형태선을 정리한다.

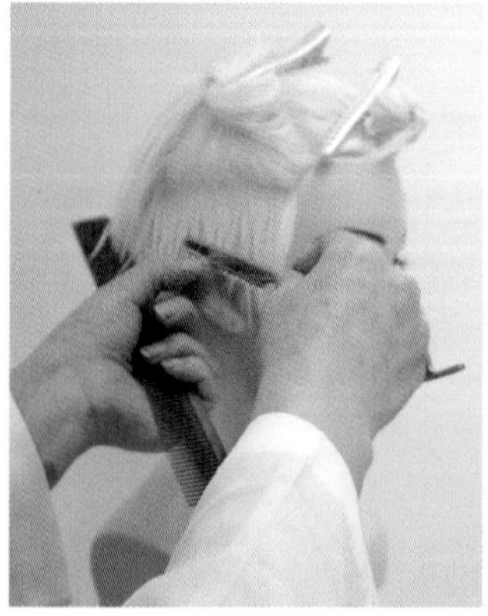
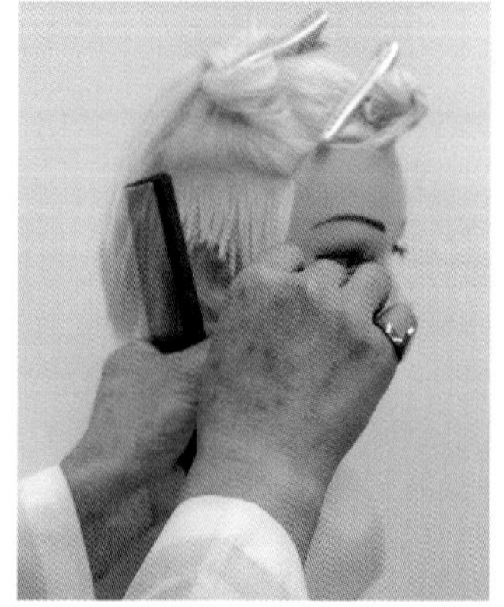

⑨ 동일한 방법으로 중각 시술각, 이동 가이드라인, 에칭 기법으로 레이저 커트를 시술한다.

⑩ 앞머리는 사선 섹션으로 나눈 나음, 왼쪽 눈동자를 기준으로 섹션과 비평행으로 낮은 시술각으로 아치형의 뱅을 만들고 옆머리와 연결한다.

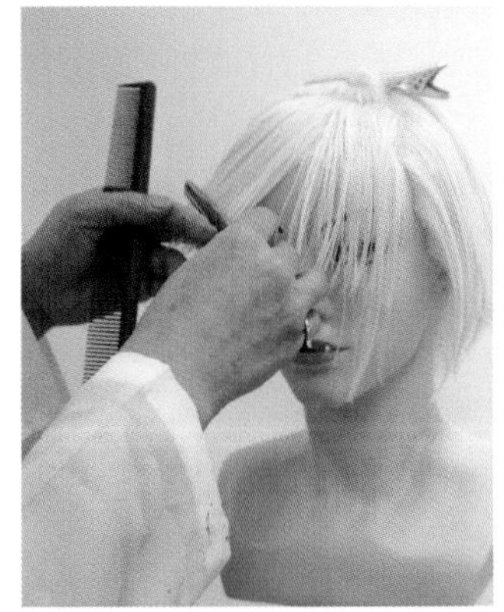

⑪ 그래쥬에이션의 코너 부분을 필링으로 제거한다.

⑫ 커트 시술이 완성된 상태이다.

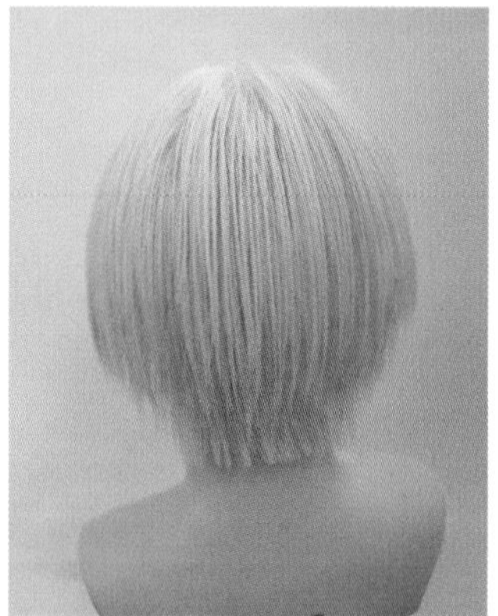

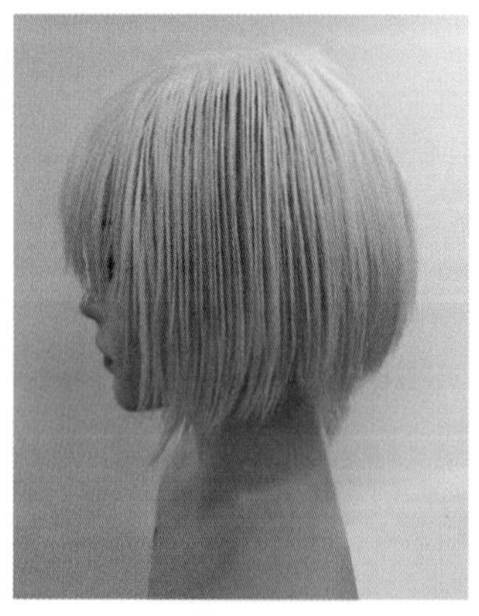

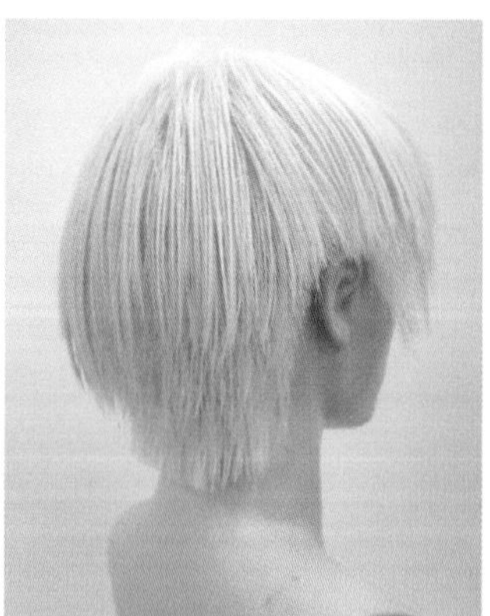

### (2) Color Process

① 컬러 그래픽

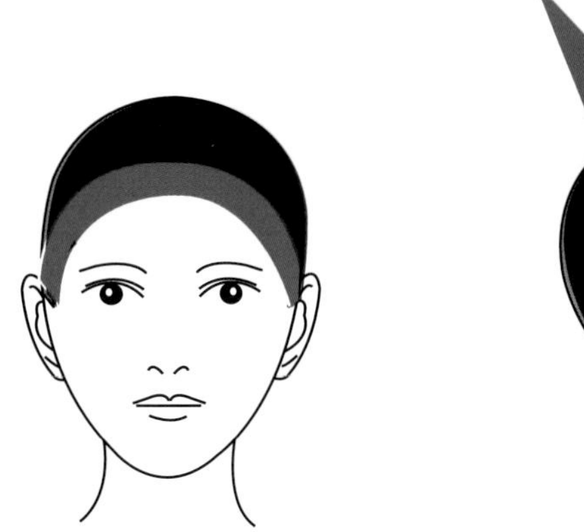

② 니베아 크림을 얼굴과 목 주변에 바르고 호일로 감싼다. 페이스라인 2cm를 섹셔닝한다.

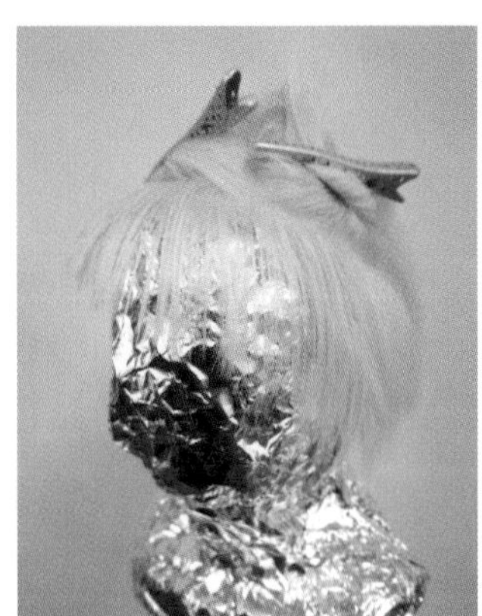

③ 페이스라인 섹셔닝한 부분을 짙은 그린 컬러로 도포한다.

산성 컬러(그린) 9 : 산성 컬러(블랙) 1 = 9 : 1 비율

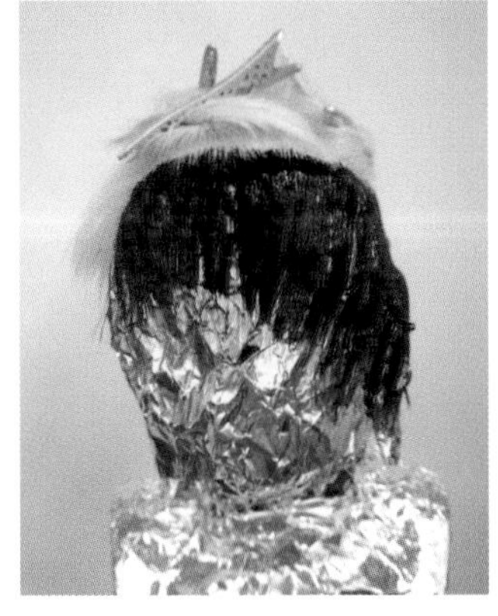
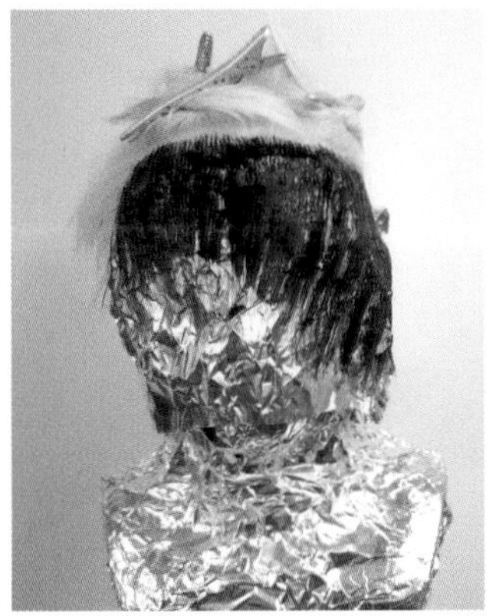
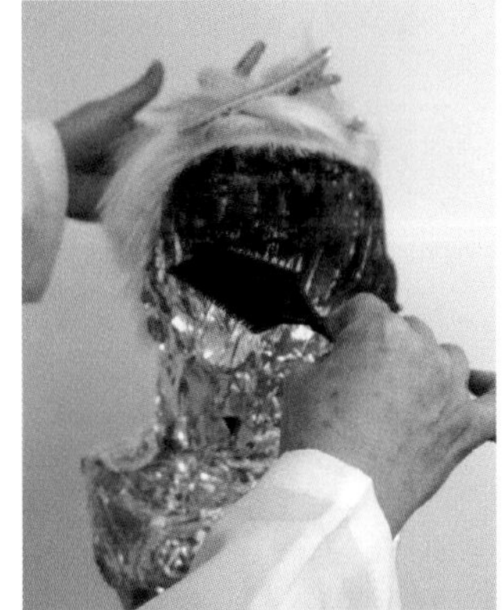

④ 동일한 방법으로 짙은 그린 컬러를 도포한다.

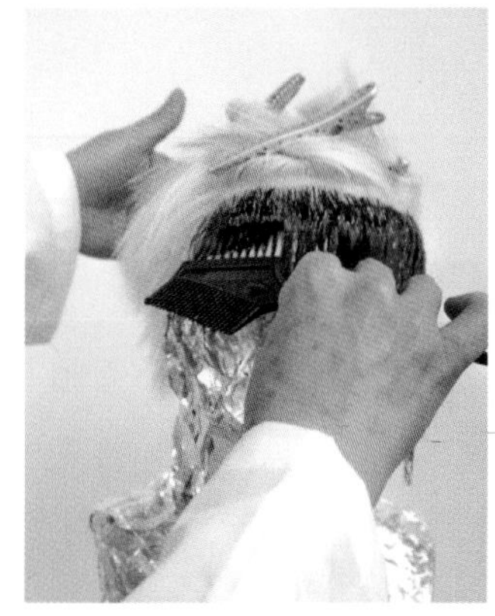
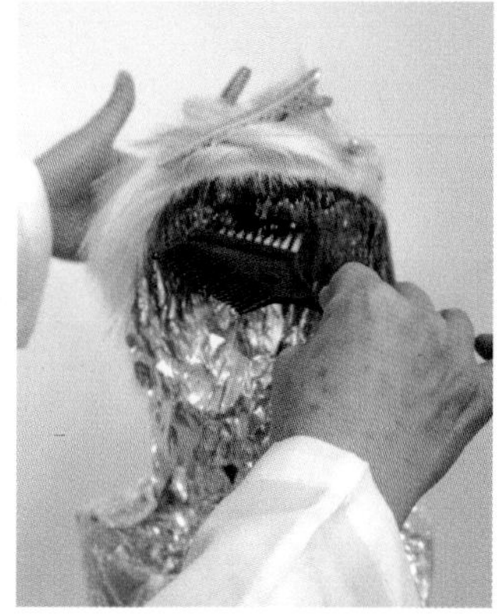
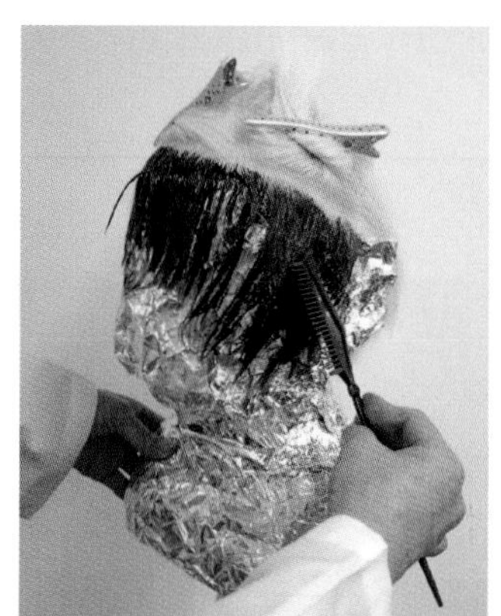

⑤ 다음 단은 수평 섹션으로 1cm 슬라이스 한 후, 블랙 컬러를 도포한다.

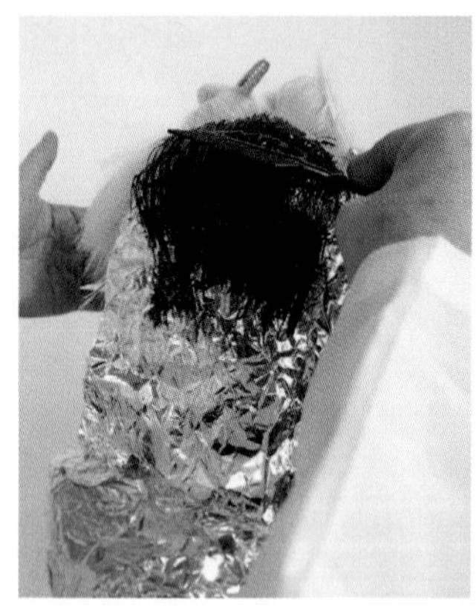
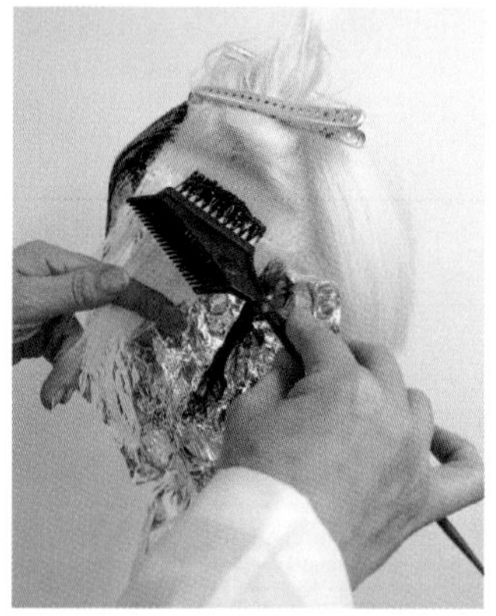

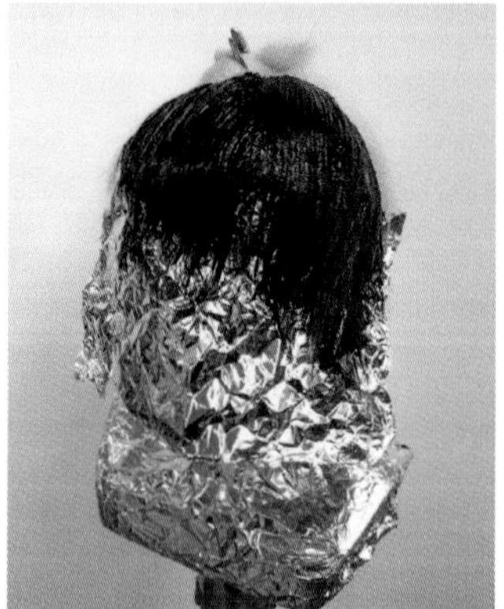

⑥ 네이프도 동일한 방법으로 시술한다.

수평 섹션으로 1cm 슬라이스 한 후, 베이스부터 모발 끝가지 도포한다.

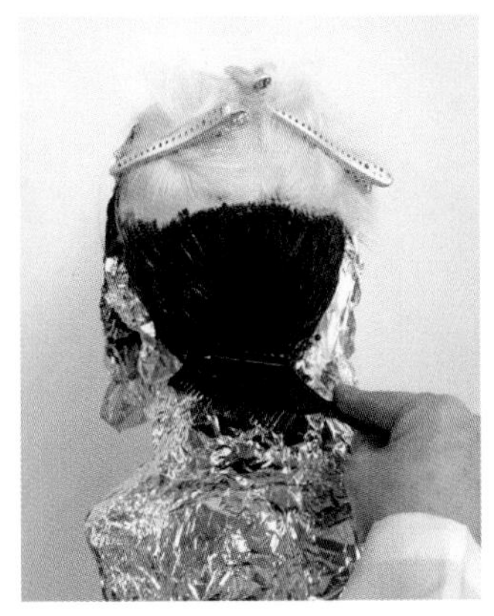
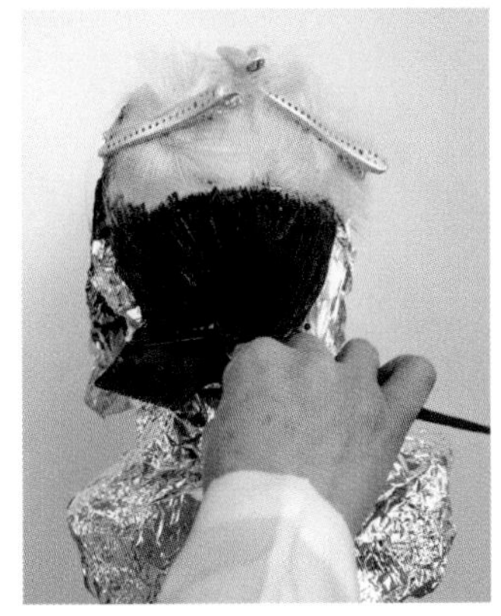
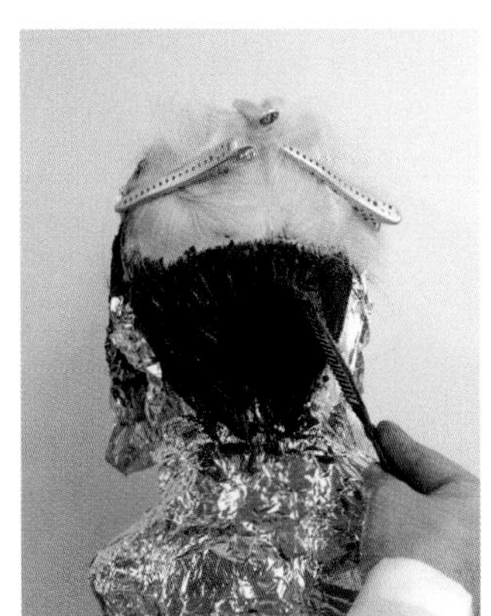

⑦ 동일한 방법으로 블랙 컬러로 도포한다.

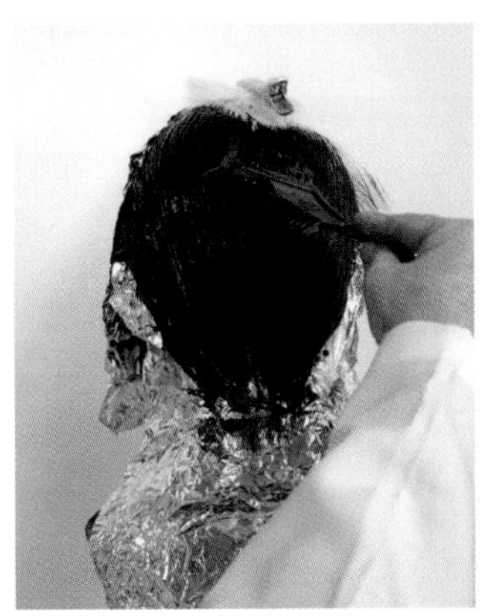
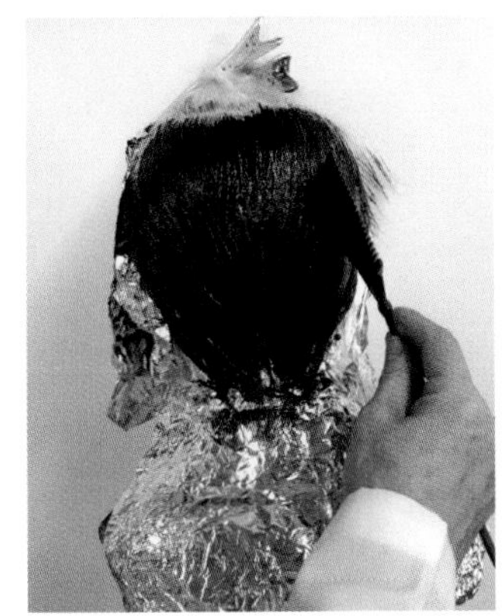

⑧ T.P의 라운드 구역은 짙은 그린 컬러로 도포한다.

자연 방치 60분 후 샴푸로 깨끗하게 헹궈 내고 모발을 컨디셔닝 한다.

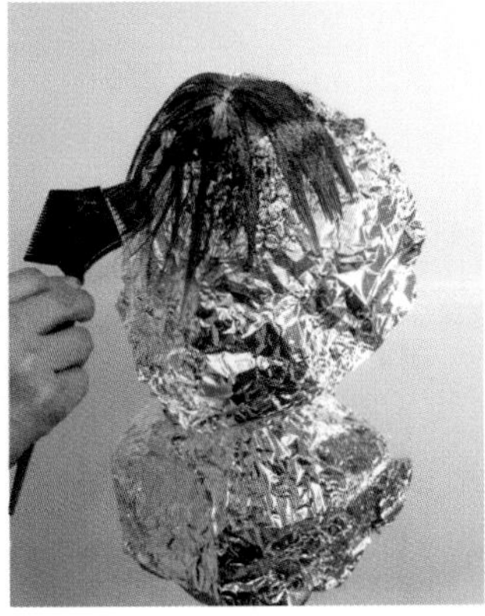
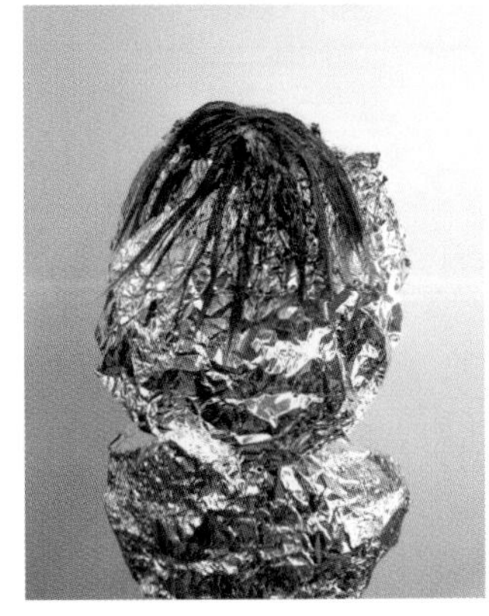

### (3) Styling Process

① 네이프는 1.5~2cm 사선으로 섹션을 뜬다. 브러시의 각도를 낮춰 롤링하면서 모발의 결을 정돈한다.

② 모발에 윤기를 주기 위해 반원을 그리고 브러시를 롤링하여 각도를 나춰 시술한다.

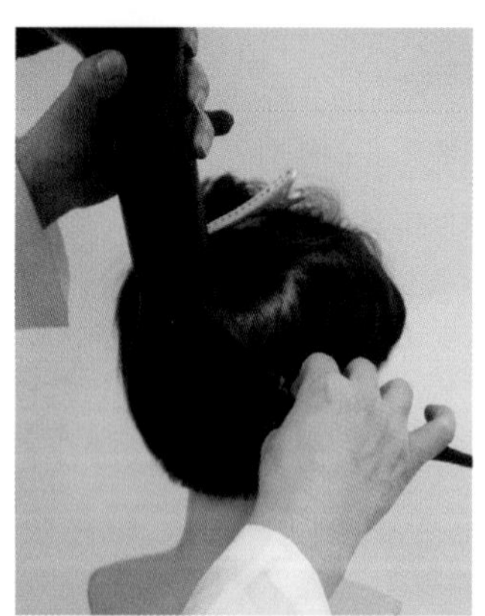
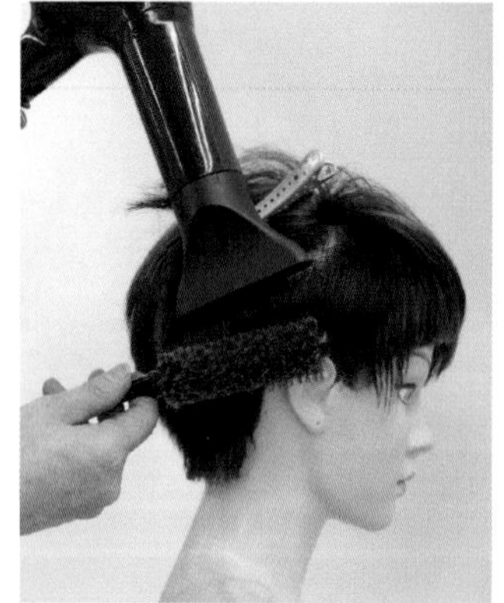

③ 모발의 각도를 90° 이상 들어 볼륨을 준 후, 롤 브러시의 각도를 낮춰 롤링하며 브러시를 빼준다.

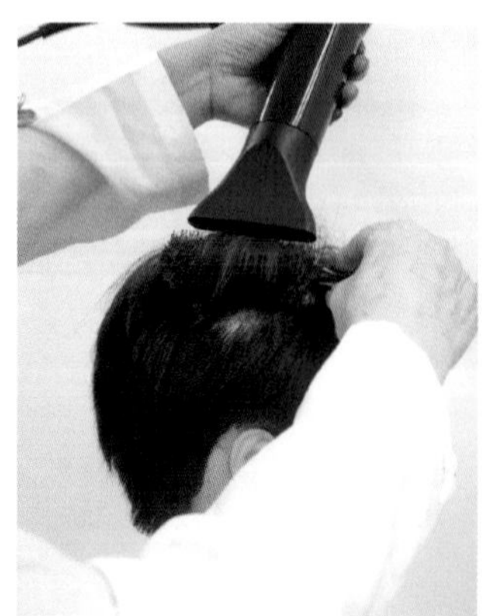

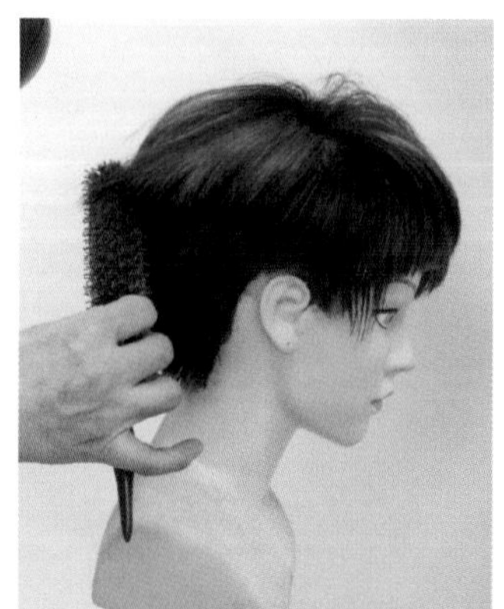

④ 사이드는 각도를 낮춰 힘 조절을 하면서 모발을 펴준 후, 반원을 그리며 롤링하면서 포워드 방향으로 브러시를 빼준다.

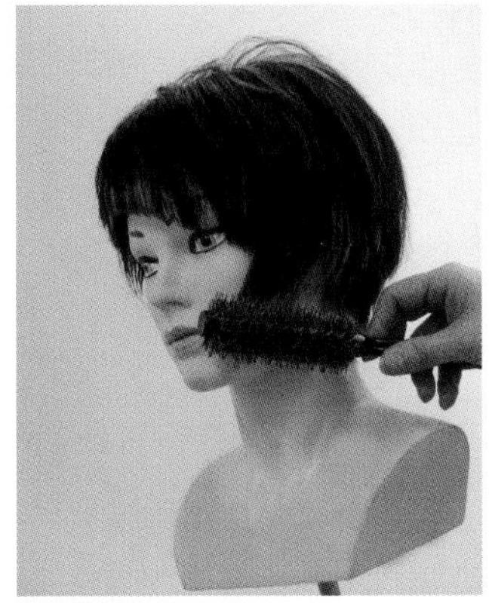

⑤ 앞머리는 각도를 낮춰 롤 브러시의 방향을 이끌며 롤링하고 옆머리와 자연스럽게 연결하면서 시술한다.

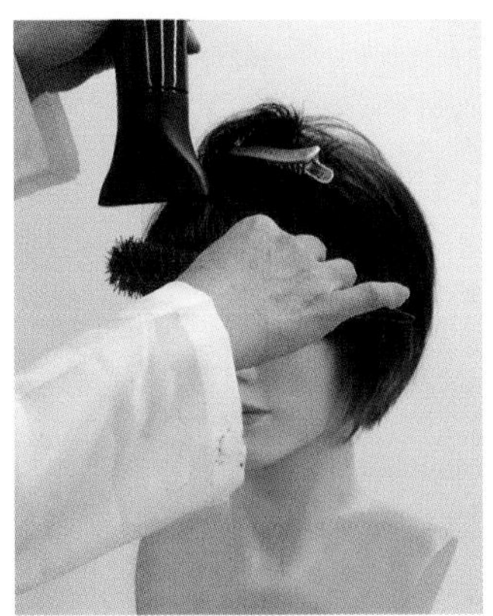

⑥ 드라이 시술이 완성되면 커트라인의 형태선을 가위로 깨끗하게 정리한다.

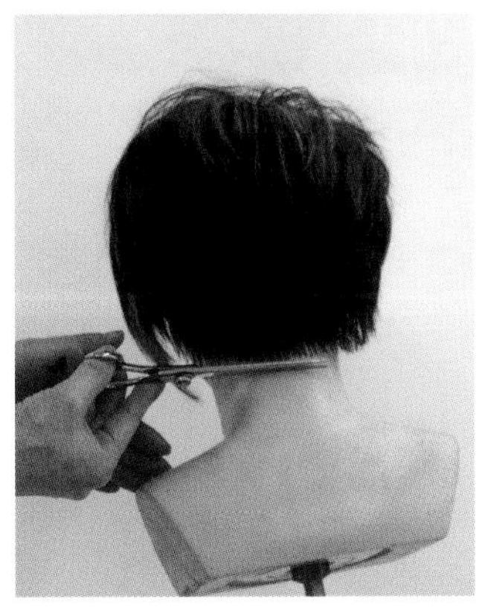

⑦ 전체적으로 광택제와 소프트 스프레이를 도포하여 모발 표면을 매끄럽게 마무리한다.

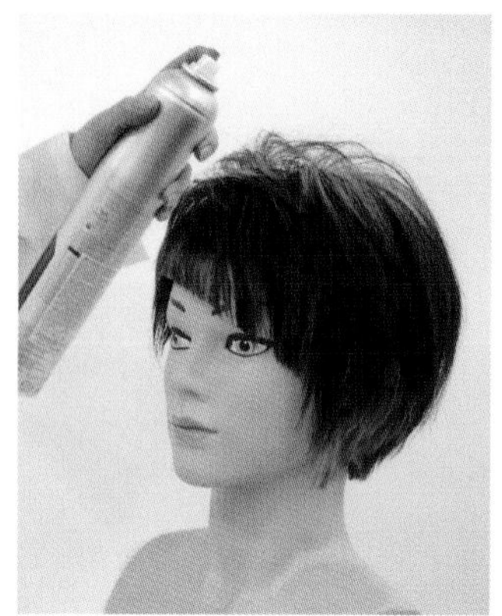
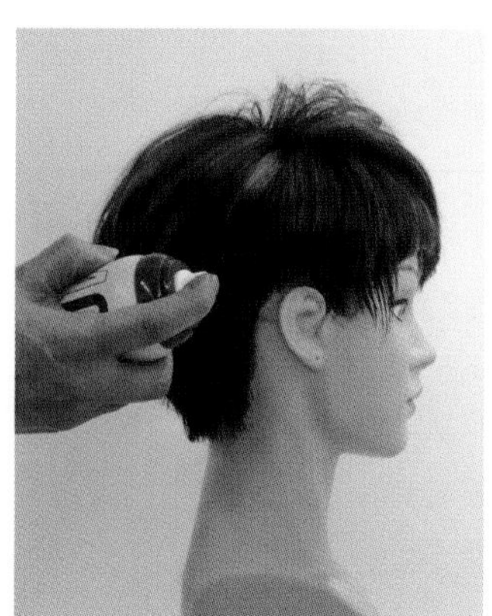

⑧ 스타일링 시술이 완성된 상태이다.

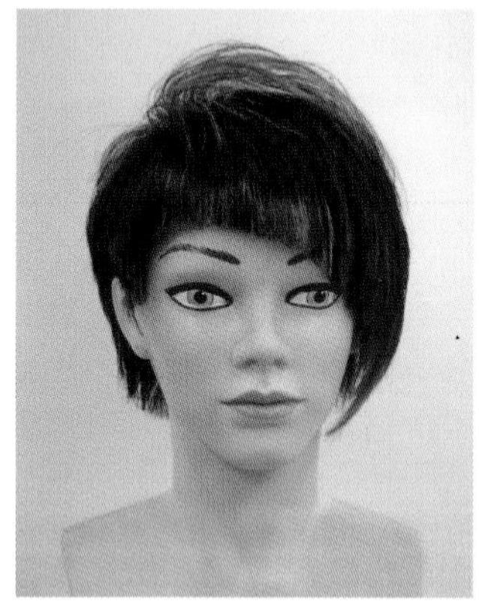

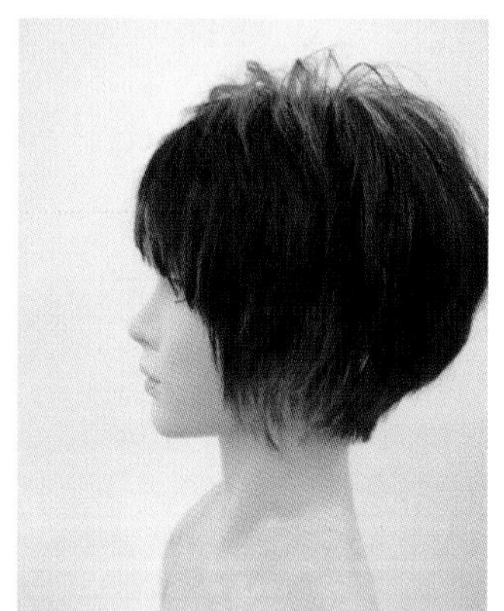
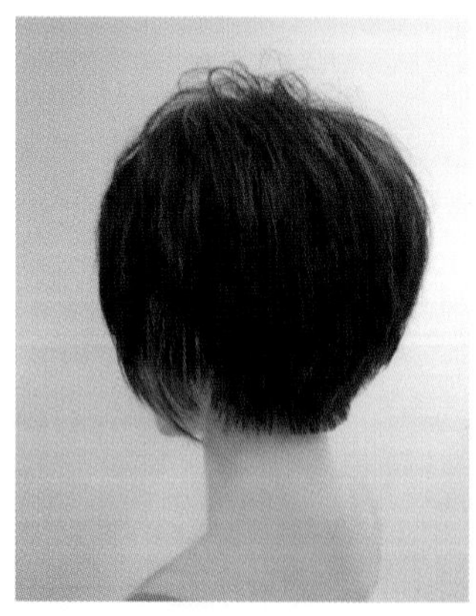
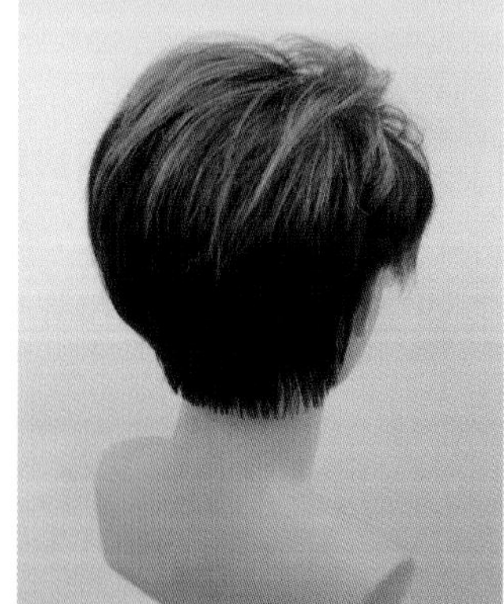

## 4. 매니시/ Mannish

비대칭 형태의 전체적인 사선 라인과 가벼운 매쉬의 혼합형 디자인으로 불꽃의 형태는 엑티베이트하여 가볍고 자연스러운 느낌을 연출하였다. 라인이 형성되는 백 부분은 매끄러운 언액티베이트함이 연출되어 안정적으로 무게감이 되도록 표현하였다. 골덴 포인트의 매쉬는 방사선으로 끝부분을 뾰족하게 하여 가볍고 자연스러운 느낌으로 레드와 그린색의 컬러를 사용하여 서로 대립되는 대비의 기법을 사용하여 도시적이고 활동적인 느낌을 연출하였다.

## 1) DESIGN CONCEPT

| 디자인의 요소 | | |
|---|---|---|
| | 형태 | • 전체적인 타원형의 구도<br>• 베이스 영역과 매쉬 영역으로 나눔<br>• 크게 펼쳐진 매쉬는 불꽃 표현<br>• 레이어와 그래쥬에이션 혼합형의 비대칭 커트 |
| | 질감 | • 끝부분을 가볍게 연출하기 위해 레이저를 사용하여 커트<br>• 모발 끝부분의 매쉬를 가닥가닥 얇게 펴준 후, 스프레이 고정하여 가벼운 질감 표현 |
| | 컬러 | • 레드와 그린 색을 사용하여 보색의 균형을 맞춤 |

## 2) DESIGN PROCESS

| DESIGN PROCESS | | | |
|---|---|---|---|
| Blocking |  | 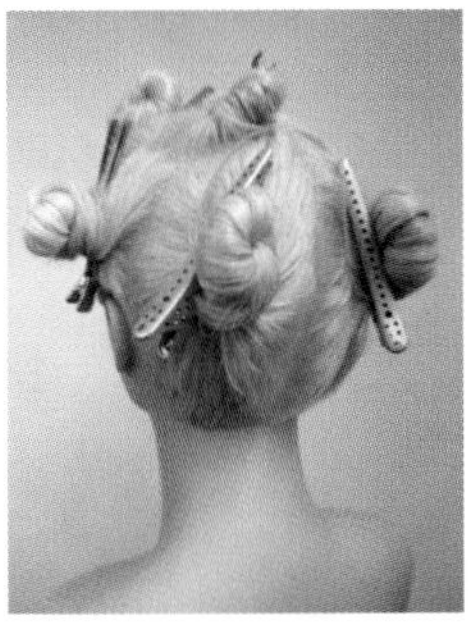 | 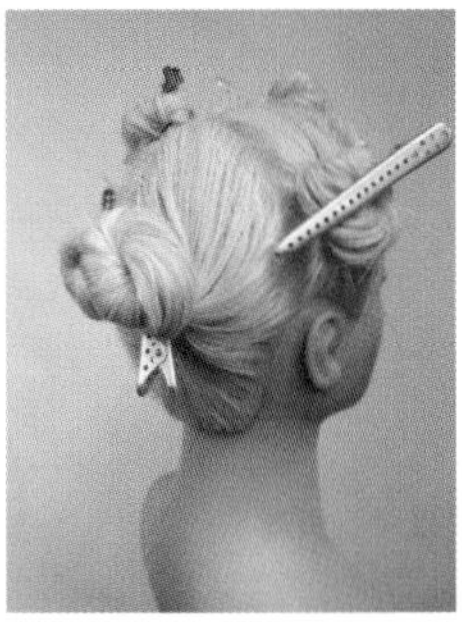 |
| Cut Process | Uniform Layer Cut+ Graduation Cut =Combination | | |
| | 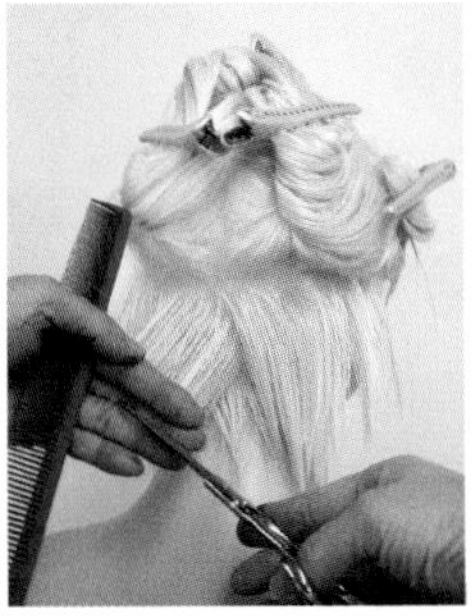 | 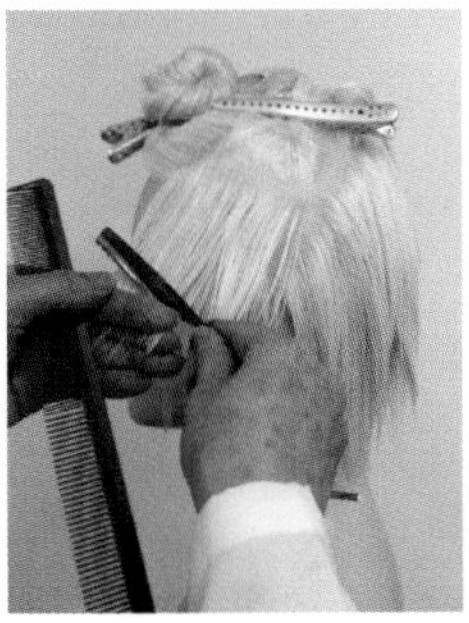 |  |
| Color Process | 블랙, 어두운 레드, 짙은 그린, 하이라이트 | | |
| |  | Select Color | |
| | 산성 컬러(레드) 9 : 산성 컬러(블랙) 1 = 9 : 1 비율<br>산성 컬러(그린) 9 : 산성 컬러(블랙) 1 = 9 : 1 비율 | | |
| Styling Process | In-Curl/ Blow Dry | | |
| |  | 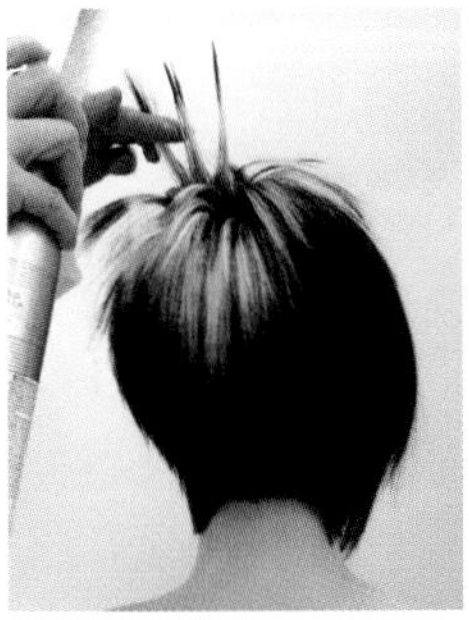 |  |

### (1) Cut Process

① C.P에서 B.P, E.P~to~E.P, B.P를 기준으로 후대각 섹션으로 나눈다.

② 네이프는 두상 90° 레이어 커트로 시술한다.

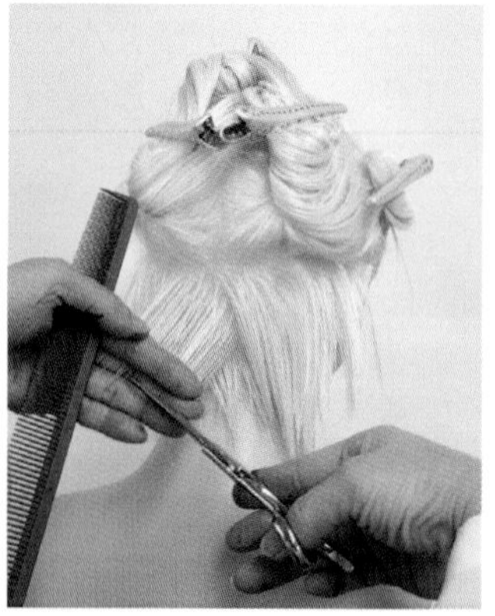
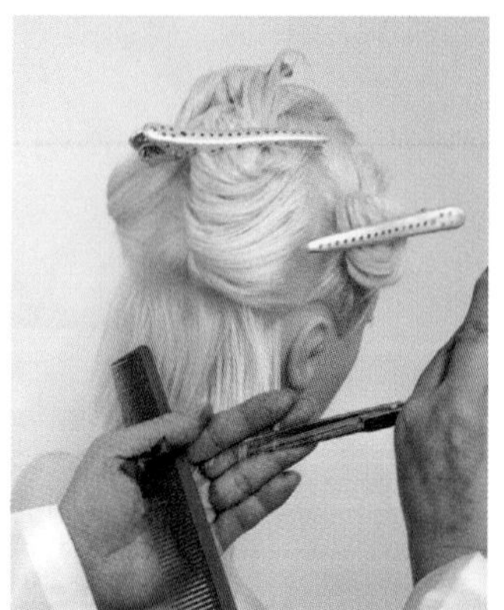

③ 직각 분배, 중간 시술각, 이동 가이드라인으로 섹션과 평행하여 그래쥬에이션 커트를 시술한다.

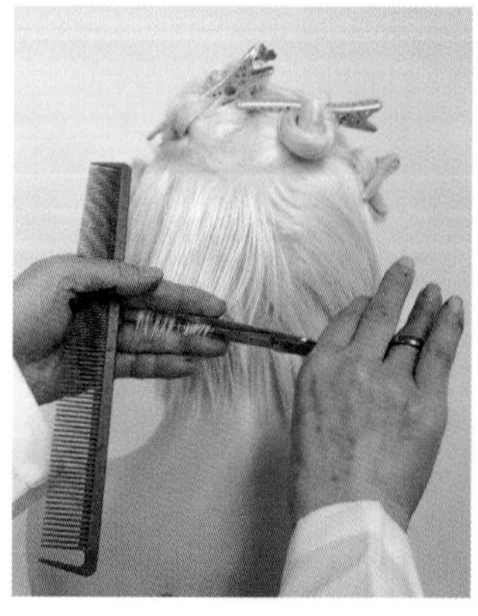
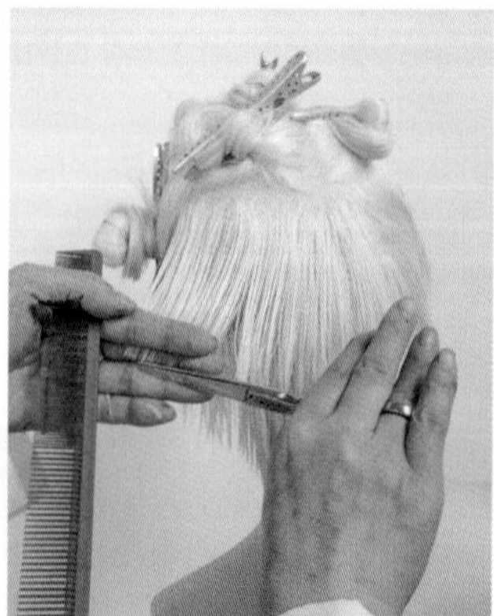
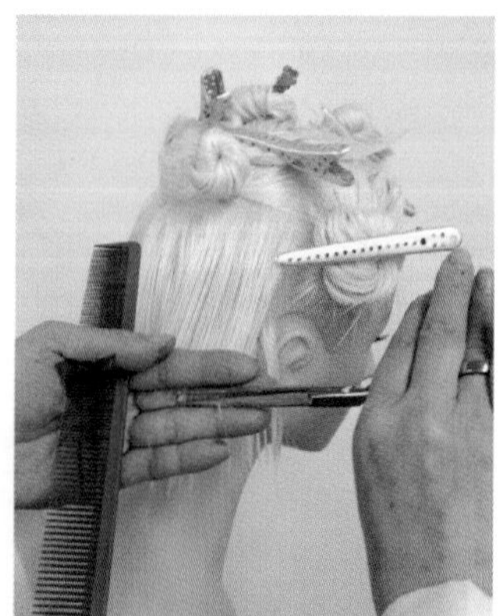

④ 인테리어 부분은 레이저 에칭 기법으로 중간 시술각, 이동 가이드라인으로 시술한다. 형태선이 컨백스 라인이 되도록 한다.

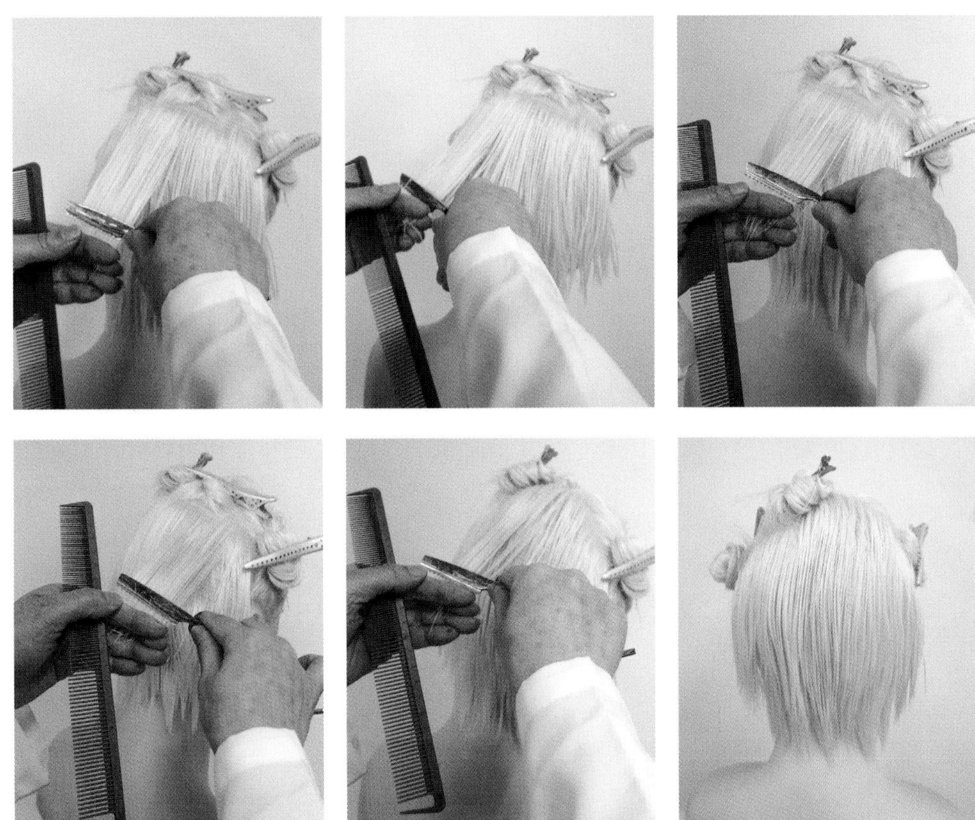

⑤ 사이드는 후대각 세션으로 직각 분배, 중간 시술각으로 섹션과 평행하여 시술한다.

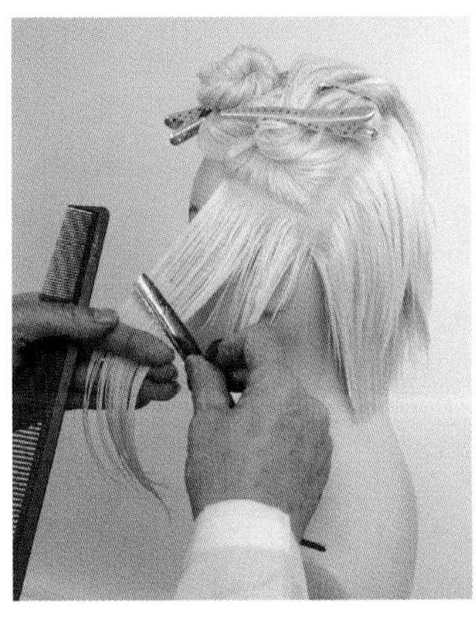
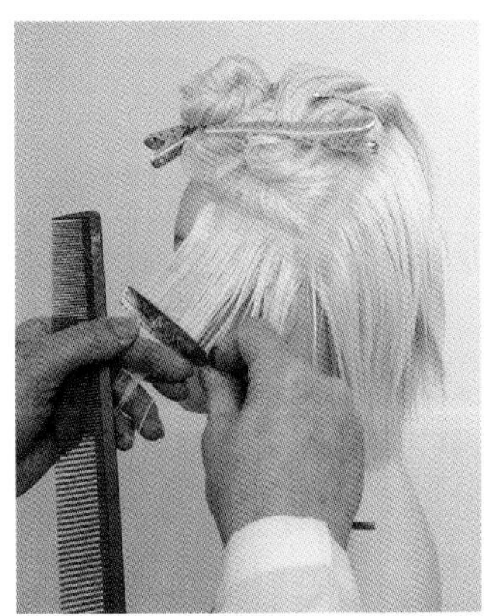

⑥ 다음 단도 동일한 방법으로 중간 시술각으로 시술한다.

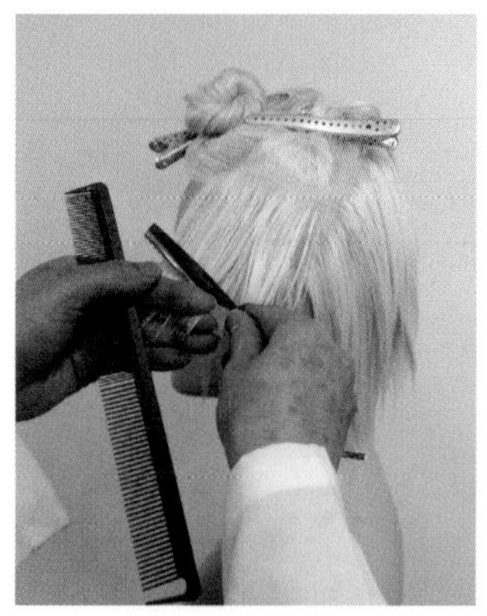
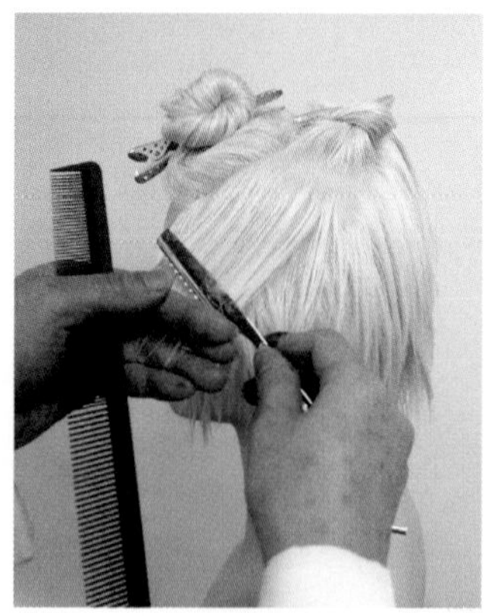

⑦ 반대편 사이드는 전대각 섹션, 변이 분배, 중간 시술각, 섹션과 비평행하여 시술한다.

⑧ 동일한 방법으로 시술한다.

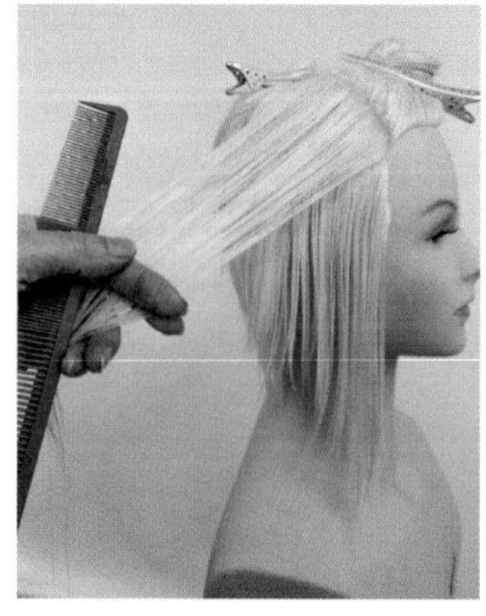
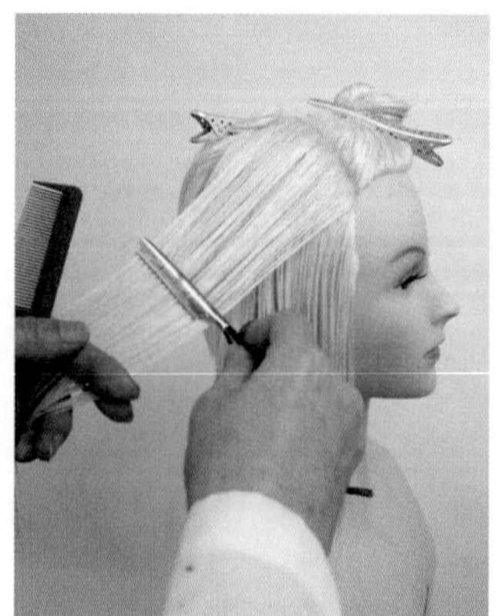

⑨ 앞머리는 삼각 섹션으로 나눈다. 사선 섹션으로 눈동자를 기준으로 섹션과 비평행으로 옆머리와 자연스럽게 연결한다.

⑩ 톱 부분은 10cm로 가이드를 설정하여 같은 길이로 시술한다.

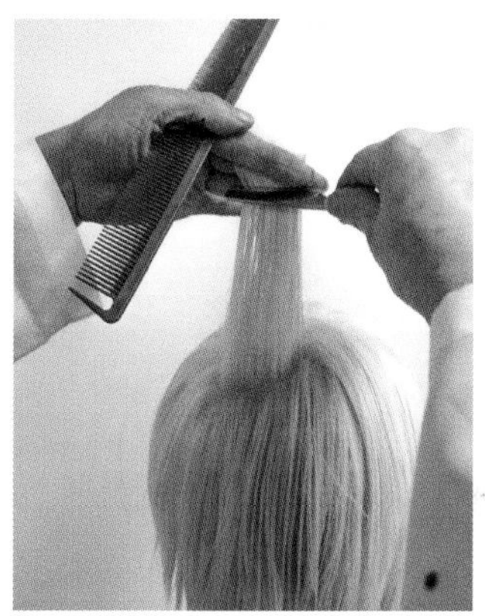
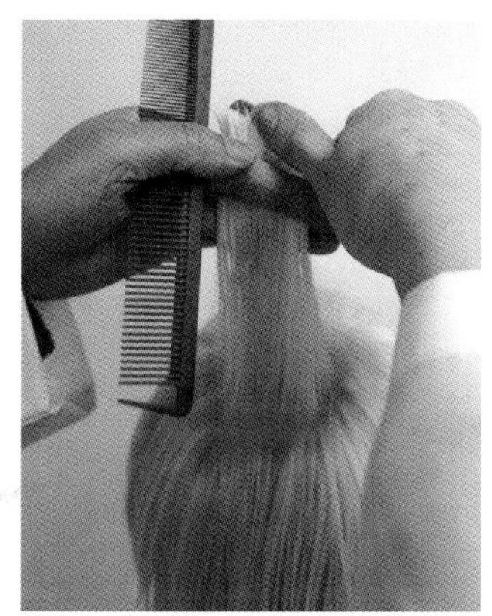
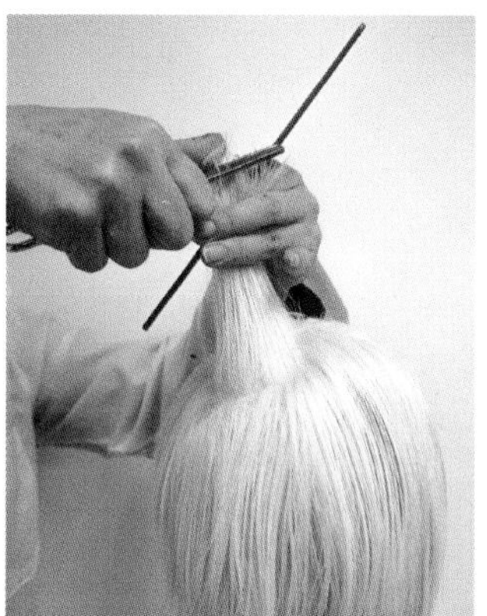

⑪ 커트 시술이 완성된 상태이다.

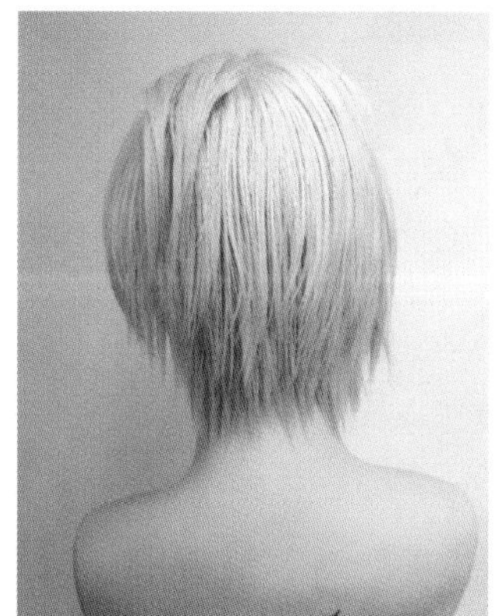

## (2) Color Process

① 컬러 그래픽

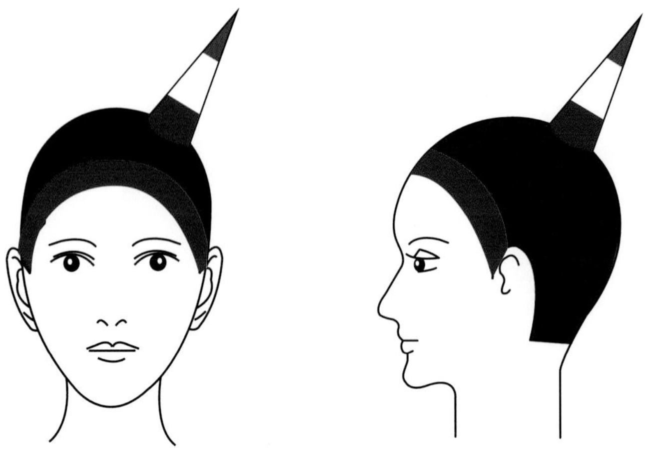

② 커트 시술 후 준비 상태로 니베아 크림을 얼굴과 목 주변에 바르고 호일로 감싼다. 페이스라인과 T.P을 원형으로 나눈다.

③ N.P에서 T.P까지 수평 섹션으로 1cm 슬라이스 한 후, 블랙 컬러를 도포한다.

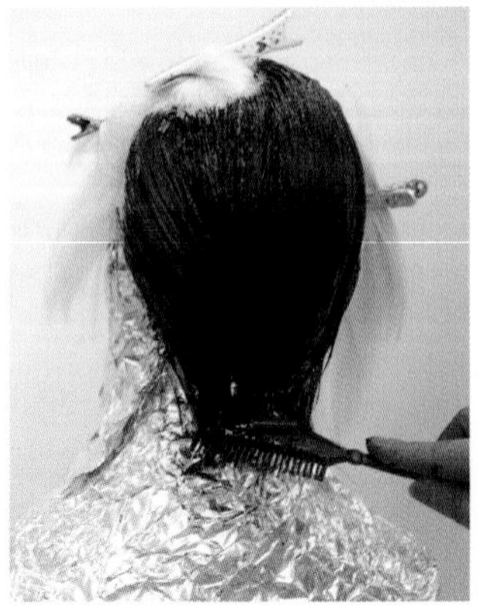

④ 페이스라인의 3cm는 어두운 레드컬러로 도포한다. 산성 컬러(레드) 9 : 산성 컬러(블랙) 1 = 9 : 1 비율

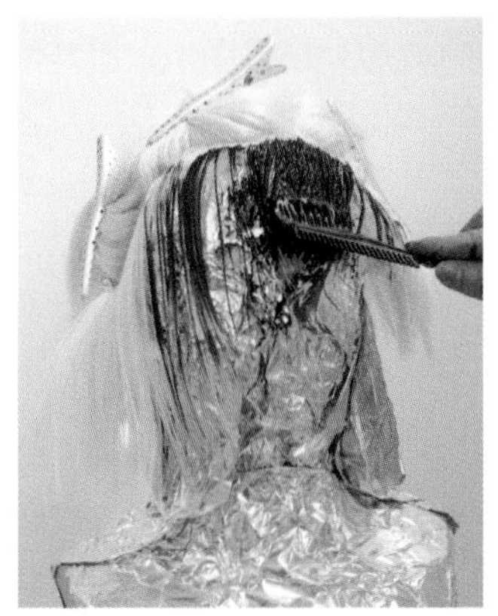

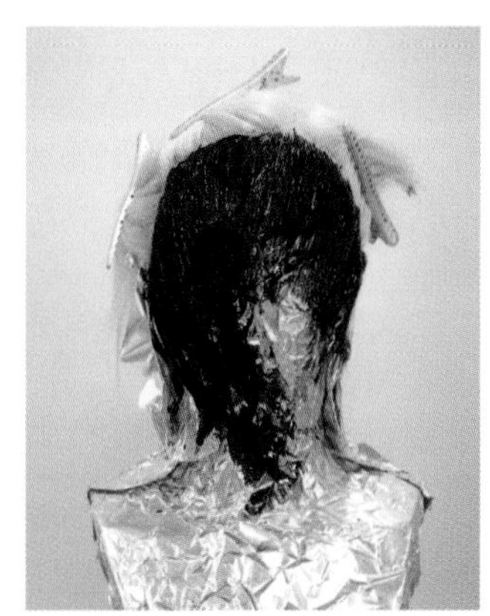

⑤ 사이드는 블랙 컬러로 동일하게 도포한다.

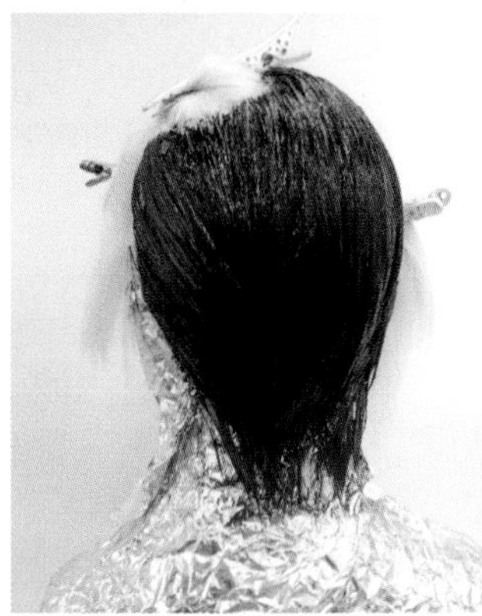

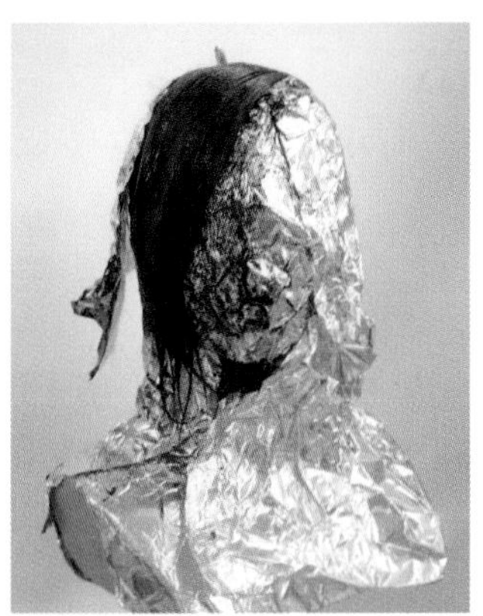

⑥ 톱 부분의 10cm는 모근 부위에 어두운 레드 컬러를 도포 후 하이라이트는 니베아 크림을 도포한다. 모발 끝부분은 진한 그린 컬러를 도포한 다음, 컬러시술이 끝나면 자연 방치 20분 후 샴푸와 트리트먼트로 헹궈 내고 드라이어로 건조시킨다.

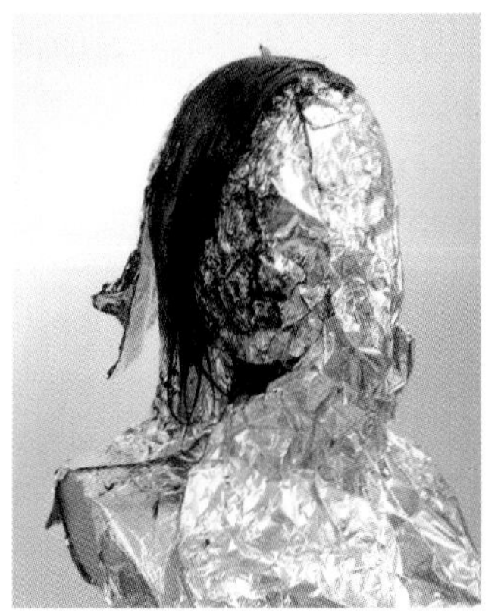

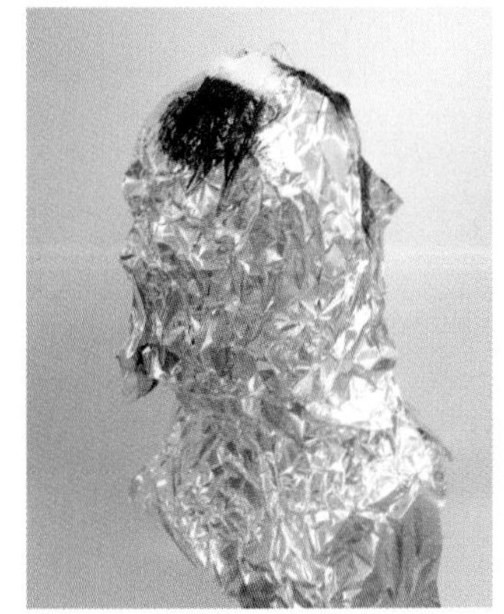

(3) Styling Process

① 네이프는 1.5~2cm 사선으로 섹션을 뜬다. 브러시의 각도를 낮춰 롤링하면서 모발의 결을 정돈한다. 모발에 윤기를 주기 위해 반원을 그리고 브러시를 롤링하여 디자인에 맞춰 볼륨을 준다.

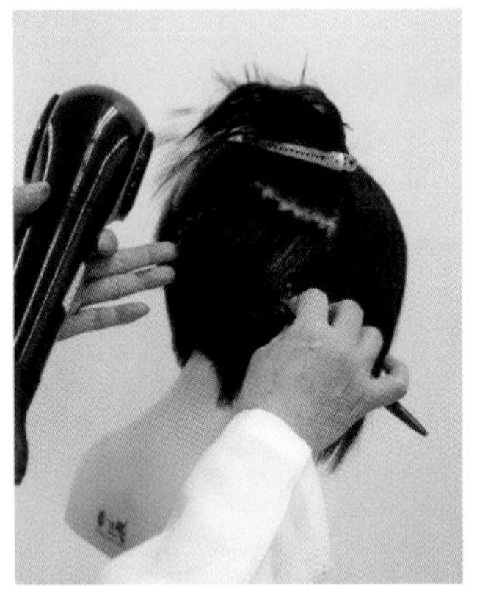
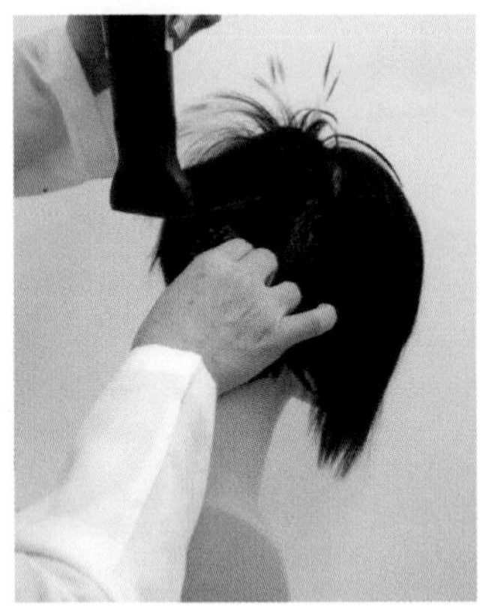

② 사이드는 각도를 낮춰 힘 조절을 하면서 모발을 펴준다. 반원을 그리며 롤링하면서 포워드 방향으로 브러시를 빼준다.

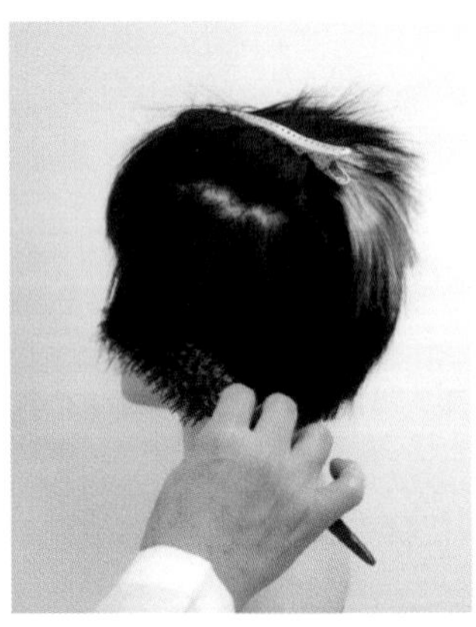
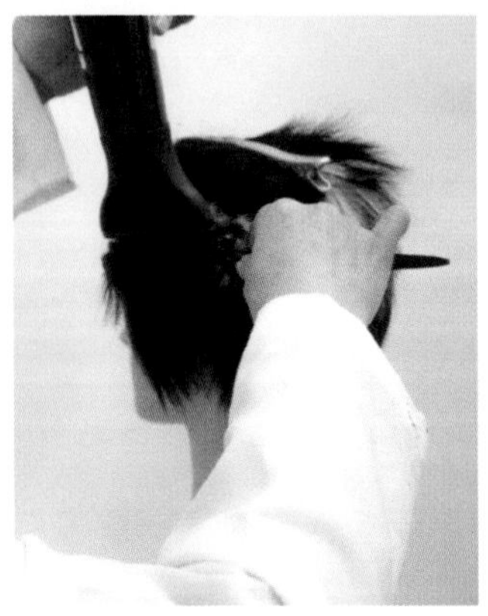
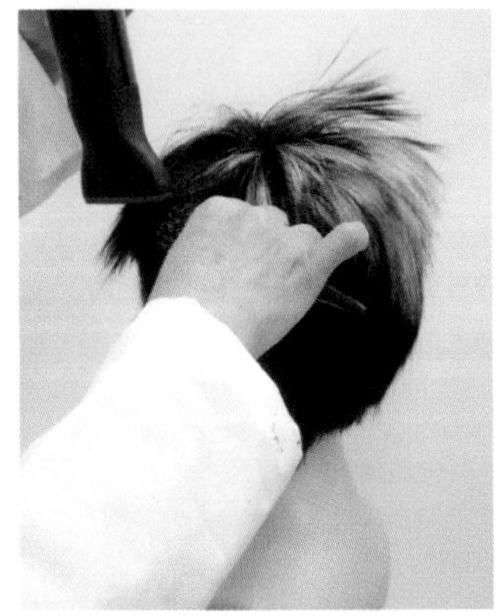

③ T.P의 매쉬는 모발 끝부분을 가닥가닥 얇게 펴준 후, 광택제와 스프레이 고정한다.

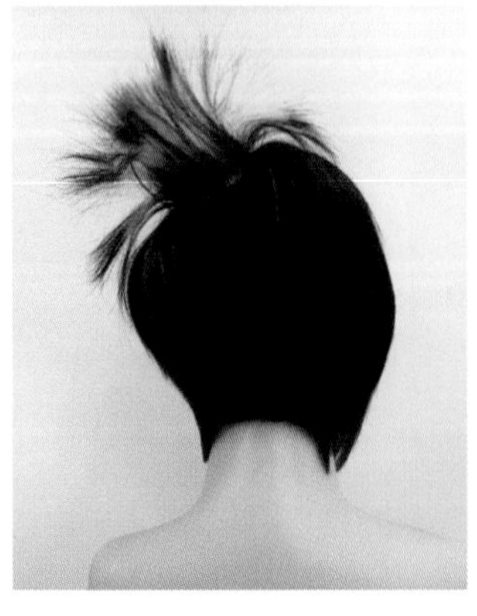
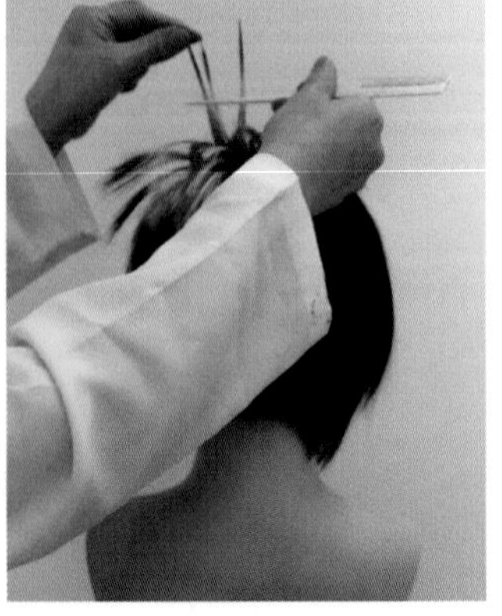
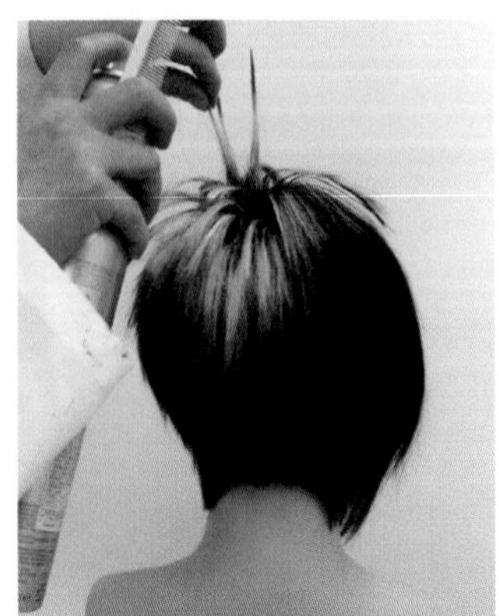

④ 동일한 방법으로 시술한다. 모발 끝부분을 가닥가닥 매쉬를 잡은 후 광택제와 스프레이 고정한다.

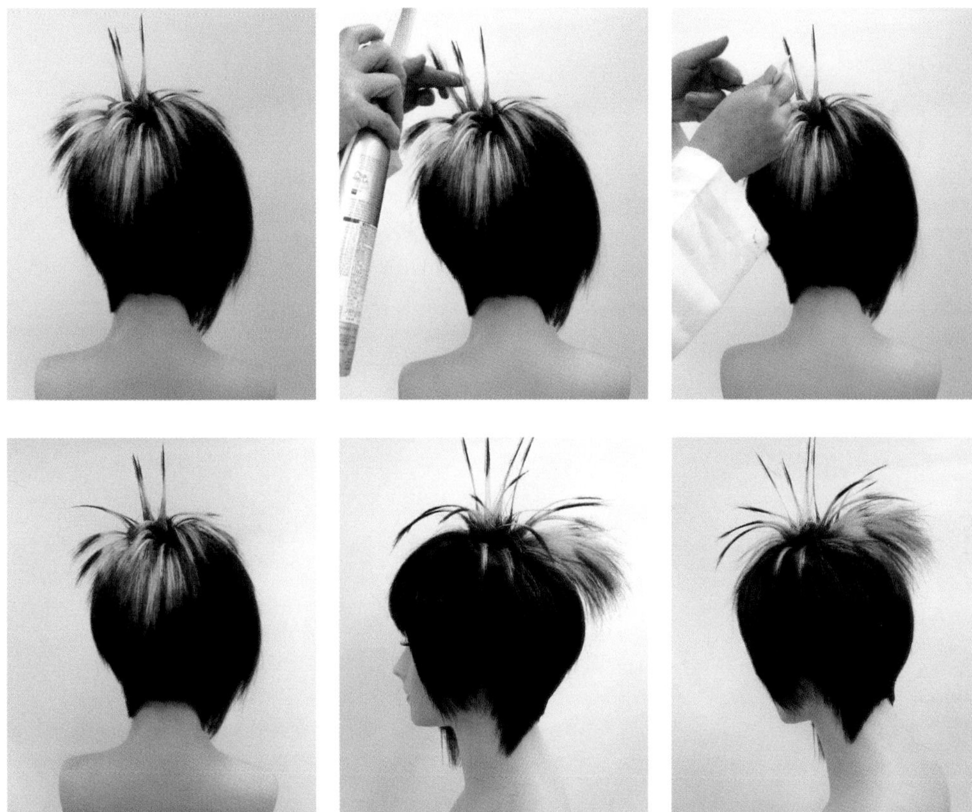

⑤ 반대편 사이드는 각도를 낮춰 힘 조절을 하면서 모발을 펴준 후, 반원을 그리며 롤링하면서 포워드 방향으로 브러시를 빼준다.

⑥ 앞머리는 각도를 낮춰 롤 브러시의 방향을 이끌며 옆머리와 자연스럽게 연결히면서 시술한다. 네이프도 다시 한번 결 정리를 해준다.

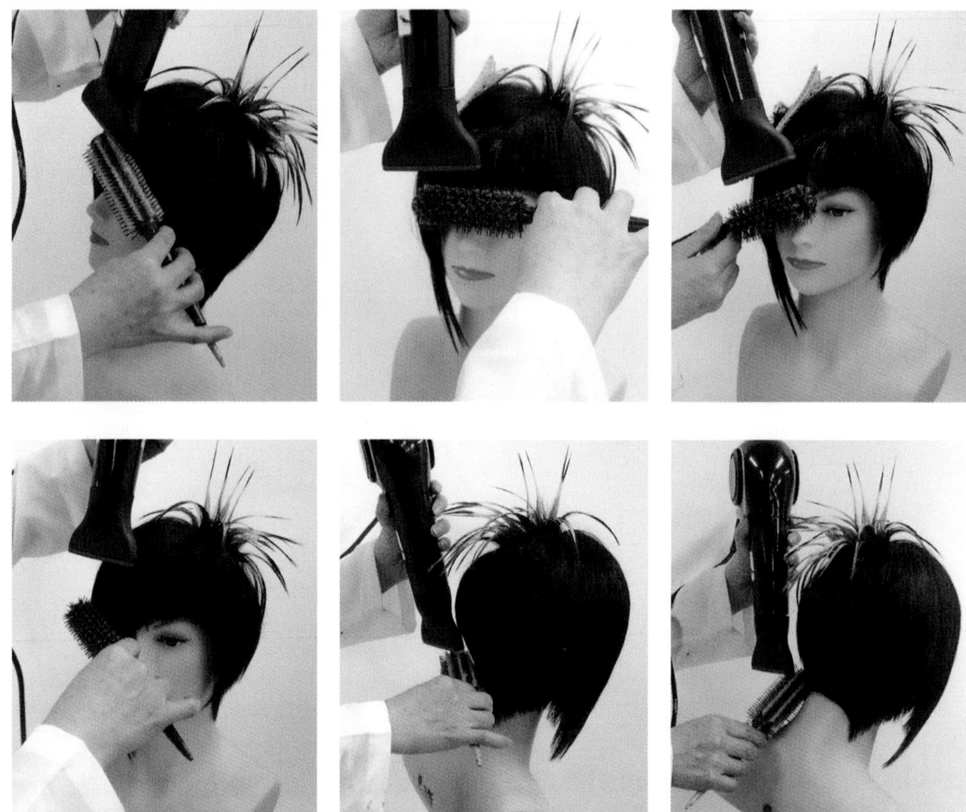

⑦ 드라이 시술이 완성되면 커트라인의 형태선을 깨끗하게 정리한다.

⑧ 전체적으로 광택제와 스프레이를 도포하여 모발 표면을 매끄럽게 마무리한다.

⑨ 스타일링 시술이 완성된 상태이다.

## 5. 로맨틱/ Romantic

꿈과 낭만을 갖는 미의식으로 완숙한 아름다움보다 꿈을 좇는 소녀의 이미지와 사랑스럽고 귀여운 이미지를 표현하고자 하였다. 형태는 비대칭 사선 라인과 굵은 웨이브로 발랄한 느낌을 표현하였으며, 앞머리 뱅에 곡선과 볼륨을 주어 부드러움을 강조하였다. 컬러는 밝은 계열의 옐로우와 핑크 컬러를 사용하여 달콤하고 사랑스러운 이미지를 연출하였다.

## 1) DESIGN CONCEPT

| 디자인의 요소 | | |
|---|---|---|
| 디자인의 요소 | 형태 | • 두정부를 기준으로 컨백스 라인과 컨케이브 라인<br>• 사이드의 직각 분배와 변이 분배로 비대칭 구도 |
| | 질감 | • 끝부분을 가볍게 연출하기 위해 레이저를 사용하여 커트 |
| | 컬러 | • 옐로우 계열의 컬러를 사용하여 귀엽고 사랑스러운 이미지를 연출 |

## 2) DESIGN PROCESS

| DESIGN PROCESS | | | |
|---|---|---|---|
| Blocking |  |  |  |
| Cut Process | Increase Layer Cut+ Graduation Cut =Combination | | |
| |  |  |  |
| Color Process | 연 옐로우, 연 오렌지, 스카이블루, 핑크 | | |
| | 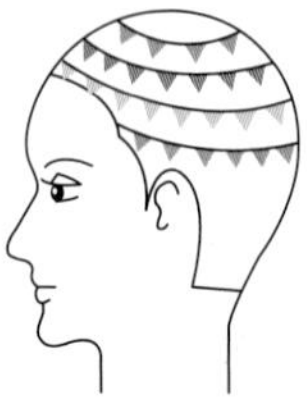 | Select Color | |
| | 산성 컬러(옐로우) 1 : 산성 컬러(투명) 9 = 1 : 9 비율<br>산성 컬러(블루) 1 : 산성 컬러(투명) 9 = 1 : 9 비율<br>산성 컬러(오렌지) 1 : 산성 컬러(투명) 9 = 1 : 9 비율<br>산성 컬러(핑크) 5 : 산성 컬러(투명) 5 = 5 : 5 비율 | | |
| Styling Process | Iron | | |
| |  |  |  |

### 3) WORK PROCESS

#### (1) Cut Process

① C.P에서 B.P, E.P~to~E.P, B.P를 기준으로 좌측은 후대각 섹션과 우측은 전대각 섹션으로 나눈다.

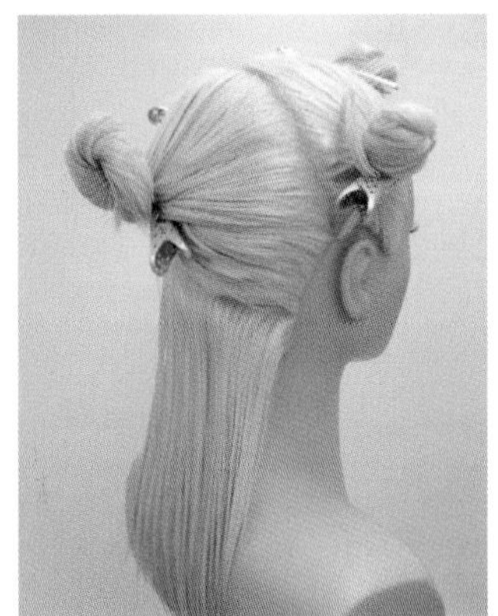

② 레이저 테크닉 에칭 기법으로 낮은 시술각, 직각분배로 섹션과 평행하게 시술한다.

③ 네이프는 가위로 형태선을 정리한다.

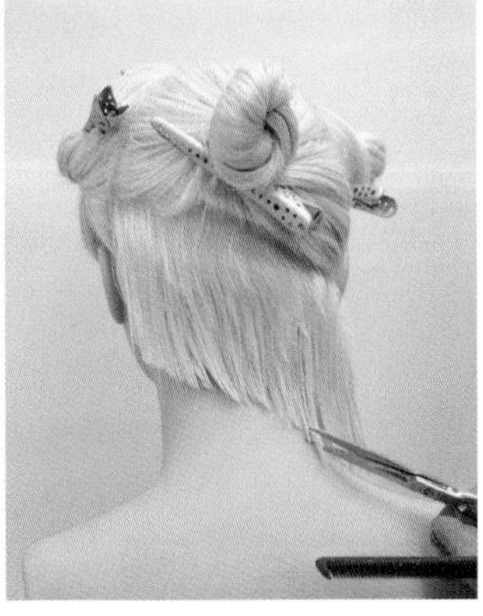

④ 직각 분배, 중간 시술각으로 섹션과 평행하게 시술한다.

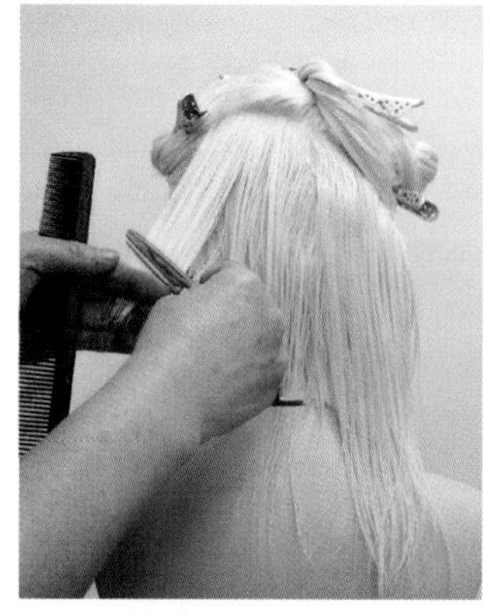
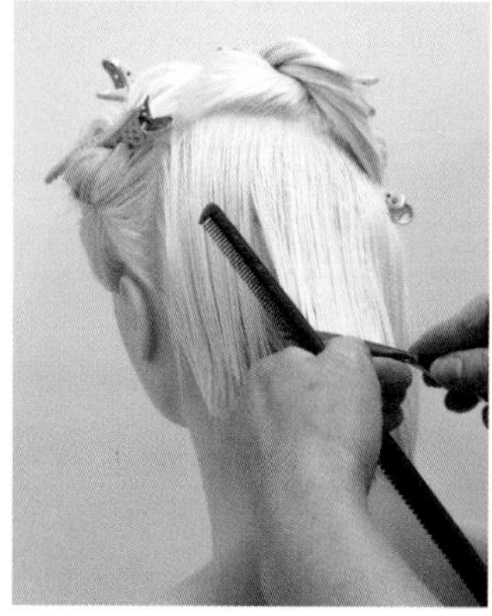

⑤ 인테리어도 동일하게 시술한 다음, 가볍게 질감 처리한다.

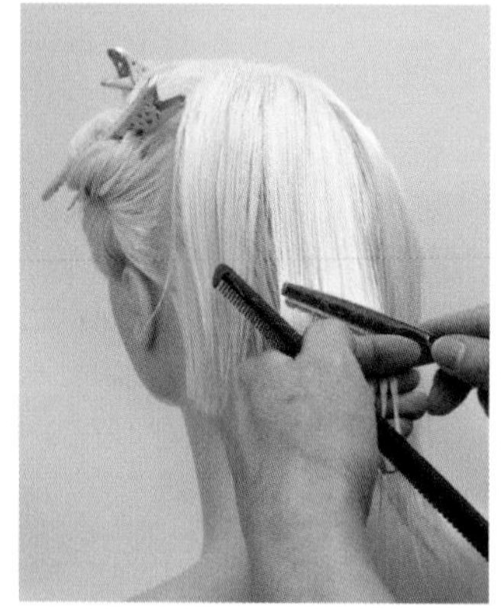
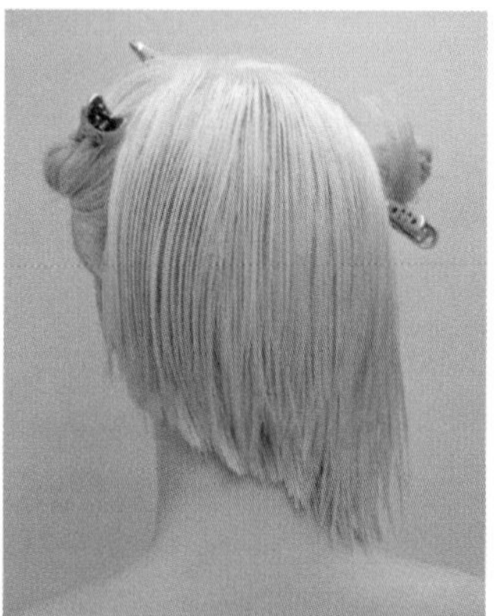

⑥ 사이드는 전대각 섹션하여 낮은 시술각, 직각 분배로 섹션과 평행하여 에칭 기법으로 시술한다.

⑦ 동일한 방법으로 시술한다.

⑧ 다음 단도 동일한 방법으로 중간 시술각, 직각 분배로 섹션과 평행하게 시술한다.

⑨ 동일한 방법으로 시술한 다음, 가볍게 질감 처리한다.

⑩ 반대편 사이드은 전대각 섹션으로 하여 변이 분배, 낮은 시술각으로 시술한다.

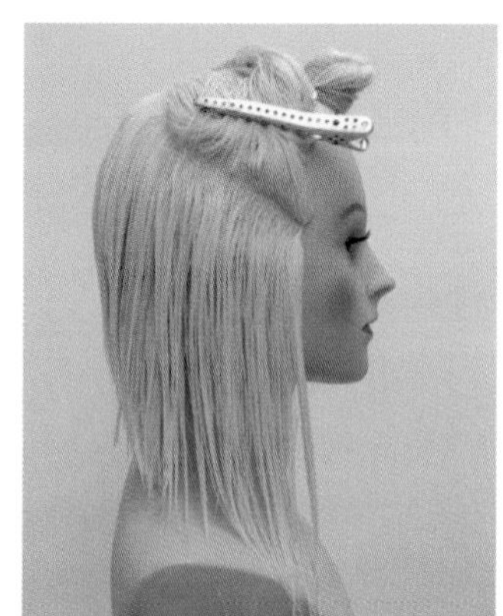

⑪ 변이 분배, 중각 시술각으로 동일한 방법으로 시술한다.

⑫ 동일한 방법으로 시술한다. 손가락은 섹션과 비평행하게 하여 시술한다.

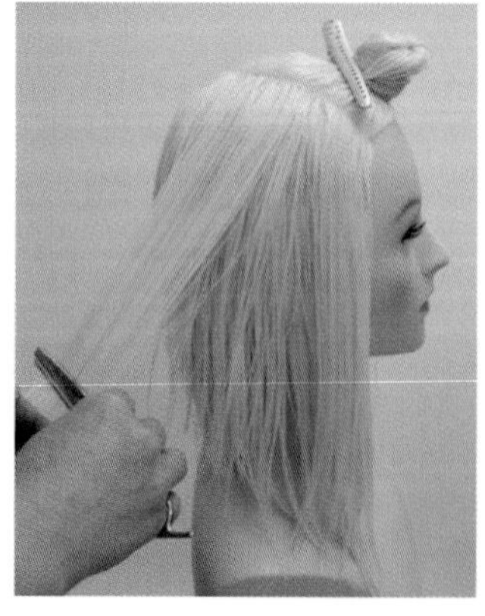
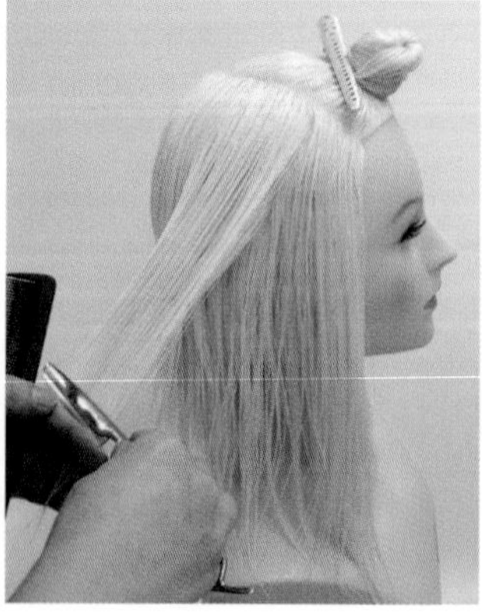

⑬ 앞머리는 사선 섹션으로 나눈 나음, 눈동자를 기준으로 섹션과 비평행, 낮은 시술각으로 아치형의 뱅을 만들고 옆머리와 연결한다.

⑭ 다음 단도 동일한 방법으로 시술한다. 옆머리와 자연스럽게 연결하여 가볍게 질감 처리한다.

⑮ 동일한 방법으로 섹션과 비평행하여 낮은 각도로 시술한다.

⑯ 커트 시술이 완성된 상태이다.

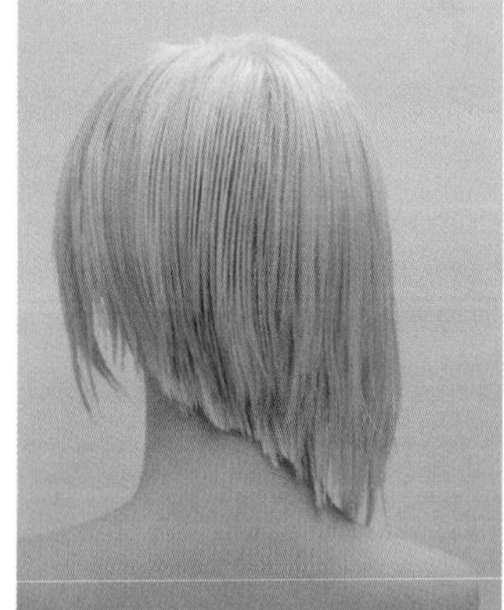
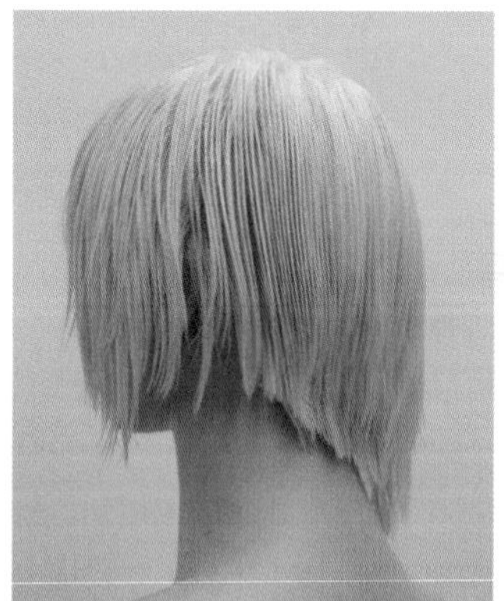

## (2) Color Process

① 컬러 그래픽

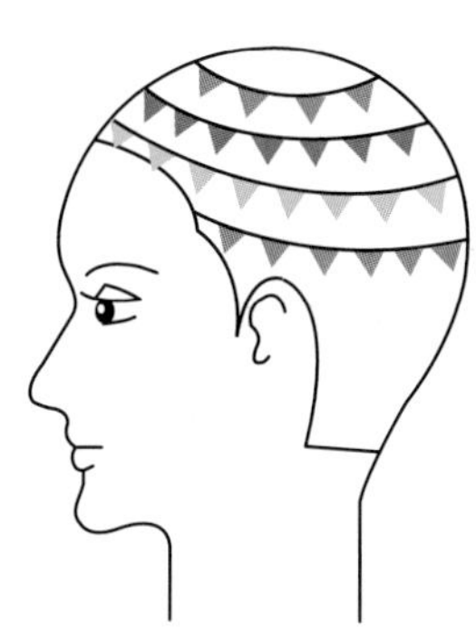

② C.P에서 B.P, E.P~to~E.P, B.P를 기준으로 좌측은 후대각 섹션과 우측은 전대각 섹션 하여 연 옐로우 컬러를 도포한 다음 호일로 덮는다.
산성 컬러(옐로우) 1 : (투명) 9 = 1 : 9 비율

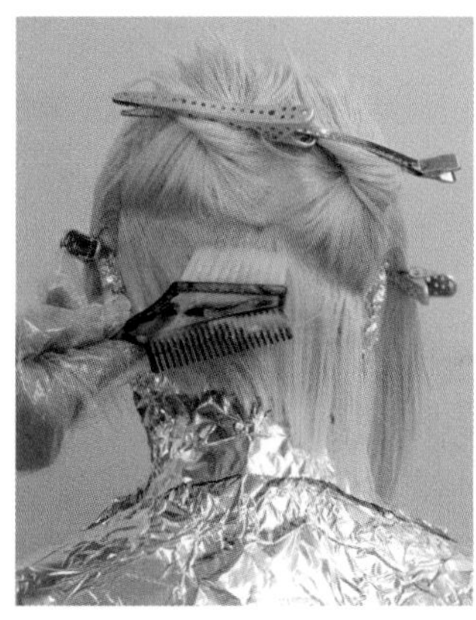
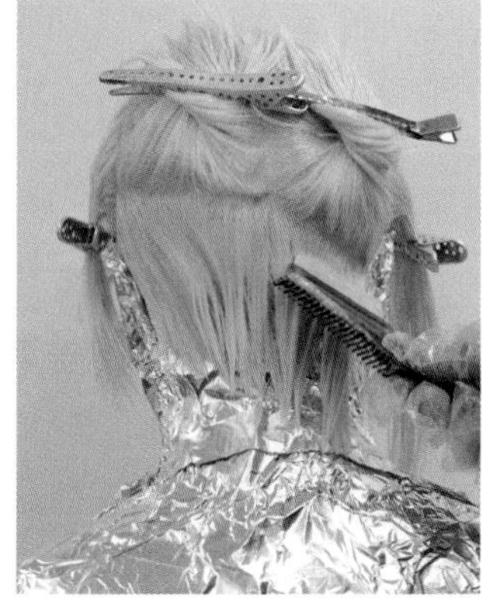
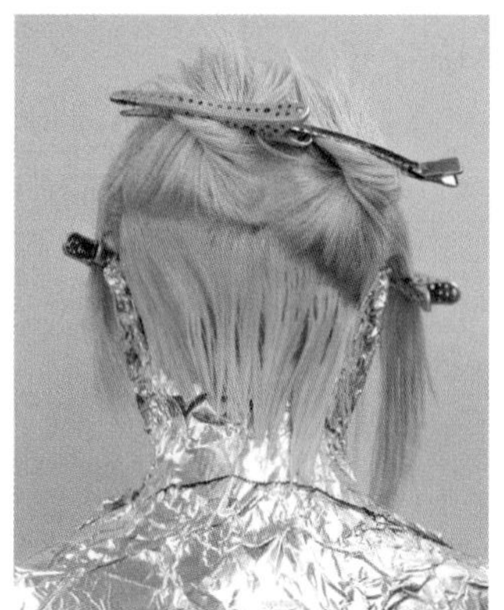

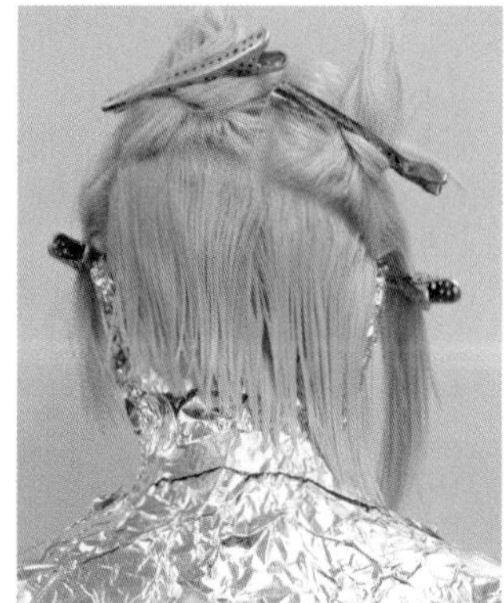

③ 위빙 뜨기 기법을 사용하여 연 오렌지 컬러를 도포한다.

산성 컬러(오렌지) 1 : (투명) 9 = 1 : 9 비율

  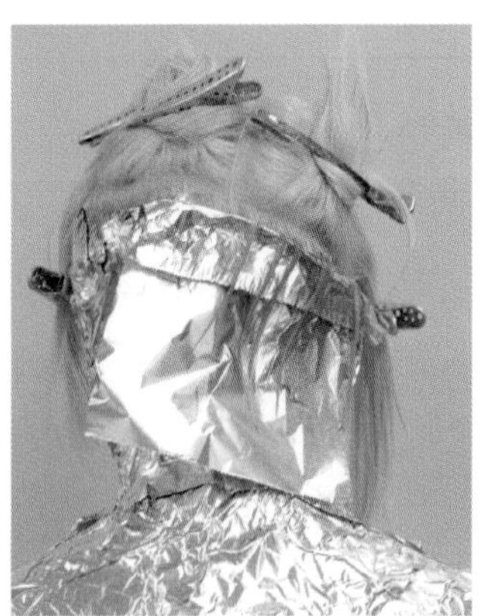

④ 동일한 방법으로 연 옐로우 컬러를 골고루 도포하고 호일로 덮는다.

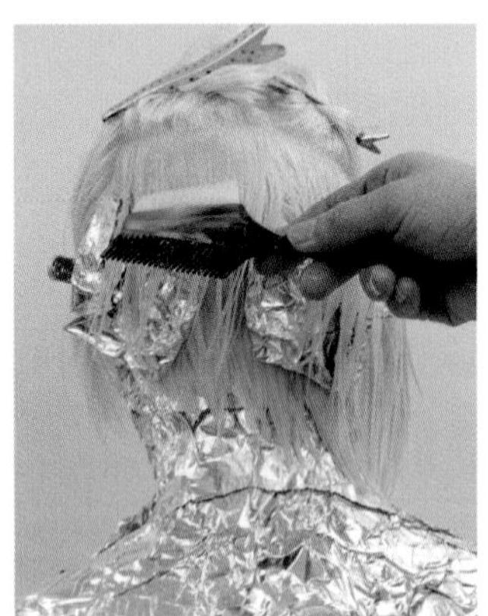 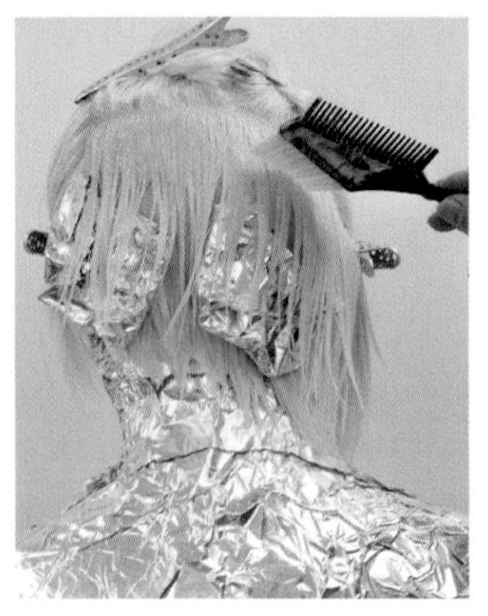 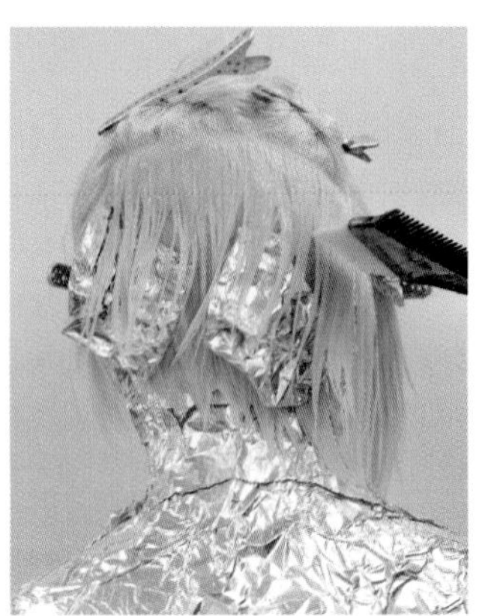

⑤ 위빙 뜨기 기법을 사용하여 스카이블루 컬러를 도포한다.

산성 컬러(블루) 1 : (투명) 9 = 1 : 9 비율

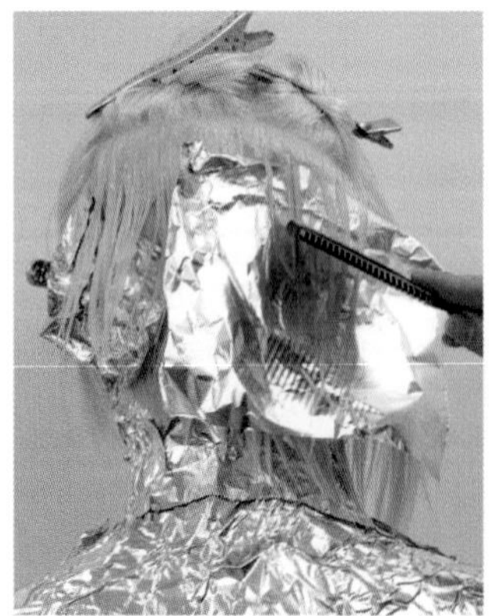 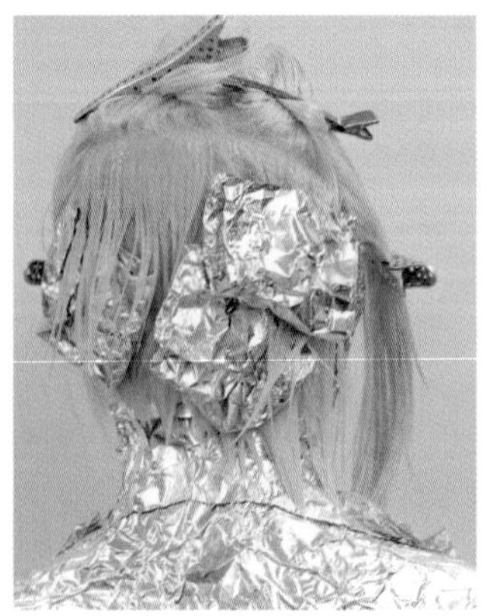 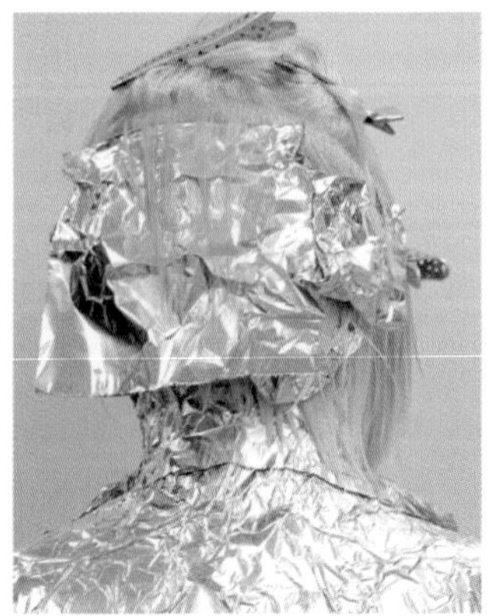

⑥ 동일한 방법으로 연 옐로우 컬러를 골고루 도포하고 호일로 덮어 컬러를 교차하여 시술한다.

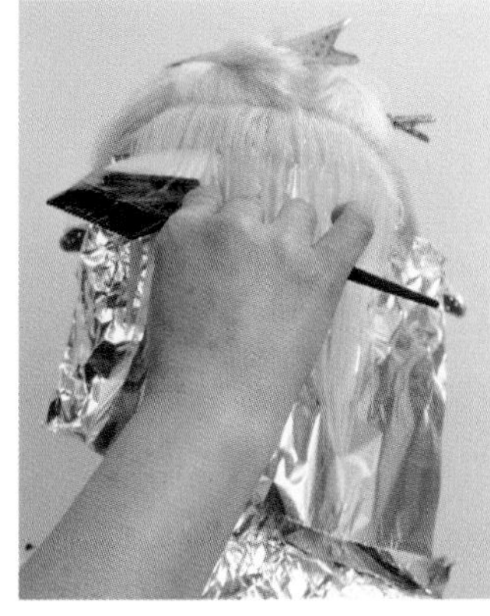

⑦ 위빙 뜨기 기법을 사용하여 핑크 컬러를 도포한다.
산성 컬러(핑크) 5 : 산성 컬러(투명) 5 = 5 : 5 비율

⑧ 동일한 방법으로 연 옐로우 컬러를 골고루 도포하고 호일로 덮는다.

⑨ 위빙 뜨기기법을 사용하여 연 오렌지 컬러를 도포한다.

산성 컬러(오렌지) 1 : 산성 컬러(투명) 9 = 1 : 9 비율

⑩ 페이스라인은 옐로우 컬러를 도포하고 모발 끝부분에 스카이블루를 도포한다.

⑪ 사이드는 연 옐로우 컬러를 골고루 도포하고 호일로 덮는다.

⑫ 위의 방법과 동일하게 연 옐로우, 스카이블루, 핑크 컬러를 위빙 뜨기 기법으로 교차하여 시술한다.

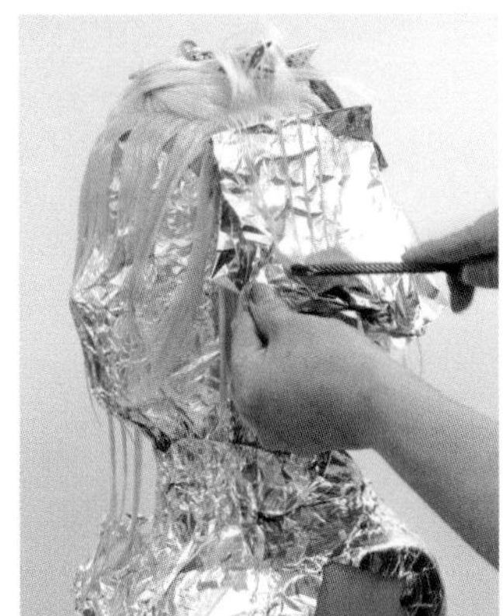

⑬ 반대편 사이드도 위의 방법과 동일하게 연 옐로우, 스카이블루, 핑크 컬러를 위빙 뜨기 기법으로 교차하여 시술한다.

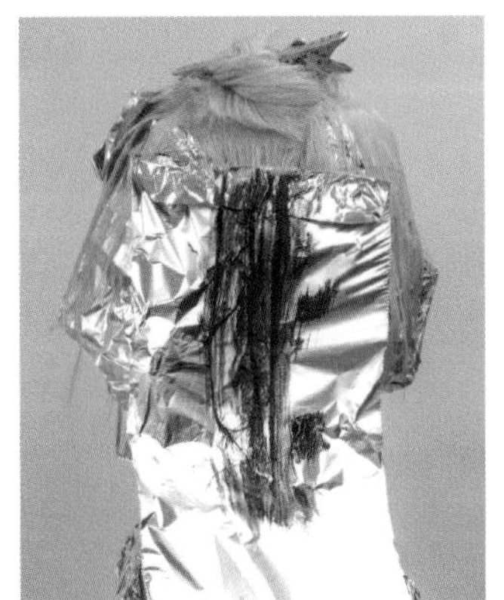
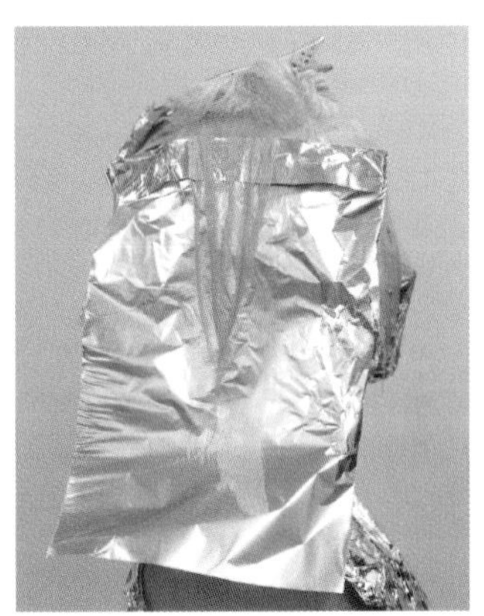

⑭ 앞머리 부분도 동일하게 컬러를 교차하여 시술한다.

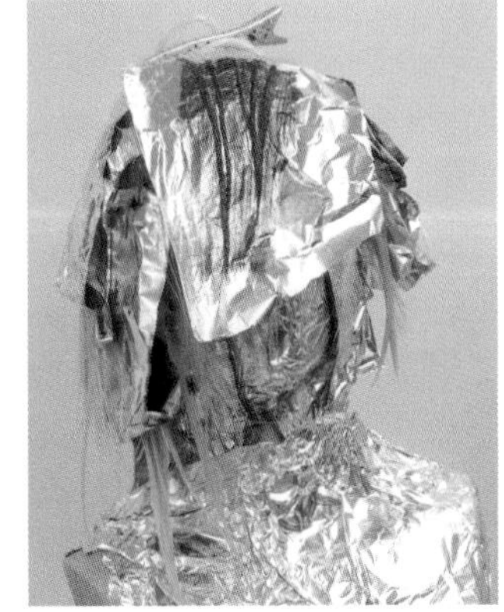

⑮ 동일한 방법으로 컬러를 교차하여 시술하고 자연 방치 60분 후 샴푸와 트리트먼트로 헹궈 내고 드라이어로 건조한다.

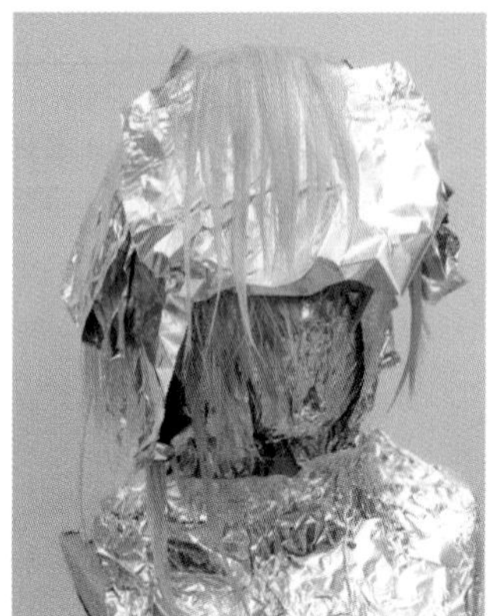

### (3) Styling Process

① 후두부는 1.5~2cm 정도로 섹션을 뜬 다음, 빗질한 패널에 꼬리빗과 아이론을 섹션과 평행하게 잡고 반원을 그리면서 각도를 낮춰 시술한다.

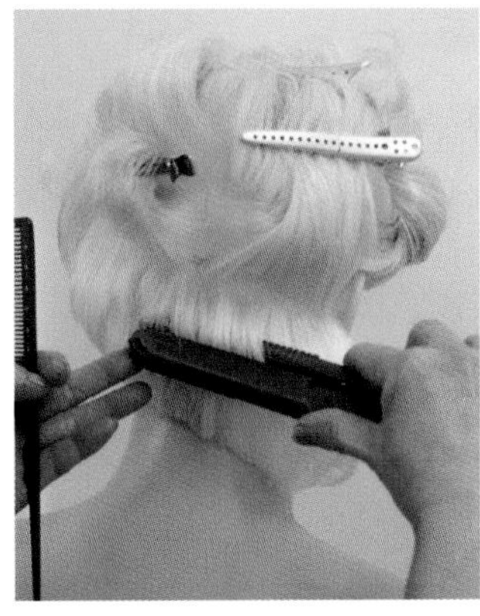

② 아이론 시술 후 형태 라인을 깨끗하게 정리한다.

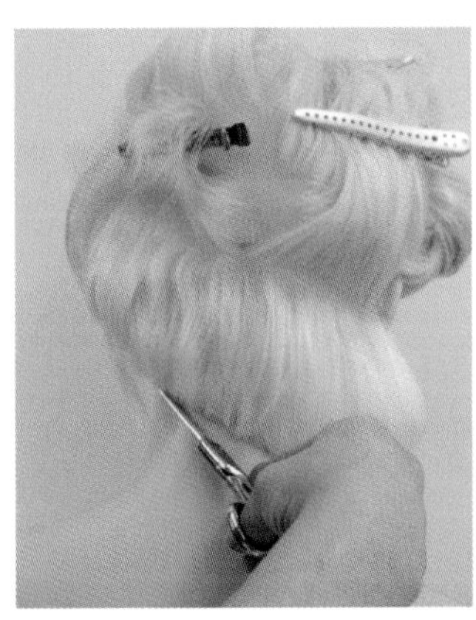
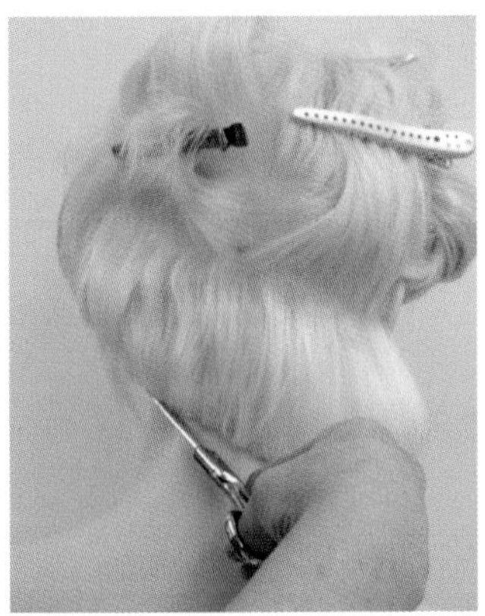
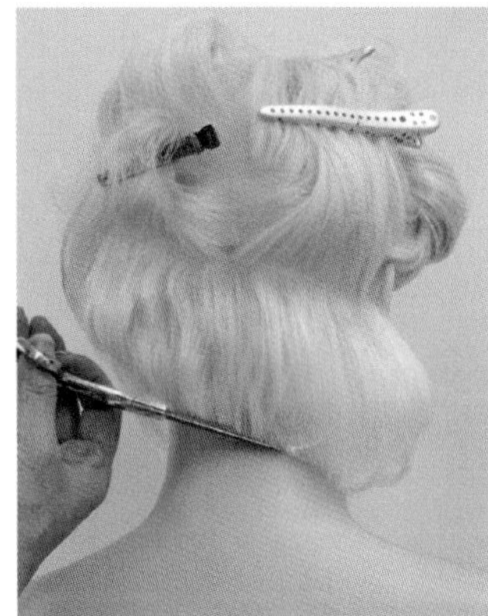

③ 모발을 90°로 들어 모근 쪽을 펴준 다음, 모발의 1/2지점에서는 크게 반원을 그리면서 각도를 나춰 아이론을 시술한다.

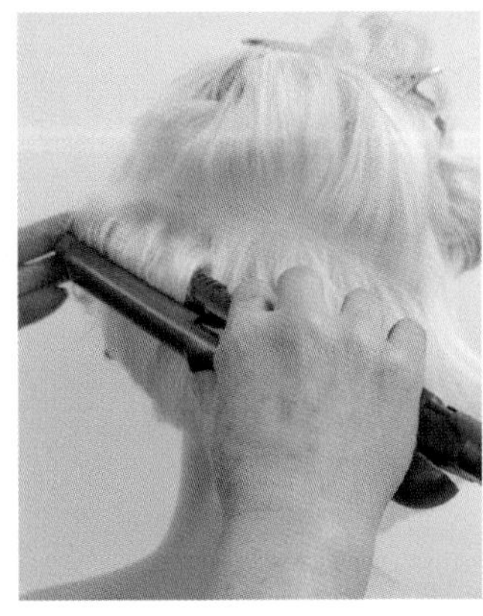

④ 모발을 늘어 볼륨을 준 상태에서 한 바퀴 와인딩하여 컬을 만든다.

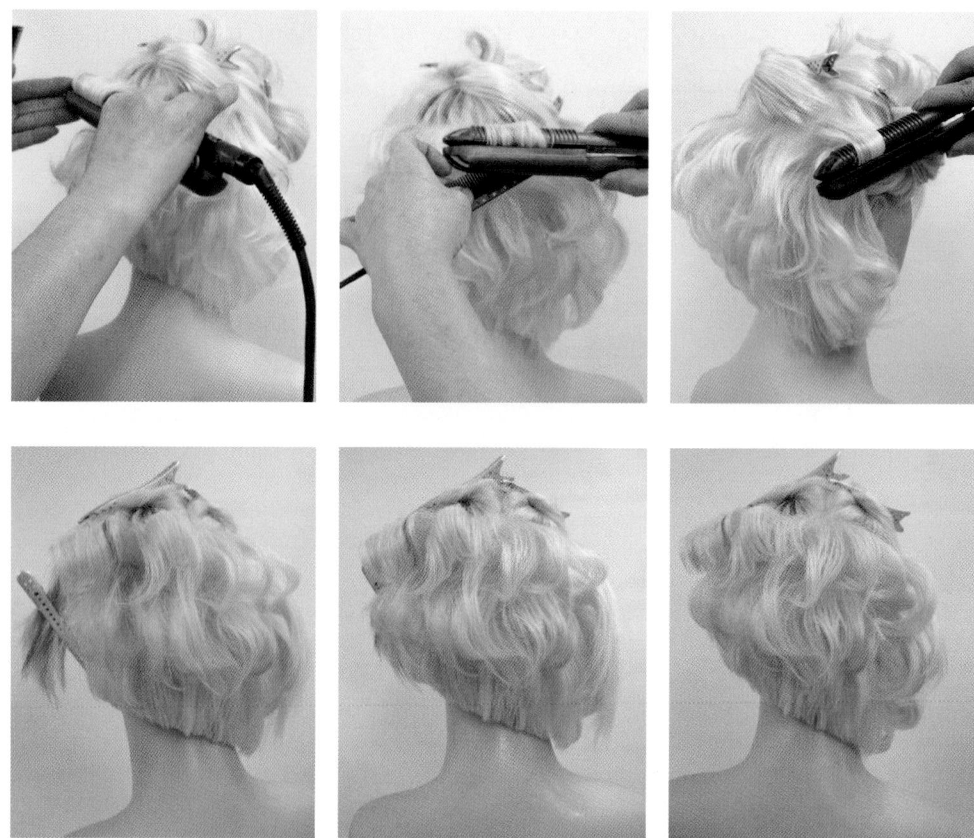

⑤ 모발을 120°로 들어 볼륨을 준 다음, 한 바퀴 반 와인딩하여 아래 모발과 연결되도록 한다.

⑥ 사이드는 반원을 그리면서 각도를 낮춰 힘 조절을 하면서 포워드 방향으로 아이론을 자연스럽게 회전한다. 아이론의 온도는 160°로 유지한다.

⑦ 다음 단도 동일한 방법으로 시술한다. 한 바퀴 와인딩 한 상태에서 리버스 방향으로 아이론을 회전한다.

⑧ 앞머리는 각도를 낮춰 반원을 그리며 옆머리와 자연스럽게 연결하면서 시술한다.

⑨ 반대편 사이드는 1.5~2cm 정도로 섹션을 뜬 다음, 가볍게 롤링하고 각도를 낮춰 힘 조절을 하면서 포워드 방향으로 아이론를 회전한다.

⑩ 모근 부위에서 90°로 볼륨을 준 다음, C자의 형태로 반원을 그리면서 롤링한 다음, 모발 끝부분에서는 각도를 낮춰 포워드 방향으로 시술한다.

⑪ 다음 단도 동일한 방법으로 시술한다. 아이론을 열어 모발을 감고, 오른손은 힘 조절을 하여 텐션을 준 다음 포워드 방향으로 시술한다.

⑫ 모발 끝부분은 낮은 각도로 C자 형태로 매끄럽게 옆머리와 연결한다.

⑬ 드라이 시술이 완성되면 커트라인의 형태선을 가위로 깨끗하게 정리한다. 전체적으로 광택제와 스프레이를 분사하여 모발 표면을 매끄럽게 마무리한다.

⑭ 스타일이 완성된 상태이다.

# 6. 엘리건트/ Elegant

바쁘게 생활하는 일상 속에서 가끔씩은 일탈하고 싶다. 레이어 커트 후 네추럴한 C컬 웨이브로 화려하지 않지만, 여성적인 분위기와 소프트한 이미지로 변화를 주어 성숙미와 청순함을 동시에 연출하였다. 컬러는 투톤 기법으로 모근 부위는 네추럴 브라운 컬러로 염색하여 자연스러운 느낌을 표현하였다. 베이스는 아주 연한 그린, 연그린, 회색빛 연 바이올렛, 진 바이올렛을 사용하여 은은한 파스텔 컬러의 조합으로 청순함을 극대화했다.

## 1) DESIGN CONCEPT

| 디자인의 요소 | 형태 | • 긴타원형 구도<br>• 어깨선을 기준으로 사이드와 후두부는 자연스런 C컬 웨이브 |
|---|---|---|
| | 질감 | • 사이드는 층을 내어 모발 끝으로 갈수록 가볍게 표현<br>• 후두부은 매끄러운 질감 |
| | 컬러 | • 파스텔 컬러인 그린과 바이올렛 계열 사용<br>• 모근 부위는 네추럴 브라운 컬러로 염색<br>• 베이스는 위빙 기법을 사용 |

## 2) DESIGN PROCESS

<table>
<tr><th colspan="7">DESIGN PROCESS</th></tr>
<tr><td>Blocking</td><td colspan="2"></td><td colspan="2"></td><td colspan="2"></td></tr>
<tr><td rowspan="2">Cut Process</td><td colspan="6">Increase Layer Cut</td></tr>
<tr><td colspan="2">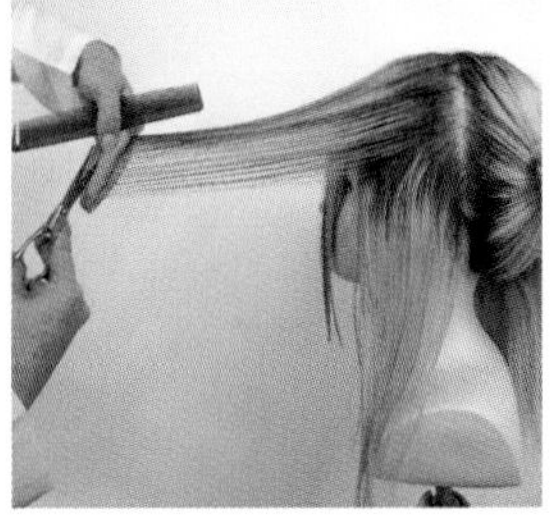</td><td colspan="2"></td><td colspan="2"></td></tr>
<tr><td rowspan="3">Color Process</td><td colspan="6">네추럴 브라운, 아주 연한 그린, 연 블루, 진 바이올렛</td></tr>
<tr><td>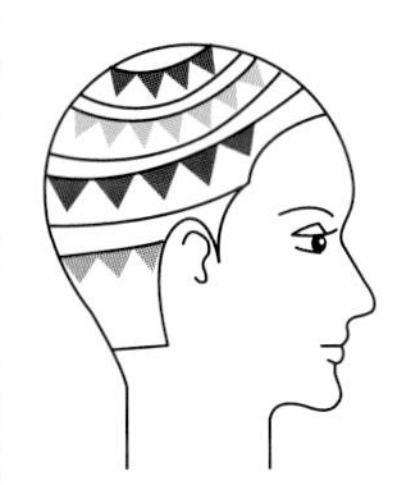</td><td>Select Color</td><td></td><td></td><td></td><td></td></tr>
<tr><td colspan="6">1차 도포: 명도 6레벨, 네추럴 브라운 염모제(1제)1와 산화제 6%(2제)=1:1 비율<br>2차 도포: 산성 컬러(그린) 1 : 산성 컬러(투명) 9 = 1 : 9 비율<br>3차 도포: 산성 컬러(블루) 2 : 산성 컬러(투명) 8 = 2 : 8 비율<br>산성 컬러(바이올렛) 3 : 산성 컬러(블랙) 1 : 산성 컬러(투명) 6 = 3 : 1 : 6 비율</td></tr>
<tr><td rowspan="2">Styling Process</td><td colspan="6">In-Curl/ Iron</td></tr>
<tr><td colspan="2"></td><td colspan="2"></td><td colspan="2">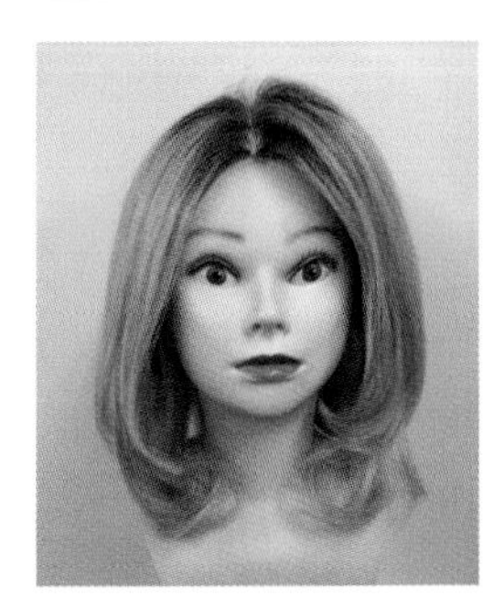</td></tr>
</table>

## 3) WORK PROCESS

### (1) Color Process

① 1차 컬러 그래픽 2차 컬러 그래픽 3차 컬러 그래픽

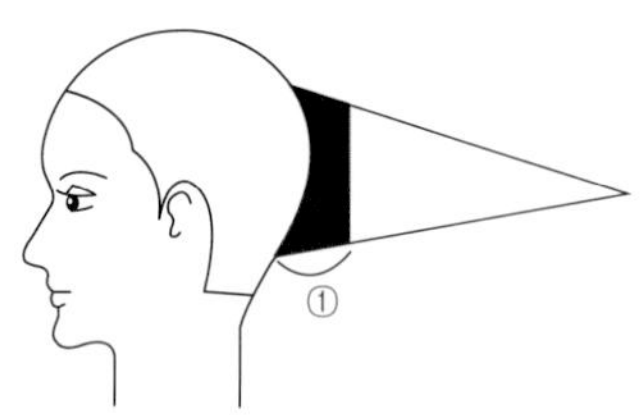


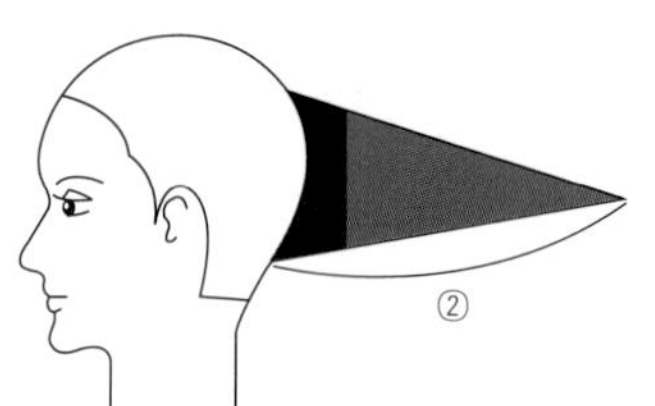


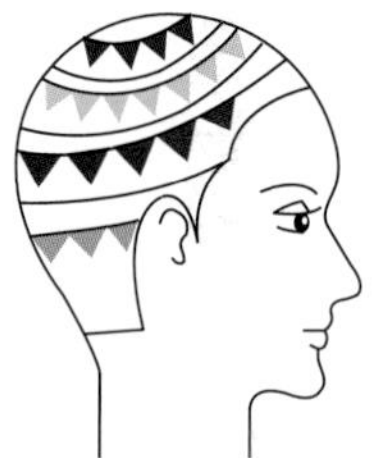

② C.P에서 N.P까지 정중선, T.P에서 E.P, E.P까지 측중선으로 4등분으로 나눈다.

③ 1차 도포는 네이프는 수평 섹션으로 1cm 슬라이스 한 후, 베이스에서 1~1.5cm 정도를 명도 6레벨 네추럴 브라운 염모제(1제)1와 산화제 6%(2제)를 믹스하여 도포한다. (1제 : 2제 = 1 : 1 비율)

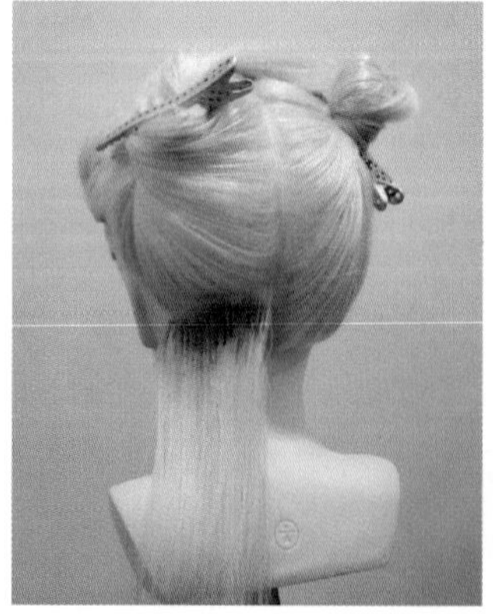

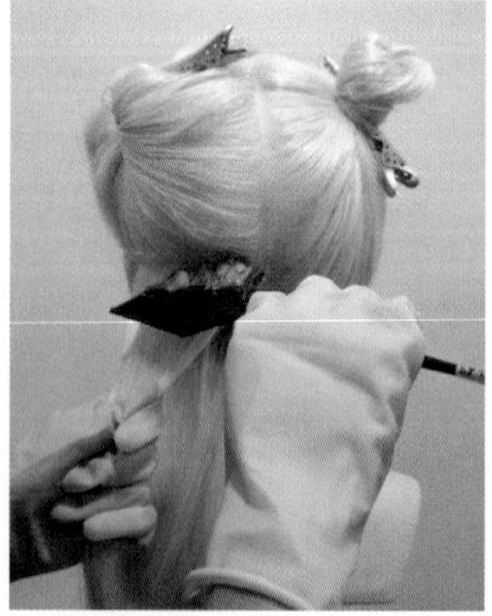

④ 인테리어에서도 동일한 방법으로 시술한다.

⑤ 사이드도 수평 섹션으로 슬라이스 한 다음, 염색빗을 눕혀 베이스에서 1~1.5cm 정도를 염모제로 도포한다.

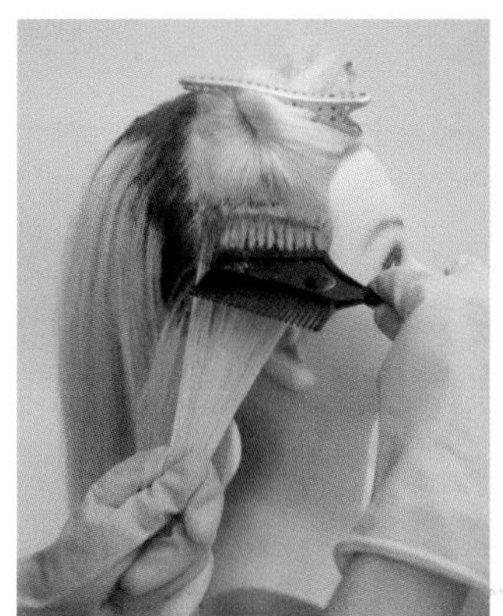

⑥ 반대편도 동일하게 시술한다. 염색 시술이 끝나면 자연 방치 20분 후 샴푸와 트리트먼트로 헹궈 내고 드라이어로 건조한다.

⑦ 니베아 크림을 얼굴과 목 주변에 바르고 호일로 감싼다.

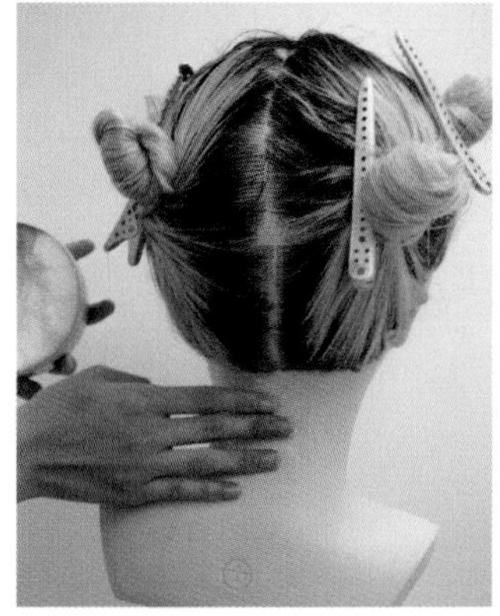

⑧ 2차 도포는 산성 컬러(그린) 1 : (투명) 9 비율로 믹스하여 준비한다. 네이프는 수평 섹션으로 1cm 슬라이스 한 후, 1차 도포한 베이스에서 부터 모발 끝가지 도포한다.

⑨ 동일한 방법으로 시술한다. 골고루 도포하고 가볍게 핸드링한다.

⑩ 동일한 방법으로 시술한다. 골고루 도포하고 가볍게 핸드링한다.

⑪ 사이드는 동일한 방법으로 도포한다.

⑫ 반대편도 동일한 방법으로 시술한다.

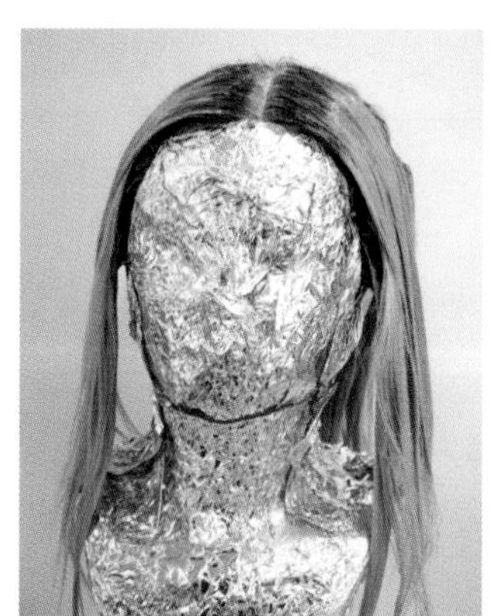

⑬ 3차 도포는 수평 섹션으로 위빙 뜨기 기법을 사용한다. 산성 컬러(블루) 2 : (투명) 8 비율로 믹스하여 준비한다. 사이드의 첫 단은 얇게 슬라이스 한 후, 모발을 위빙하여 밑에 호일을 댄다. 베이스에서 모발 끝으로 컬러를 도포한 다음, 호일을 덮고 양쪽 사이드의 호일을 접어 감싼다.

⑭ 다음은 2차 염색한 모발을 2cm 남겨 두고 슬라이스 한다.
산성 컬러(바이올렛) 3 : 산성컬러(블랙) 1 : 산성 컬러(투명) 6 비율로 믹스하여 준비한 컬러를 베이스에서 모발 끝으로 도포한 후 양쪽 호일을 접어 감싼다.

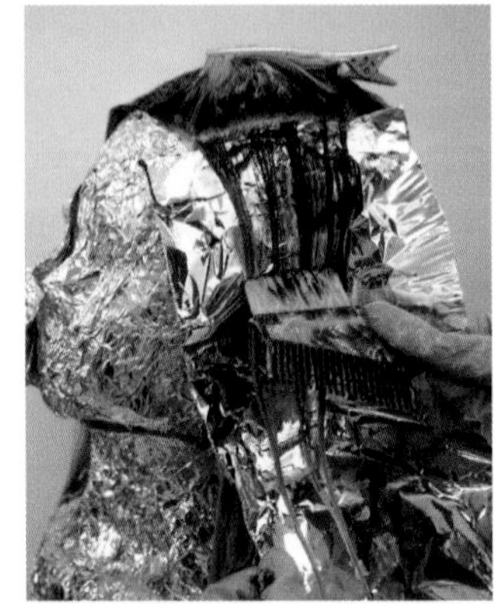

⑮ 동일한 방법으로 연 블루와 진 바이올렛 컬러를 교대로 도포한다.

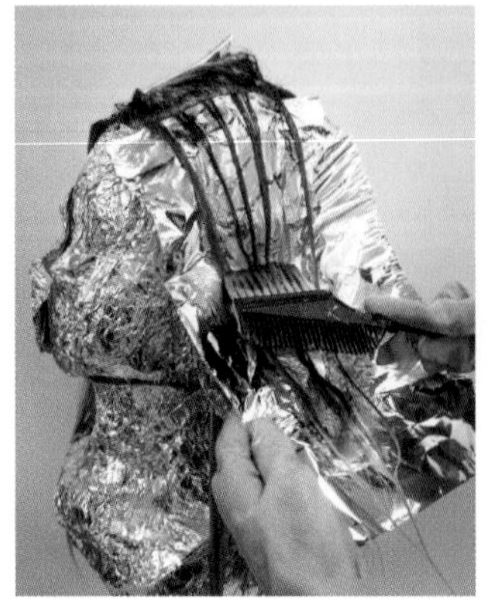
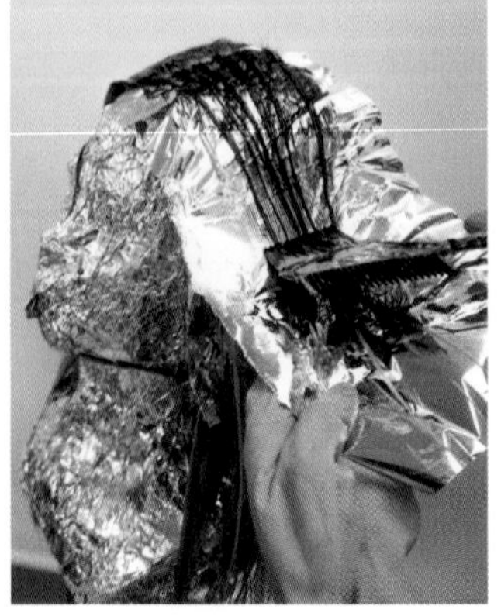

⑯ 반대편 사이드도 동일하게 시술한다. 연 블루 컬러와 진 바이올렛 컬러를 교대하여 시술한다.

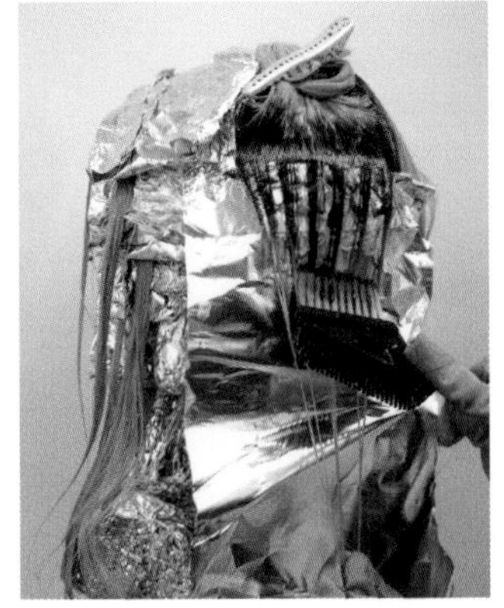

⑰ 동일한 방법으로 시술한다.

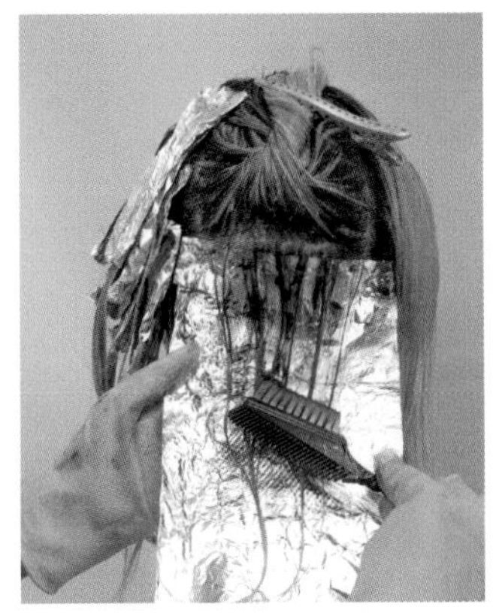

⑱ 연 블루 컬러와 진 바이올렛 컬러를 교대로 도포한다. 자연 방치 60분 후 깨끗하게 샴푸하고 모발을 컨디셔닝한다.

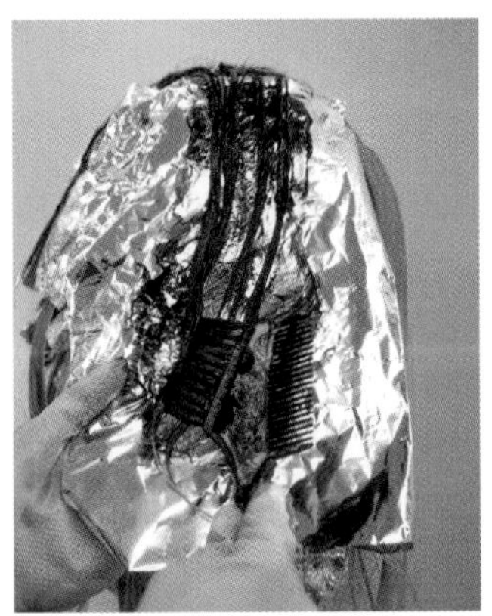

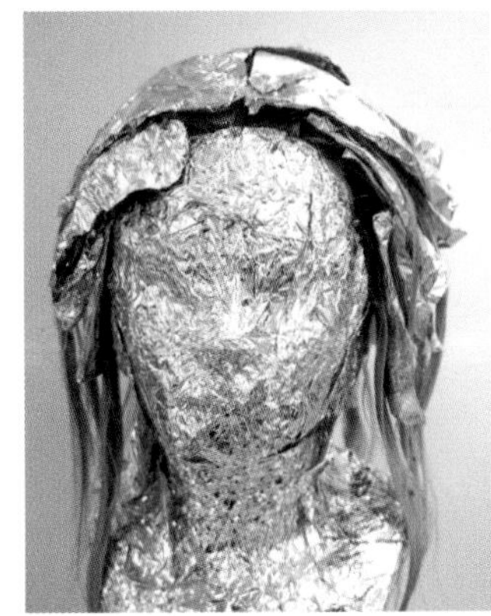

### (2) Cut Process

① C.P에서 N.P까지 정중선, T.P에서 E.P, E.P까지 측중선으로 4등분으로 나눈다.

② 사이드는 수직 세션으로 앞으로 똑바로 빗질하여 어깨선을 기준으로 가이드를 설정한다. 손가락 위치는 바닥과 수직으로 한 다음, 손가락은 섹션과 비평행하여 블런트 커트 한다

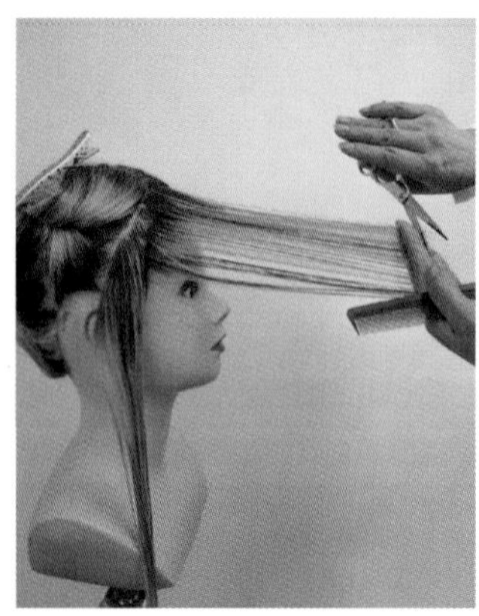

③ 다음 단도 동일한 방법으로 시술각 0°로 첫 번째 가이드에 맞춰 동일하게 시술한다.

④ 크라운 부위는 피봇 섹션한다. 빗질하여 가이드에 맞춰고 손가락은 섹션과 비평행하여 동일한 방법으로 옆머리와 자연스럽게 연결한다.

⑤ 반대편도 동일하게 시술하여 좌 · 우 대칭을 확인한다.

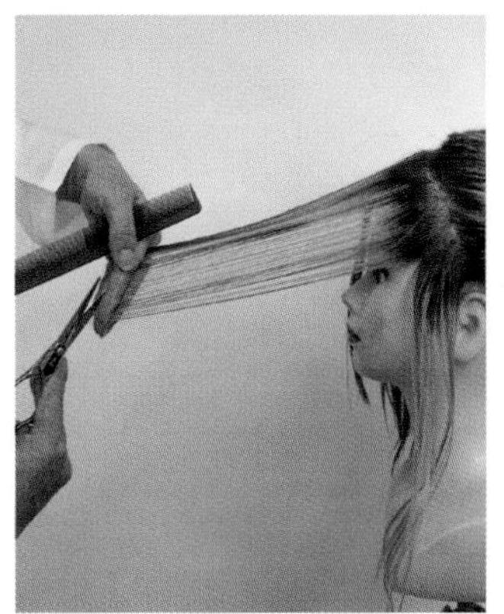
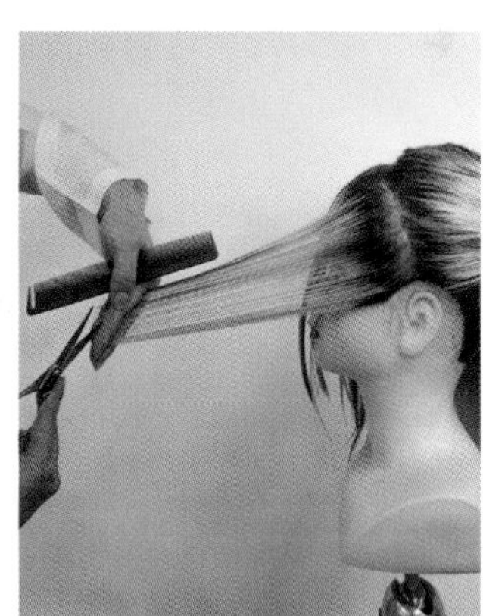

⑥ 다음 단도 같은 방법으로 수직 섹션, 시술각 0°, 앞으로 똑바로 분배하여 손가락은 섹션과 비평행하여 시술한다.

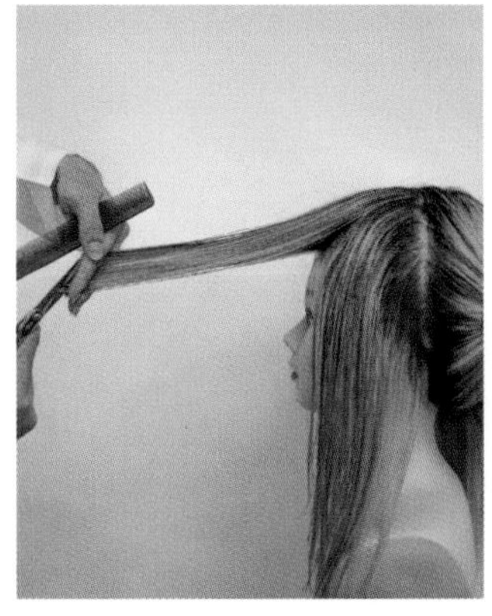
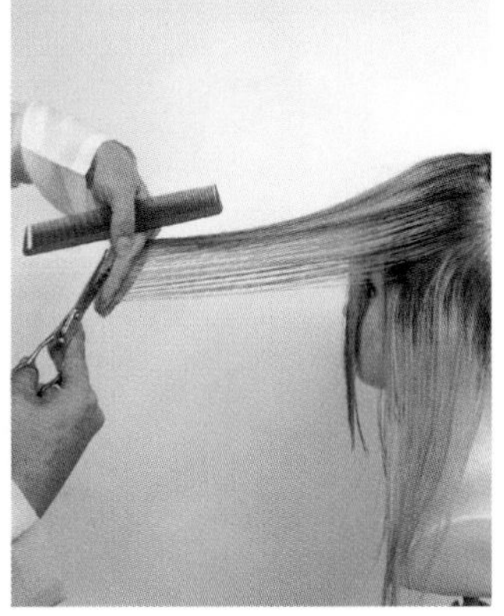
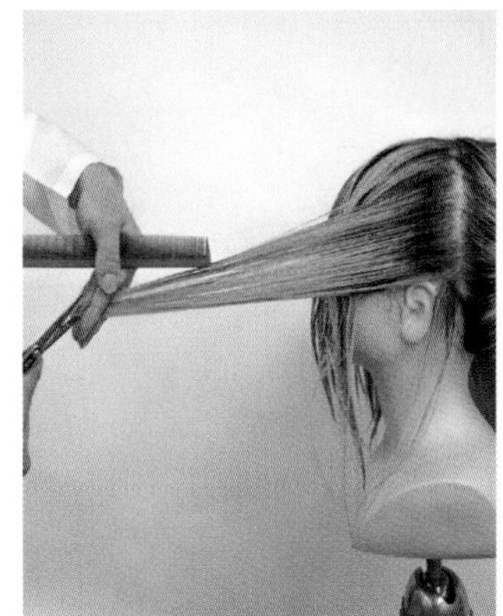

⑦ 정중선까지 동일하게 수직 섹션하여 시술각 0°로 시술한다.

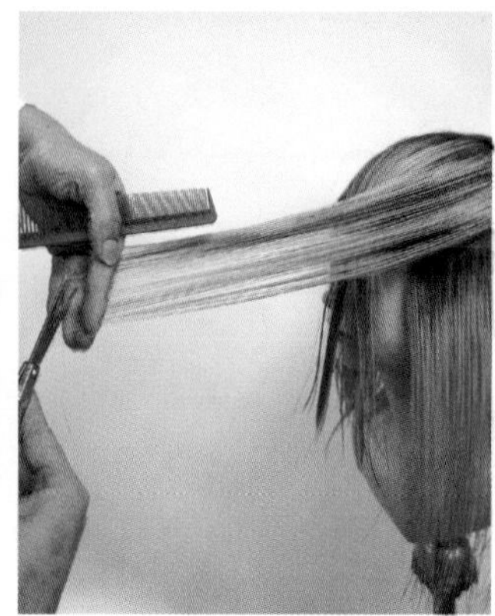

⑧ 같은 방법으로 블런트 커트하여 옆머리와 자연스럽게 연결한다.

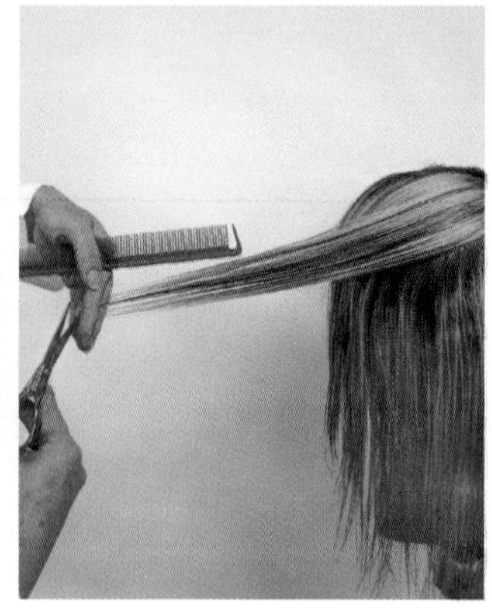
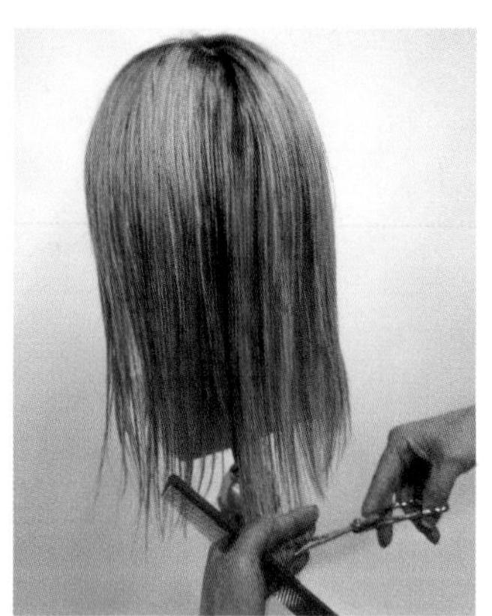

⑨ 네이프의 형태선을 정리한 다음, 가볍게 질감 처리한다.

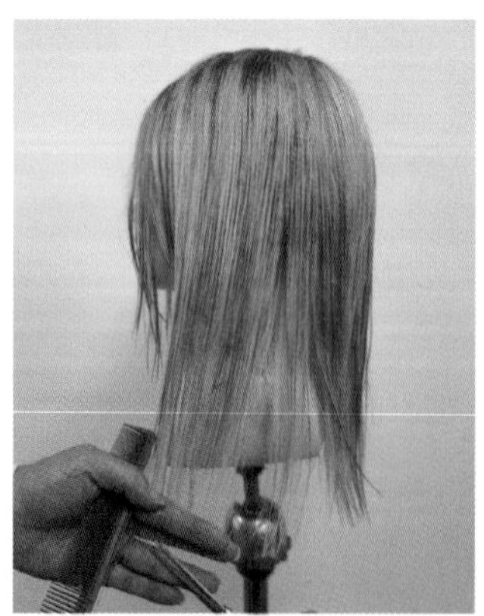

### (3) Styling Process

① 사이드는 1.5~2cm 정도로 섹션을 뜬 다음, 아이론을 사용하여 반원을 그리면서 가볍게 롤링하고 각도를 낮춰 포워드 방향으로 아이론을 자연스럽게 회전한다. 아이론의 온도는 160°로 유지한다.

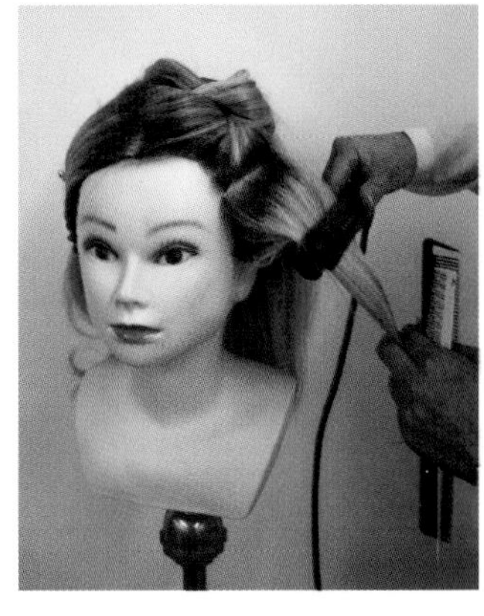

② 다음 단도 동일한 방법으로 시술한다.

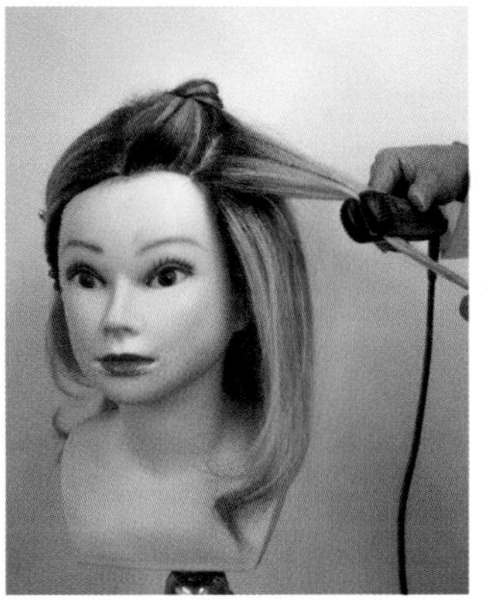

③ 모근 부위는 90°로 볼륨을 준 다음, 모발의 1/2 지점에서 크게 반원을 그리면서 롤링한다. 모발의 끝부분으로 갈수록 각도를 낮춰 포워드 방향으로 아이론을 뺀다.

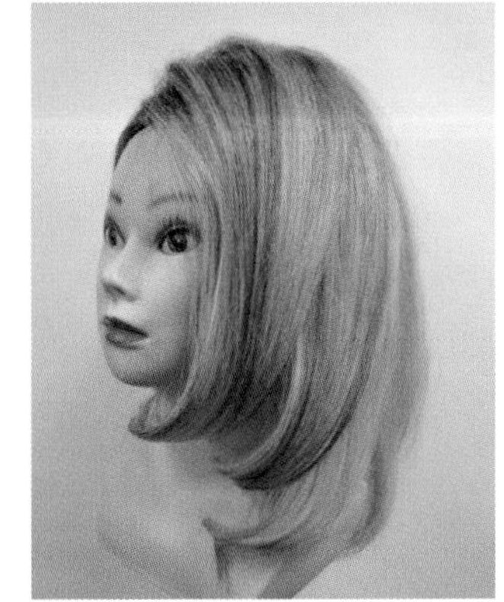

④ 반대편 사이드로 동일하게 시술한다.

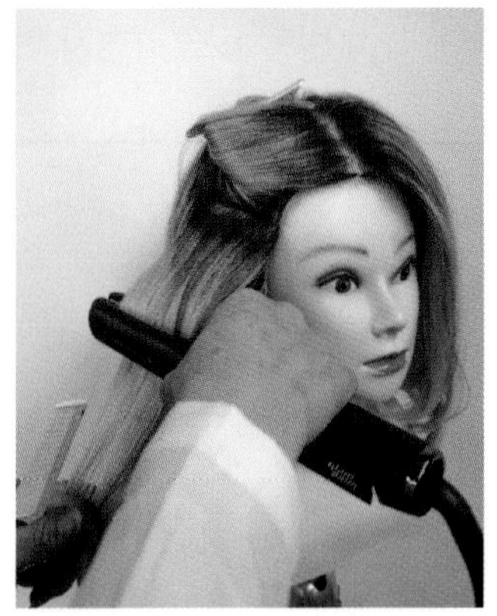
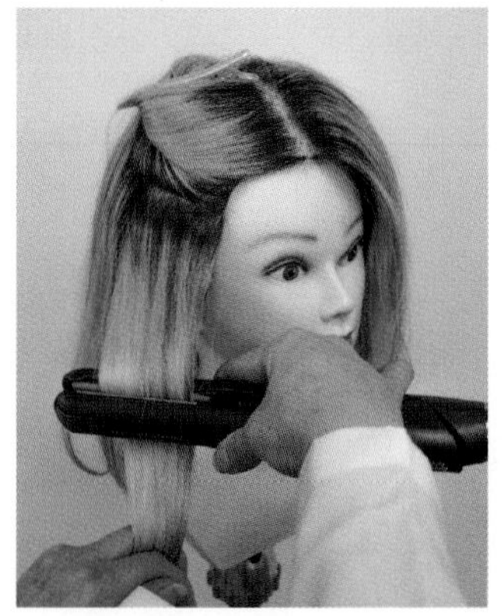

⑤ 반원을 그리면서 가볍게 롤링한 다음, 각도를 낮춰 포워드 방향으로 자연스럽게 뺀다.

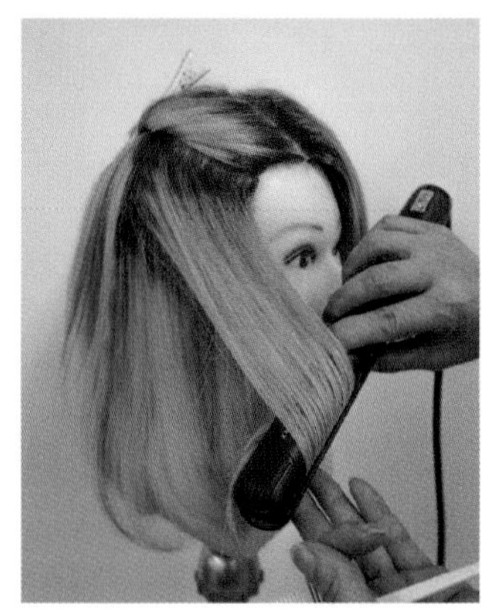

⑥ 모근 부위에서 90°로 볼륨을 준 다음, C자의 형태로 반원을 그리면서 롤링한 다음, 모발 끝부분에서는 각도를 낮춰 포워드 방향으로 시술한다.

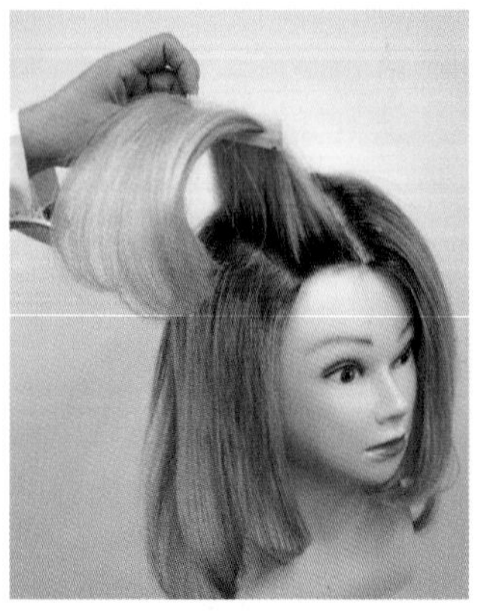

⑦ 후두부는 1.5~2cm 정도로 섹션을 뜬 다음, 꼬리빗과 아이론을 섹션과 평행하게 잡고 반원을 그리면서 포워드 방향으로 각도를 낮춰 회전하면서 시술한다.

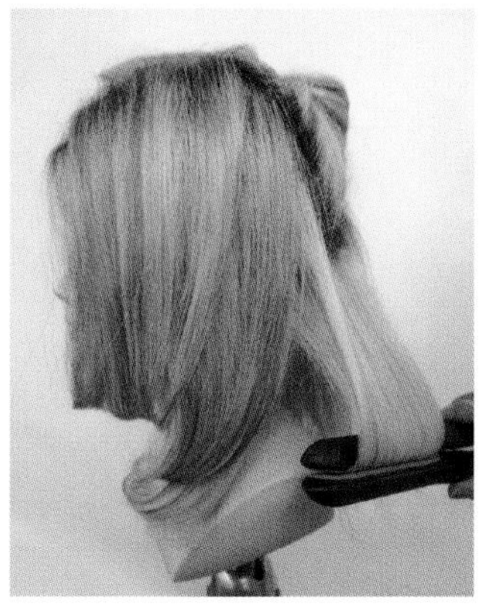
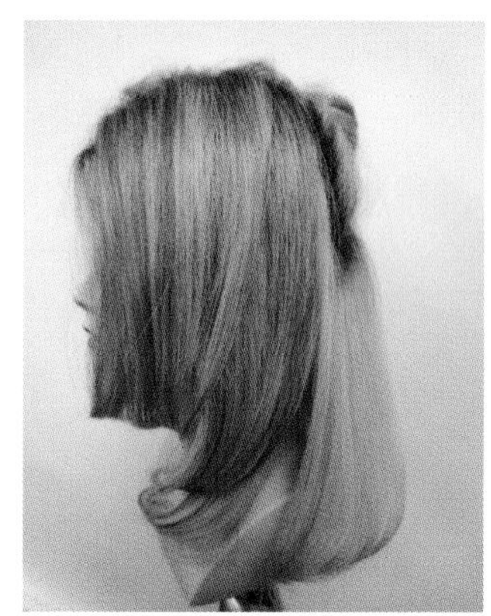

⑧ 모발을 90°로 들어 모근 쪽을 펴준 다음, 모발의 1/2지점에서는 크게 반원을 그리면서 각도를 나춰 아이론을 아웃시킨다.

⑨ 모발을 90°로 들어 볼륨을 준다. 1/2지점에서는 C자의 형태로 크게 반원을 그리면서 각도를 나눠 아이론을 시술한다.

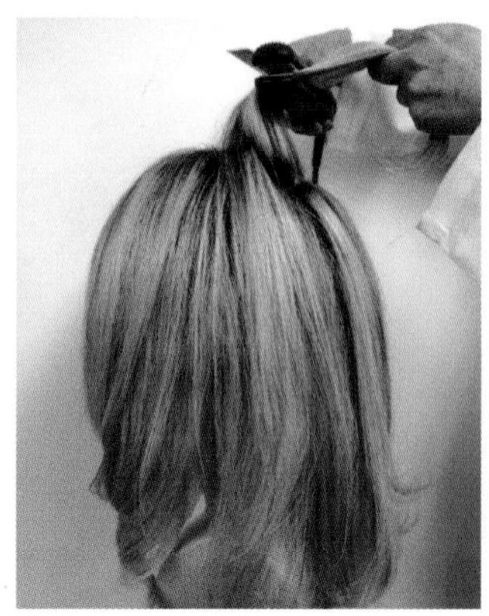
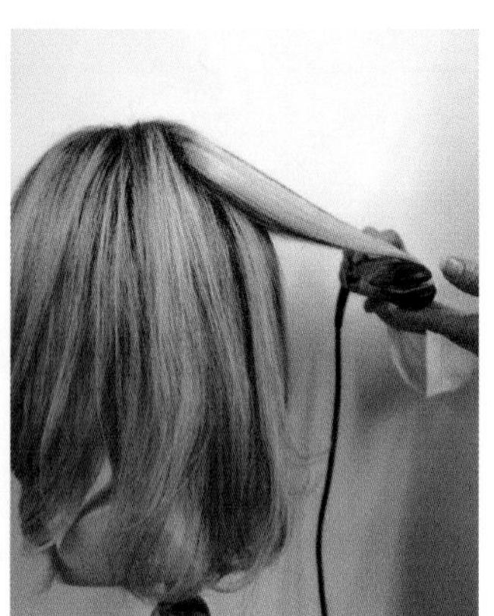

⑩ 전체적으로 광택 스프레이를 분사하여 마무리한다.

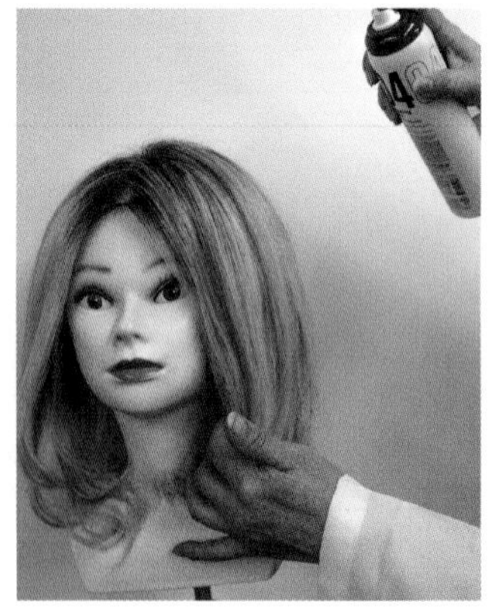

⑪ 스타일링이 완성된 상태이다.

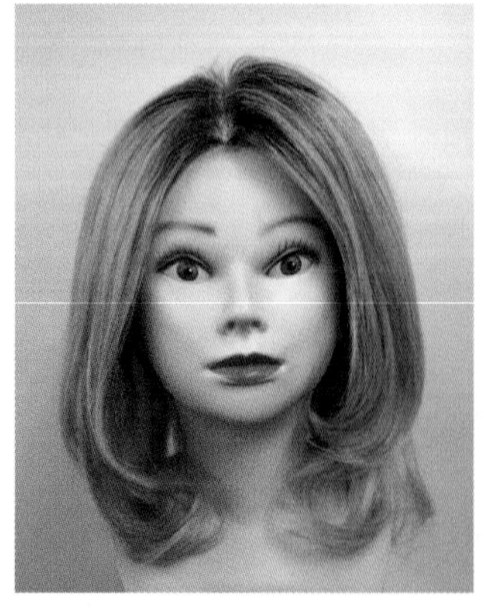

# 2 | 컬러 도포 방법에 따른 작품 제작

## 1. 레인보우 컬러

단순하다는 것은 평범한 것이 아니다. 가장 단순하고 보편적인 상상의 세계는 창의적이고 예술적이다. 그래쥬에이션 컨백스라인 형태의 비대칭 커트에 옴브레 발레아주의 응용 컬러 기법을 변형하여 세련된 느낌을 연출하였다. 네이프는 모발을 베이스에 밀착한 후 갈매기 형태의 곡선 라인으로 조각 커트하였다. 컬러는 유사 계열을 사용하여 부드럽고 온화한 고풍스러움을 표현하였다. 페이스라인은 짙은 바이올렛 컬러를 사용하여 무게감을 주고 포인트 컬러인 스카이블루를 사용하여 부드러운 느낌을 연출하였다.

## 1) DESIGN CONCEPT

| 디자인의 요소 | 형태 | • 그래쥬에이션 커트의 비대칭 구도<br>• 두정부는 컨백스 라인, 직각 분배와 변이 분배를 사용하여 좌·우 비대칭<br>• 네이프는 갈매기 형태의 조각 커트<br>• 그래쥬에이션 커트의 무거운 질감으로 혼합형 |
|---|---|---|
| | 질감 | • 앞머리는 라운드 뱅을 시술하여 무거우면서 곡선의 형태로 부드러움 표현 |
| | 컬러 | • 전체적으로 난색 계열(진 바이올렛, 바이올렛, 연 바이올렛, 스카이블루, 블루)을 사용하여 옴브레 발레아주의 컬러 기법 응용 |

## 2) DESIGN PROCESS

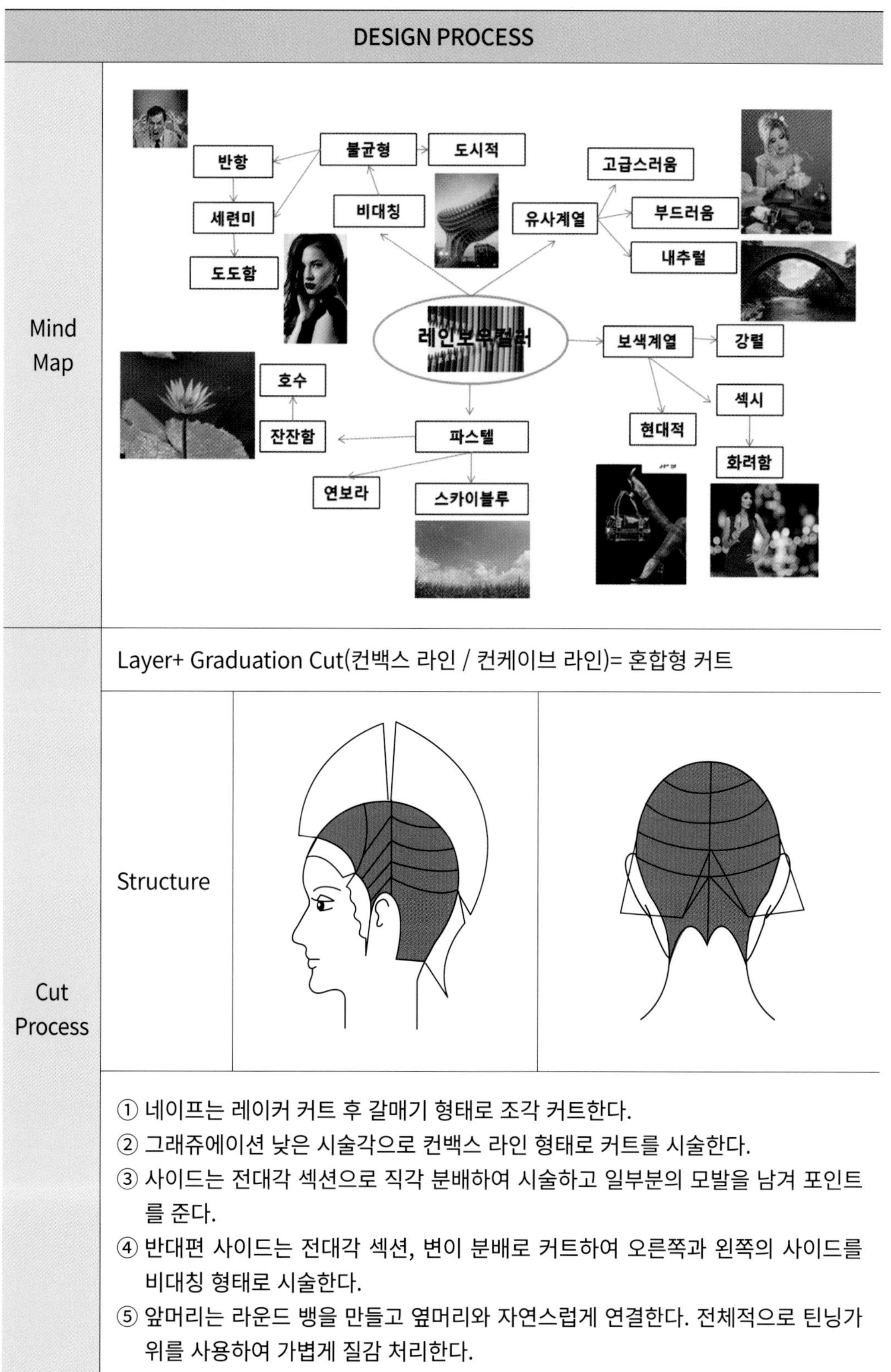

| DESIGN PROCESS | | |
|---|---|---|
| Mind Map | 반항, 세련미, 도도함, 불균형, 도시적, 비대칭, 고급스러움, 유사계열, 부드러움, 내추럴, 레인보우컬러, 보색계열, 강렬, 섹시, 현대적, 화려함, 호수, 잔잔함, 파스텔, 연보라, 스카이블루 | |
| Cut Process | Layer+ Graduation Cut(컨백스 라인 / 컨케이브 라인)= 혼합형 커트 | |
| | Structure | |
| | ① 네이프는 레이커 커트 후 갈매기 형태로 조각 커트한다.<br>② 그래쥬에이션 낮은 시술각으로 컨백스 라인 형태로 커트를 시술한다.<br>③ 사이드는 전대각 섹션으로 직각 분배하여 시술하고 일부분의 모발을 남겨 포인트를 준다.<br>④ 반대편 사이드는 전대각 섹션, 변이 분배로 커트하여 오른쪽과 왼쪽의 사이드를 비대칭 형태로 시술한다.<br>⑤ 앞머리는 라운드 뱅을 만들고 옆머리와 자연스럽게 연결한다. 전체적으로 틴닝가위를 사용하여 가볍게 질감 처리한다. | |

<table>
<tr><td rowspan="7">Color Processs</td><td rowspan="4">Structure</td><td colspan="6"></td></tr>
<tr><td>① ③</td><td colspan="5">진 바이올렛</td></tr>
<tr><td>②</td><td colspan="5">아주 연한 바이올렛, 연 바이올렛, 스카이블루, 하이라이트</td></tr>
<tr><td>④</td><td colspan="5">진 바이올렛, 바이올렛, 스카이블루, 블루</td></tr>
<tr><td colspan="7">하이라이트, 아주 연한 바이올렛, 연 바이올렛, 진 바이올렛, 스카이블루, 블루</td></tr>
<tr><td>Select Color</td><td></td><td></td><td></td><td></td><td></td><td></td></tr>
<tr><td colspan="7">• 아주 연한 바이올렛: 산성 컬러(바이올렛) 1 : 산성 컬러(투명) 9 = 1 : 9 비율<br>• 연 바이올렛: 산성 컬러(바이올렛) 3 : 산성 컬러(투명) 7 = 3 : 7 비율<br>• 진 바이올렛: 산성 컬러(바이올렛) 9 : 산성 컬러(블랙) 1 = 9 : 1 비율<br>• 스카이블루: 산성 컬러(블루) 2 : 산성 컬러(투명) 8 = 2 : 8 비율<br>• 블루: 산성 컬러(블루) 7 : 산성 컬러(투명) 3 = 7 : 3 비율</td></tr>
<tr><td></td><td colspan="7">① 네이프는 산성 컬러(바이올렛) 9 : 산성 컬러(블랙) 1 = 9 : 1 비율로 믹스한 진 바이올렛 컬러를 도포한다.<br>② 연 바이올렛 컬러를 믹스하여 G.P까지 도포한다.<br>③ 인테리어는 모근 부분의 2cm 정도를 진 바이올렛를 도포하고 아주 연한 바이올렛 컬러와 스카이블루 컬러를 세로 섹션으로 나눠 도포한다.<br>④ 앞머리의 페이스라인은 2cm로 슬라이스하여 진 바이올렛 컬러를 도포한다.<br>⑤ T.P를 중심으로 방사선으로 빗질하여 진 바이올렛, 바이올렛, 스카이블루, 블루 컬러를 붓으로 색칠하듯 단차가 생기지 않도록 그라데이션한다.<br>⑥ 60분 정도 자연 방치 후 샴푸한다.</td></tr>
</table>

| | In-Curl/ Dry & Iron |
|---|---|
| Styling Process | ① 롤 브러시를 사용하여 디자인에 맞춰 C커브로 롤링하여 표면을 매끄럽게 드라이한다.<br>② 앞머리는 각도를 낮춰 롤 브러시의 방향을 이끌며 옆머리와 자연스럽게 연결하여 시술한다.<br>③ 전체적으로 아이론을 사용하여 모발 표면을 매끄럽게 시술한다.<br>④ 광택제와 스프레이를 사용하여 도포 후 마무리한다. |

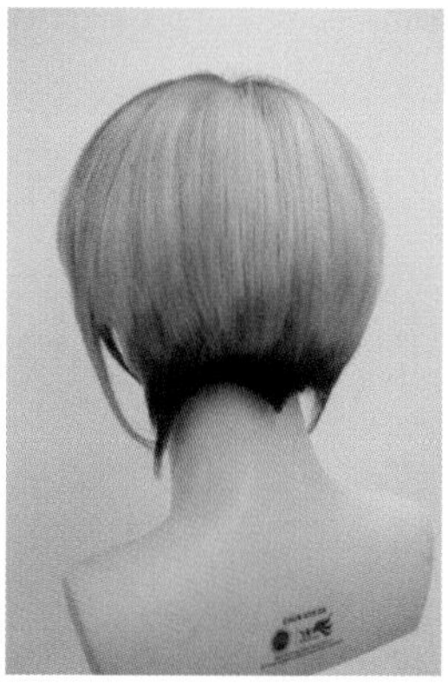

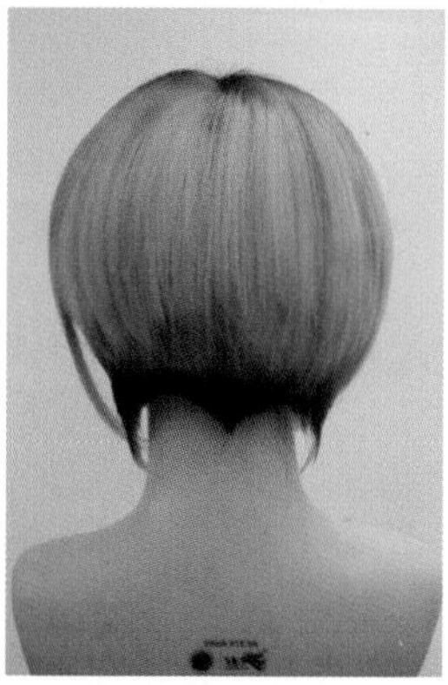

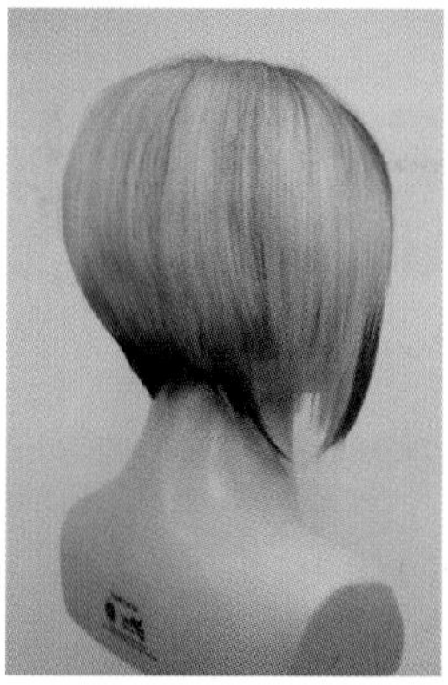

## 2. 원톤 컬러(응용)

현대 여성을 차가운 이미지의 도시적 세련미와 지적인 멋을 승화시켜 심플하게 표현하고자 하였다.
그래쥬에이션 켄백스와 컨케이브 라인의 투블럭 비대칭 커트에 원톤 컬러를 응용하였으며, 네이프는 클리퍼를 사용하여 커트 후 곡선으로 스크러치를 넣었다. 컬러는 파스텔의 스카이블루 컬러와 페이스라인은 바이올렛 컬러를 사용하여 무게감을 주어 현대적이며 하이테크적인 모던한 이미지를 표현하였다.

## 1) DESIGN CONCEPT

| 디자인의 요소 | 형태 | • 투 블럭 그래쥬에이션 커트의 비대칭 구도<br>• 두정부는 컨백스와 컨케이브 라인, 직각 분배와 변이 분배를 사용하여 좌 · 우 비대칭<br>• 네이프는 클리퍼를 사용하여 커트 후 스크러치 |
|---|---|---|
| | 질감 | • 그래쥬에이션 커트의 무거운 질감으로 혼합형<br>• 앞머리는 라운드 뱅을 시술하여 부드러움 표현 |
| | 컬러 | • 파스텔 컬러(스카이블루, 바이올렛)를 사용하여 도시적인 세련미와 모던한 이미지 표현<br>• 스크러치 부분(진 바이올렛, 바이올렛, 블루, 핑크) |

## 2) DESIGN PROCESS

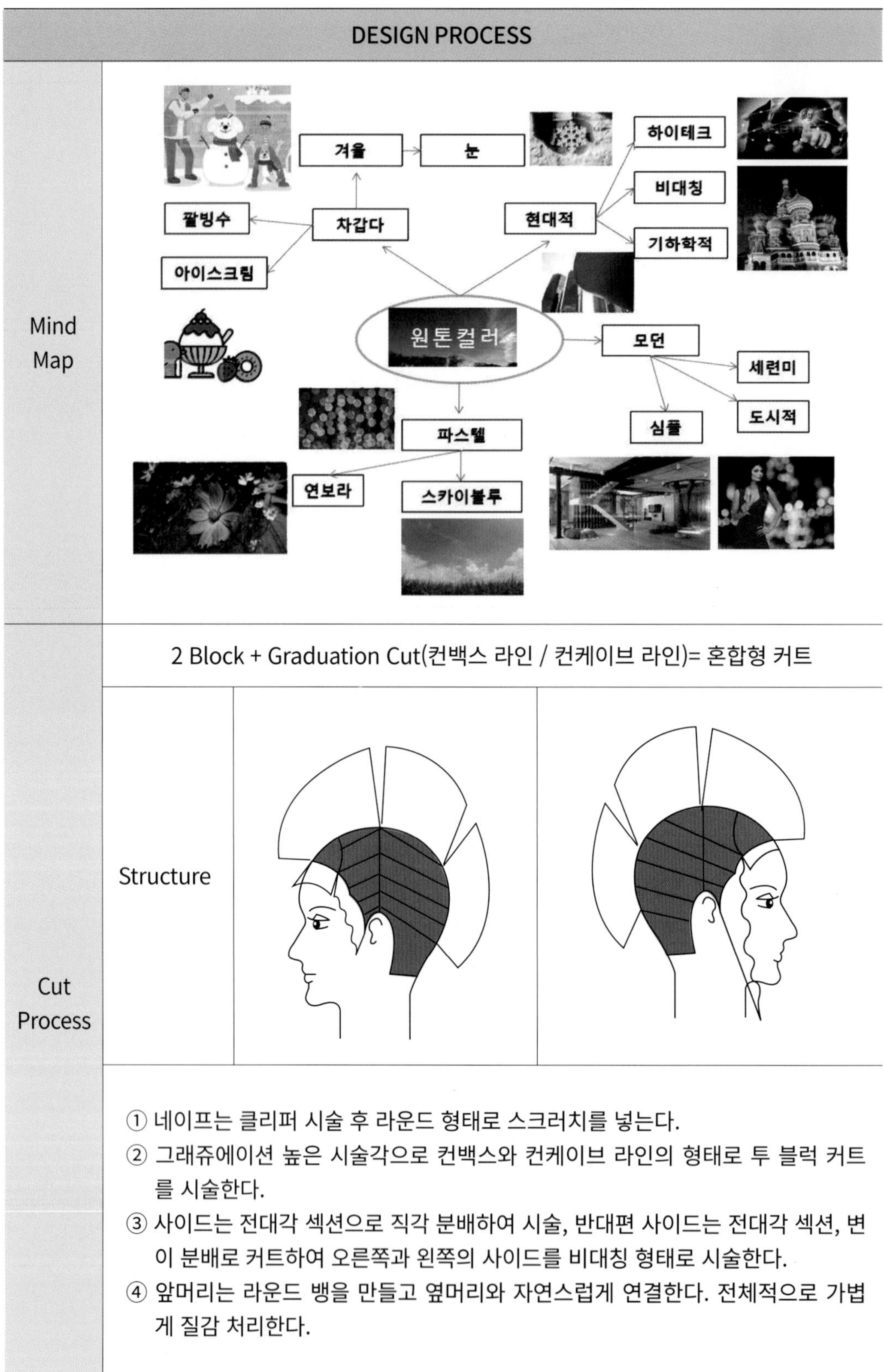

| DESIGN PROCESS | | |
|---|---|---|
| Mind Map | 원톤컬러 / 차갑다 / 겨울 / 눈 / 팥빙수 / 아이스크림 / 현대적 / 하이테크 / 비대칭 / 기하학적 / 모던 / 세련미 / 도시적 / 심플 / 파스텔 / 연보라 / 스카이블루 | |
| Cut Process | 2 Block + Graduation Cut(컨백스 라인 / 컨케이브 라인)= 혼합형 커트 | |
| | Structure | |
| | ① 네이프는 클리퍼 시술 후 라운드 형태로 스크러치를 넣는다.<br>② 그래쥬에이션 높은 시술각으로 컨백스와 컨케이브 라인의 형태로 투 블럭 커트를 시술한다.<br>③ 사이드는 전대각 섹션으로 직각 분배하여 시술, 반대편 사이드는 전대각 섹션, 변이 분배로 커트하여 오른쪽과 왼쪽의 사이드를 비대칭 형태로 시술한다.<br>④ 앞머리는 라운드 뱅을 만들고 옆머리와 자연스럽게 연결한다. 전체적으로 가볍게 질감 처리한다. | |

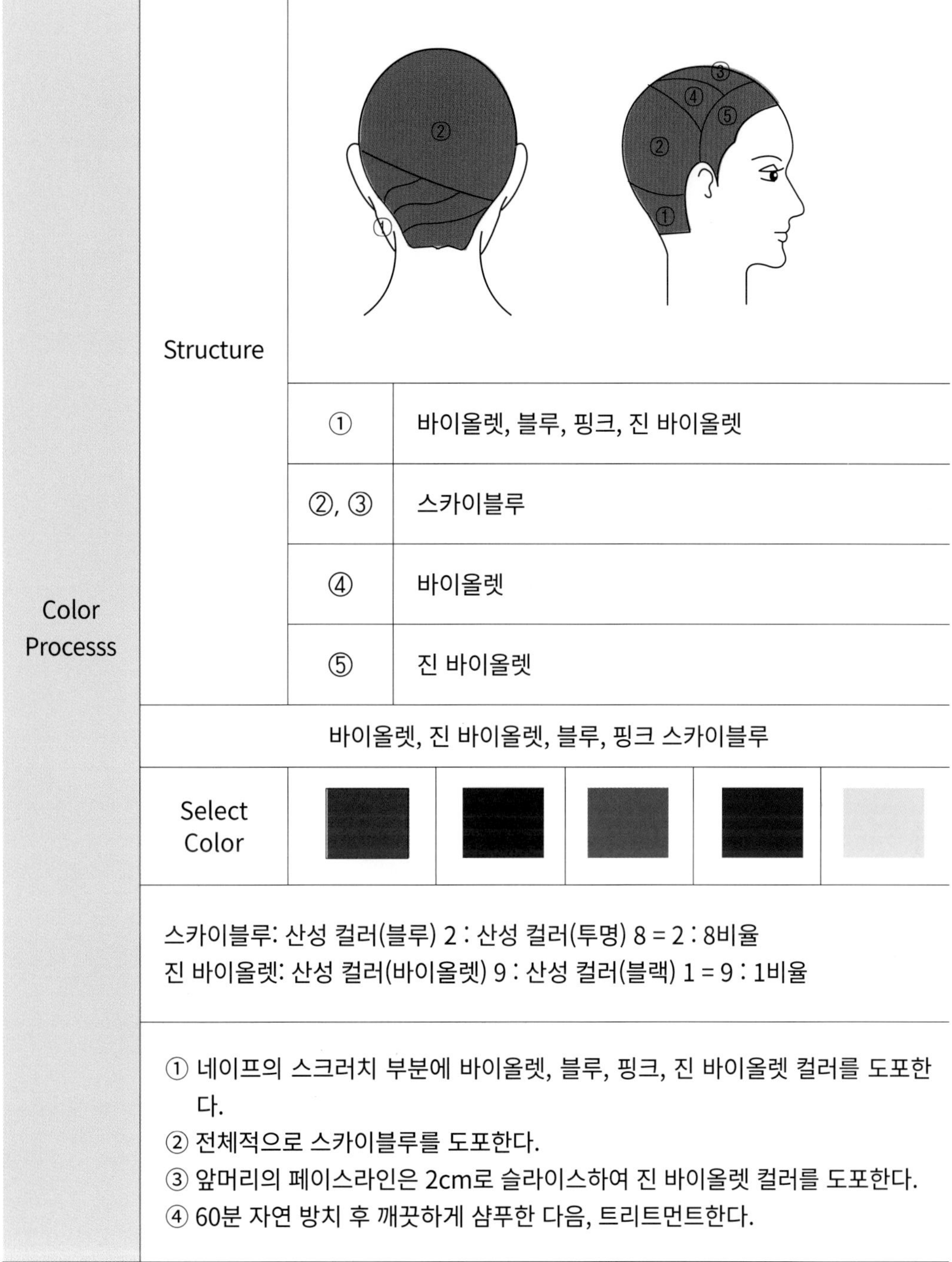


| Color Processs | | | | | | |
|---|---|---|---|---|---|---|
| Color Processs | Structure | | | | | |
| | | ① | 바이올렛, 블루, 핑크, 진 바이올렛 | | | |
| | | ②, ③ | 스카이블루 | | | |
| | | ④ | 바이올렛 | | | |
| | | ⑤ | 진 바이올렛 | | | |
| | 바이올렛, 진 바이올렛, 블루, 핑크 스카이블루 | | | | | |
| | Select Color | | | | | |
| | 스카이블루: 산성 컬러(블루) 2 : 산성 컬러(투명) 8 = 2 : 8비율<br>진 바이올렛: 산성 컬러(바이올렛) 9 : 산성 컬러(블랙) 1 = 9 : 1비율 | | | | | |
| | ① 네이프의 스크러치 부분에 바이올렛, 블루, 핑크, 진 바이올렛 컬러를 도포한다.<br>② 전체적으로 스카이블루를 도포한다.<br>③ 앞머리의 페이스라인은 2cm로 슬라이스하여 진 바이올렛 컬러를 도포한다.<br>④ 60분 자연 방치 후 깨끗하게 샴푸한 다음, 트리트먼트한다. | | | | | |

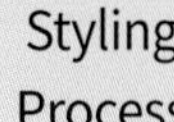

Styling Process

C-Curl + S-Curl/ Iron

| | | |
|---|---|---|
|  |  |  |
|  |  |  |
| 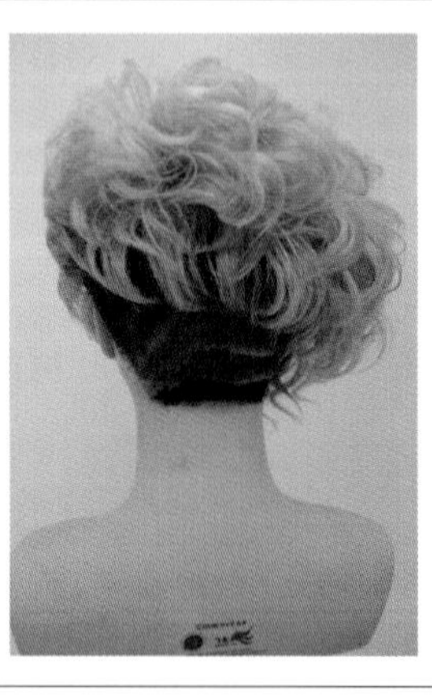 | 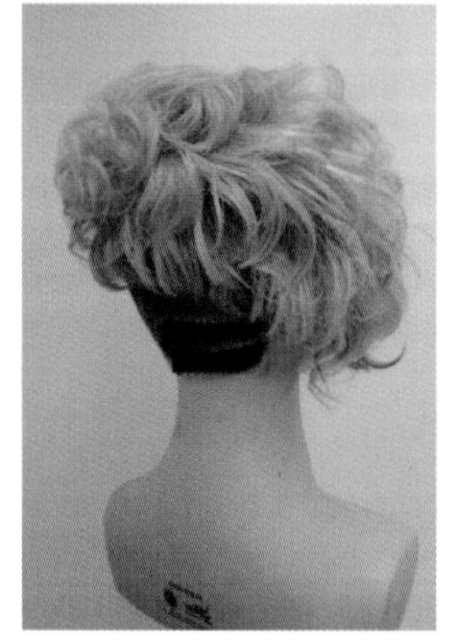 |  |

① 원형 아이론을 사용하여 디자인에 맞춰 볼륨을 넣어 시술한다.
② 전체적으로 백 부분의 짧은 모발은 C컬을 사이드의 긴 모발은 S컬을 포워드 방향으로 시술한다.
③ T.P는 모근 부분에 최대한의 볼륨을 준 다음, S컬을 만든다.
④ 사이드는 모발 길이와 디자인에 맞춰 C컬과 S컬을 만든 다음, 포워드 방향으로 아이론을 아웃시킨다.
⑤ 앞머리는 C자의 형태로 크게 반원을 그리며 각도를 낮춰 아이론을 시술한 다음, 옆머리와 자연스럽게 연결한다.
⑥ 광택제와 스프레이를 도포하여 마무리한다.

## 3. 투톤 컬러

동일계열의 컬러의 명도 변화로 세련미와 자연미의 이미지를 가질 수 있도록 하였으며, 그린 계열의 색상과 모근 부위에 어두운 컬러를 넣어 조화를 이루고 성숙된 아름다움을 표현하고자 하였다.

그래쥬에이션 컨백스라인 형태의 투 블럭 커트에 투톤 컬러로 네추럴한 이미지를 연출하였다. 네이프는 짧게 싱글링 커트를 시술하였으며, 그래쥬에이션과 레이어의 콤비네이션 커트를 시술하였다. 컬러는 모근부는 진한 브라운 컬러로 무게감을 주고 모발 중간의 베이스는 옐로우 그린과 포인트 컬러를 사용하여 자연스럽게 연결하였다.

## 1) DESIGN CONCEPT

| | | |
|---|---|---|
| 디자인의 요소 | 형태 | • 투 블럭 커트<br>• 두정부는 컨백스 라인의 그래쥬에이션과 레이어의 혼합형 커트<br>• 네이프는 클리퍼를 사용하여 커트 |
| | 질감 | • 그래쥬에이션 커트의 무거운 질감으로 혼합형<br>• 모발 끝부분을 가볍게 하기 위해 레이저 커트 시술 |
| | 컬러 | • 그린 계열 컬러 사용(아주 연한 옐로우 그린, 옐로우 그린)하여 세련미와 자연미 표현<br>• 모근 부위에 무게감을 주기 위해 브라운 컬러 사용 |

## 2) DESIGN PROCESS

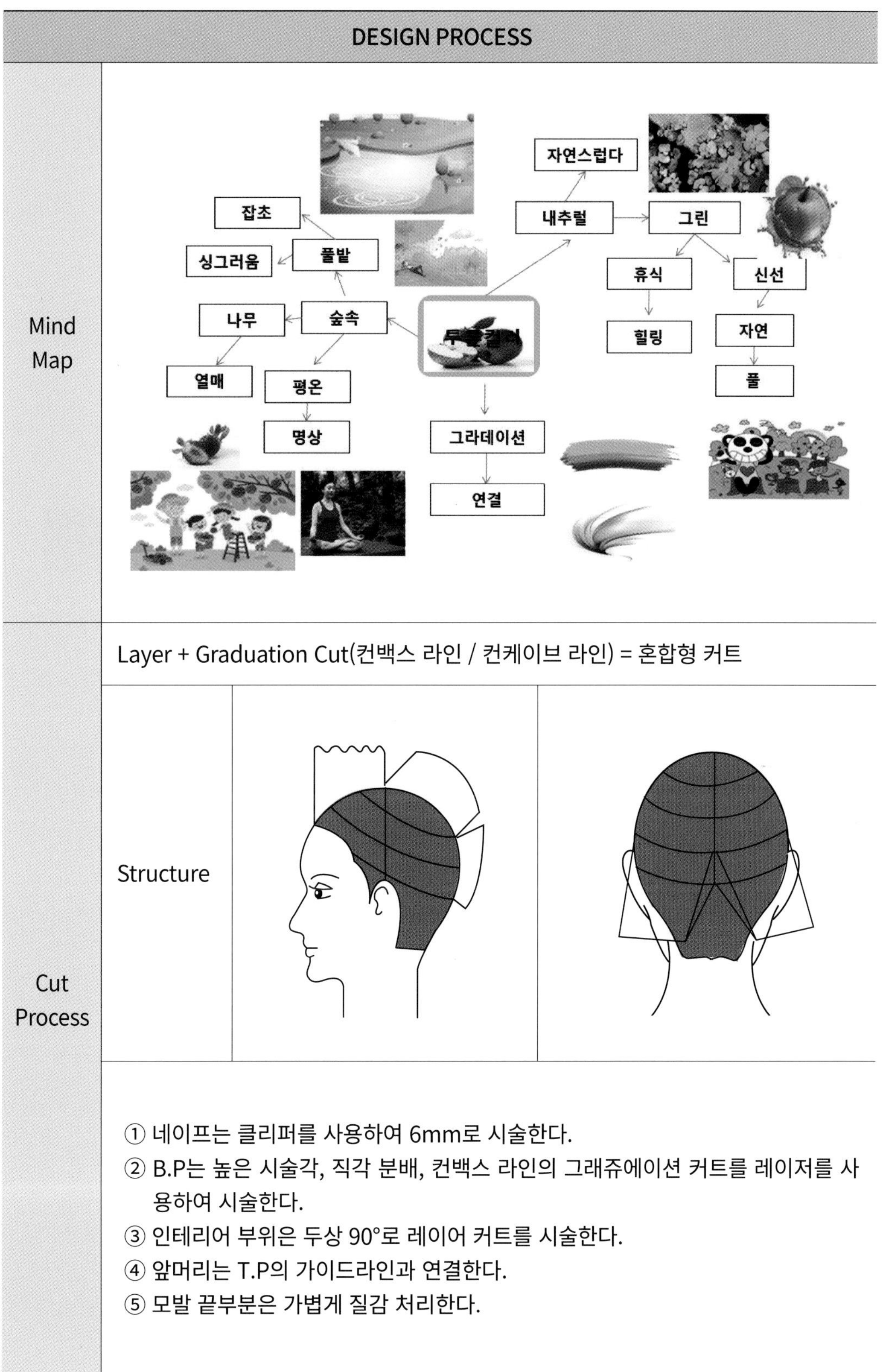


| DESIGN PROCESS | | |
|---|---|---|
| Mind Map | | |
| Cut Process | Layer + Graduation Cut(컨백스 라인 / 컨케이브 라인) = 혼합형 커트 | |
| | Structure | |
| | ① 네이프는 클리퍼를 사용하여 6mm로 시술한다.<br>② B.P는 높은 시술각, 직각 분배, 컨백스 라인의 그래쥬에이션 커트를 레이저를 사용하여 시술한다.<br>③ 인테리어 부위은 두상 90°로 레이어 커트를 시술한다.<br>④ 앞머리는 T.P의 가이드라인과 연결한다.<br>⑤ 모발 끝부분은 가볍게 질감 처리한다. | |

| | | | | | |
|---|---|---|---|---|---|
| Color Process | Structure | 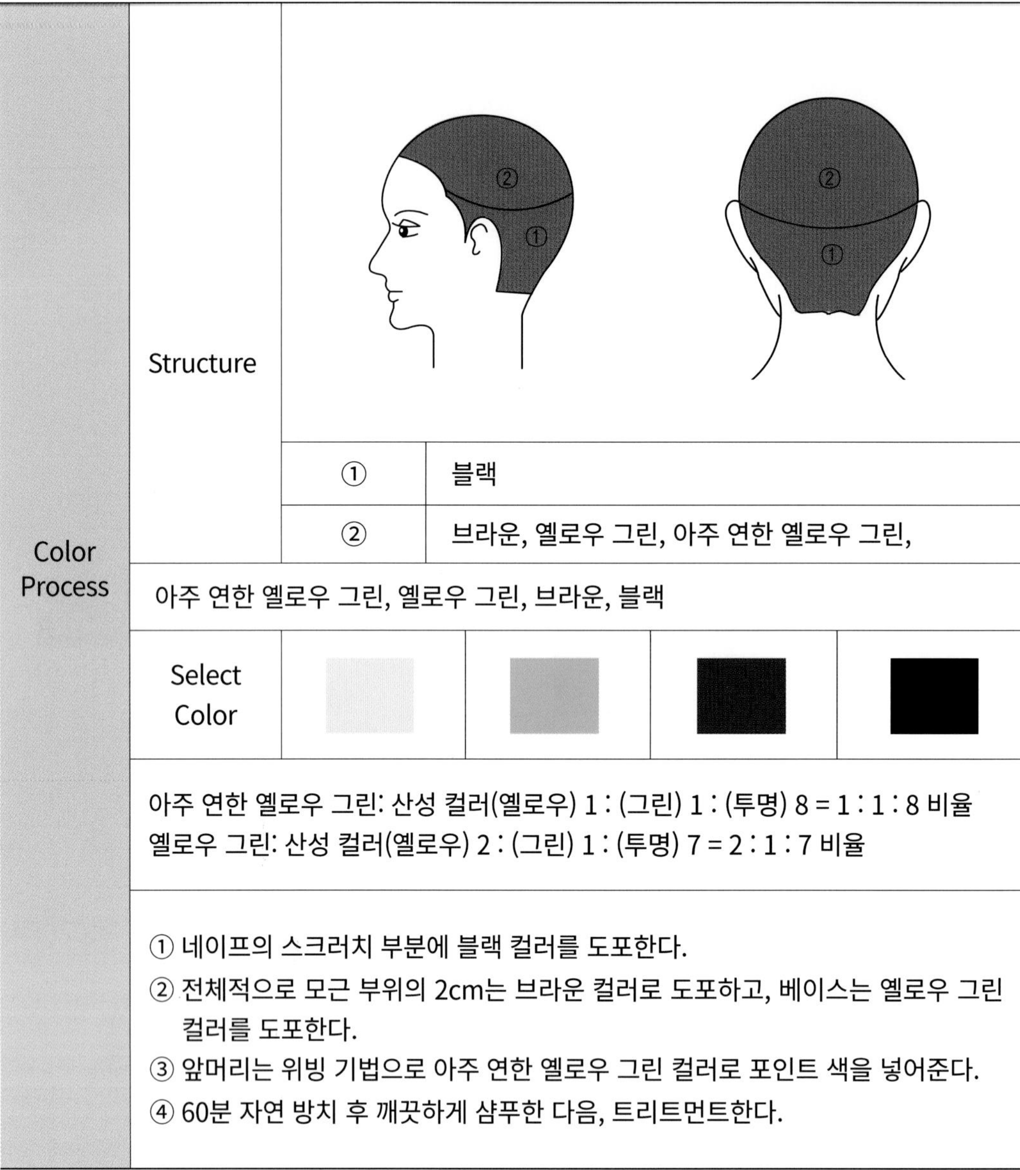 | | | |
| | | ① | 블랙 | | |
| | | ② | 브라운, 옐로우 그린, 아주 연한 옐로우 그린, | | |
| | 아주 연한 옐로우 그린, 옐로우 그린, 브라운, 블랙 | | | | |
| | Select Color | | | | |
| | 아주 연한 옐로우 그린: 산성 컬러(옐로우) 1 : (그린) 1 : (투명) 8 = 1 : 1 : 8 비율<br>옐로우 그린: 산성 컬러(옐로우) 2 : (그린) 1 : (투명) 7 = 2 : 1 : 7 비율 | | | | |
| | ① 네이프의 스크러치 부분에 블랙 컬러를 도포한다.<br>② 전체적으로 모근 부위의 2cm는 브라운 컬러로 도포하고, 베이스는 옐로우 그린 컬러를 도포한다.<br>③ 앞머리는 위빙 기법으로 아주 연한 옐로우 그린 컬러로 포인트 색을 넣어준다.<br>④ 60분 자연 방치 후 깨끗하게 샴푸한 다음, 트리트먼트한다. | | | | |

<table>
<tr><td rowspan="5">Styling Process</td><td colspan="3">C-Curl + 아웃-Curl/ Dry & Iron</td></tr>
<tr><td></td><td></td><td></td></tr>
<tr><td></td><td></td><td></td></tr>
<tr><td></td><td></td><td></td></tr>
<tr><td colspan="3">① 드라이를 사용하여 디자인에 맞춰 볼륨을 넣어 시술한다.<br>② 볼륨 아이론으로 전체적으로 모발 끝부분은 아웃 컬과 C컬을 혼합하여 웨이브의 흐름에 맞춰 디자인한다.<br>③ 앞머리는 사선으로 섹션을 나눠 드라이 시술을 한 후, 왁스를 사용하여 스타일을 만든다.<br>④ 광택제와 스프레이를 사용하여 마무리한다.</td></tr>
</table>

## 4. 옴브레 발레아주 컬러

신비함을 내포하고 있으며 여성스럽고 우아한 속성을 가지는 바이올렛 컬러와 블루의 컬러의 그라데이션을 통해 원숙미와 세련미를 표현하고자 하였다.
그래쥬에이션 켄백스 라인과 켄케이브 라인의 비대칭 커트에  옴브레 발레아주 컬러 기법으로 세련된 느낌을 연출하였다. 네이프는 클리퍼로 커트 후 사선으로 스크러치를 넣었으며, 컬러는 블루 계열과 바이올렛 계열의 컬러를 사용하여 가닥가닥 그라데이션으로 차분하고 신선한 이미지를 표현하였다. 페이스라인은 둥근 라운드 뱅을 무겁게 하여 무게감을 주었다.

## 1) DESIGN CONCEPT

| | | |
|---|---|---|
| 디자인의 요소 | 형태 | • 투 블럭 커트<br>• 두정부를 기준으로 컨백스 라인과 컨케이브 라인의 비대칭 커트<br>• 네이프는 클리퍼를 사용하여 커트 후 스크러치 시술 |
| | 질감 | • 그래쥬에이션 커트의 무거운 질감으로 혼합형<br>• 모발 끝부분을 가볍게 질감 처리 |
| | 컬러 | • 블루 계열 컬러 사용(아주 연한 스카이블루, 스카이블루)<br>• 모근 부위에 무게감을 표현하기 위해 연 바이올렛 컬러 사용하여 원숙미와 세련미 표현 |

## 2) DESIGN PROCESS

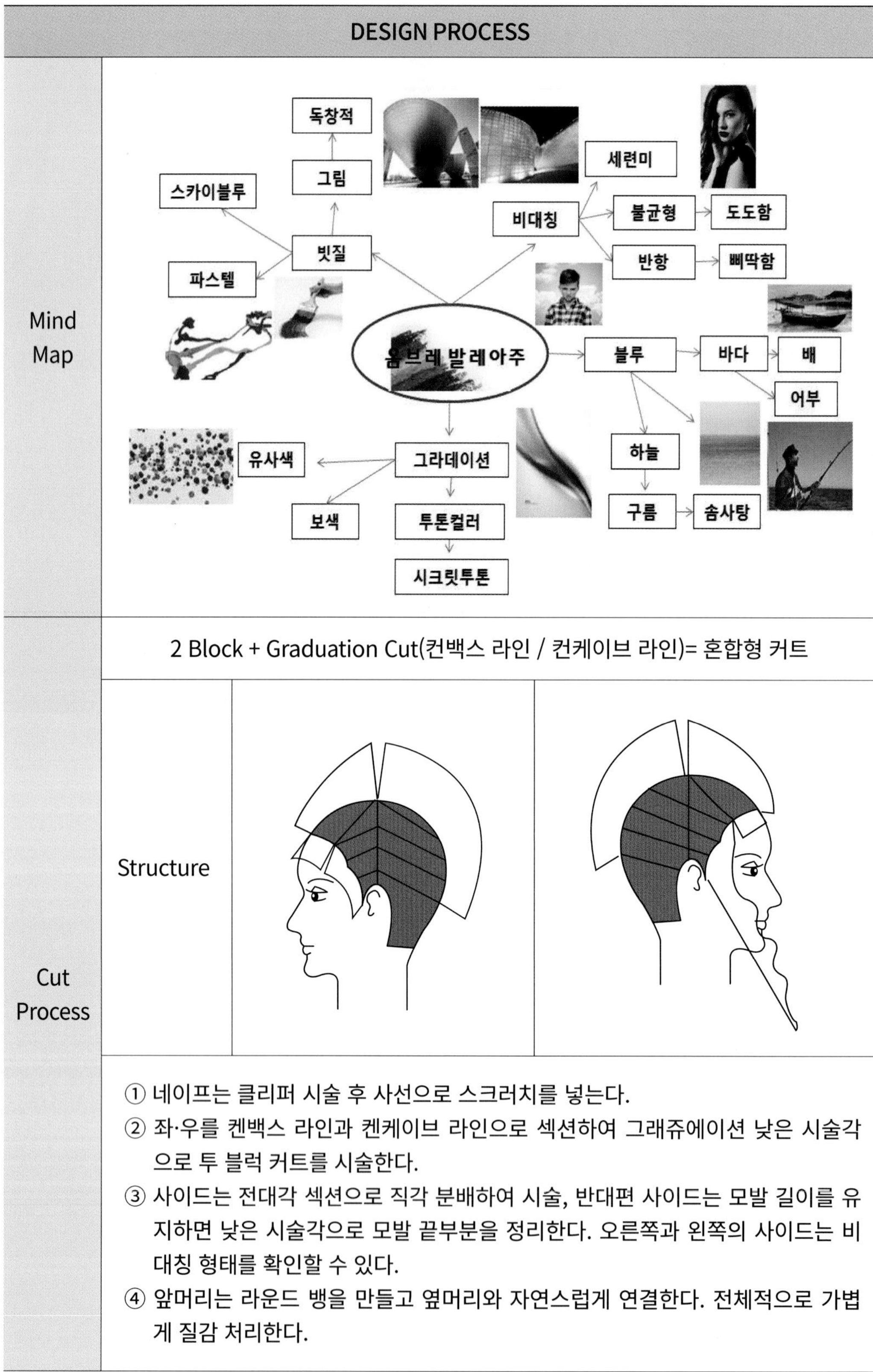

<table>
<tr><th colspan="3">DESIGN PROCESS</th></tr>
<tr><td>Mind Map</td><td colspan="2">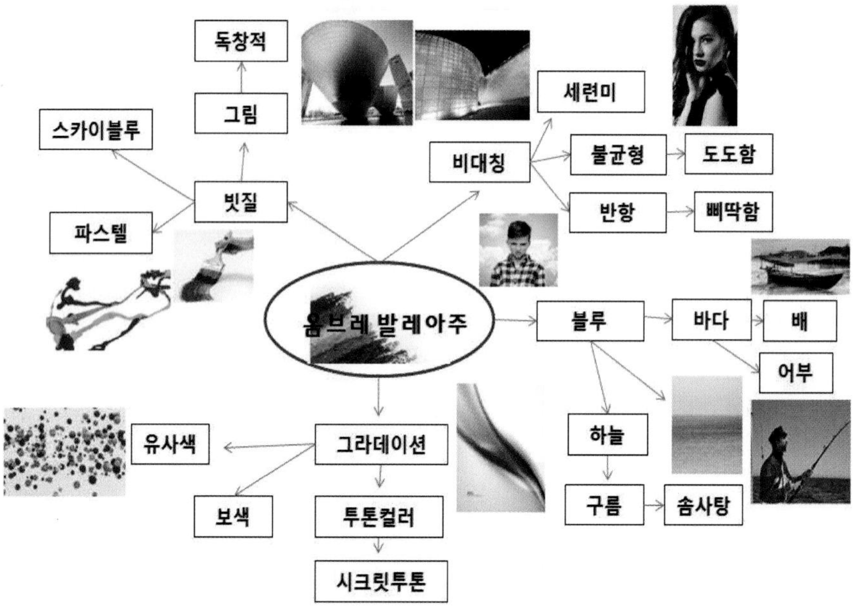
</td></tr>
<tr><td rowspan="3">Cut Process</td><td colspan="2">2 Block + Graduation Cut(컨백스 라인 / 컨케이브 라인)= 혼합형 커트</td></tr>
<tr><td>Structure</td><td>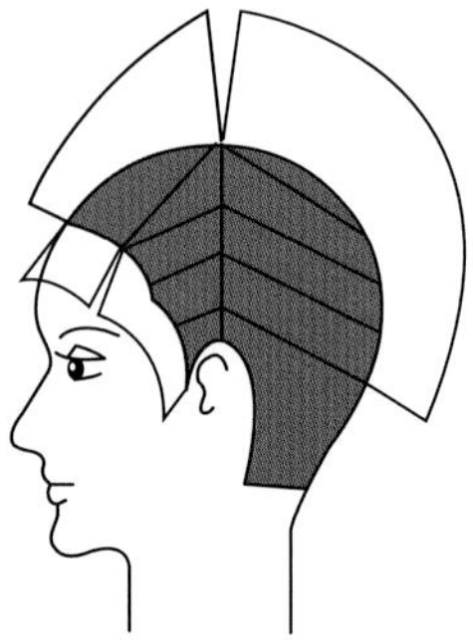 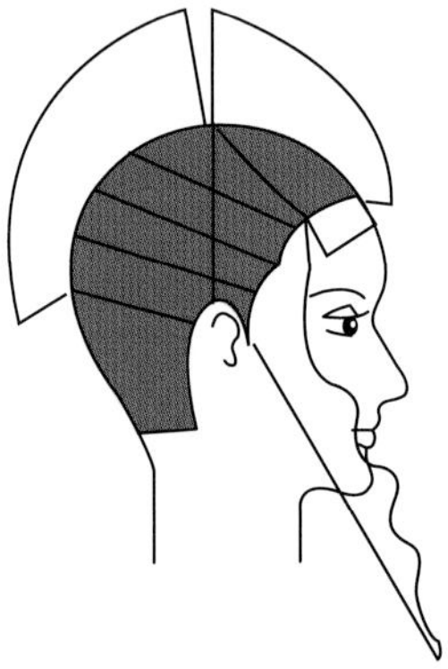</td></tr>
<tr><td colspan="2">① 네이프는 클리퍼 시술 후 사선으로 스크러치를 넣는다.<br>② 좌·우를 켄백스 라인과 켄케이브 라인으로 섹션하여 그래쥬에이션 낮은 시술각으로 투 블럭 커트를 시술한다.<br>③ 사이드는 전대각 섹션으로 직각 분배하여 시술, 반대편 사이드는 모발 길이를 유지하면 낮은 시술각으로 모발 끝부분을 정리한다. 오른쪽과 왼쪽의 사이드는 비대칭 형태를 확인할 수 있다.<br>④ 앞머리는 라운드 뱅을 만들고 옆머리와 자연스럽게 연결한다. 전체적으로 가볍게 질감 처리한다.</td></tr>
</table>

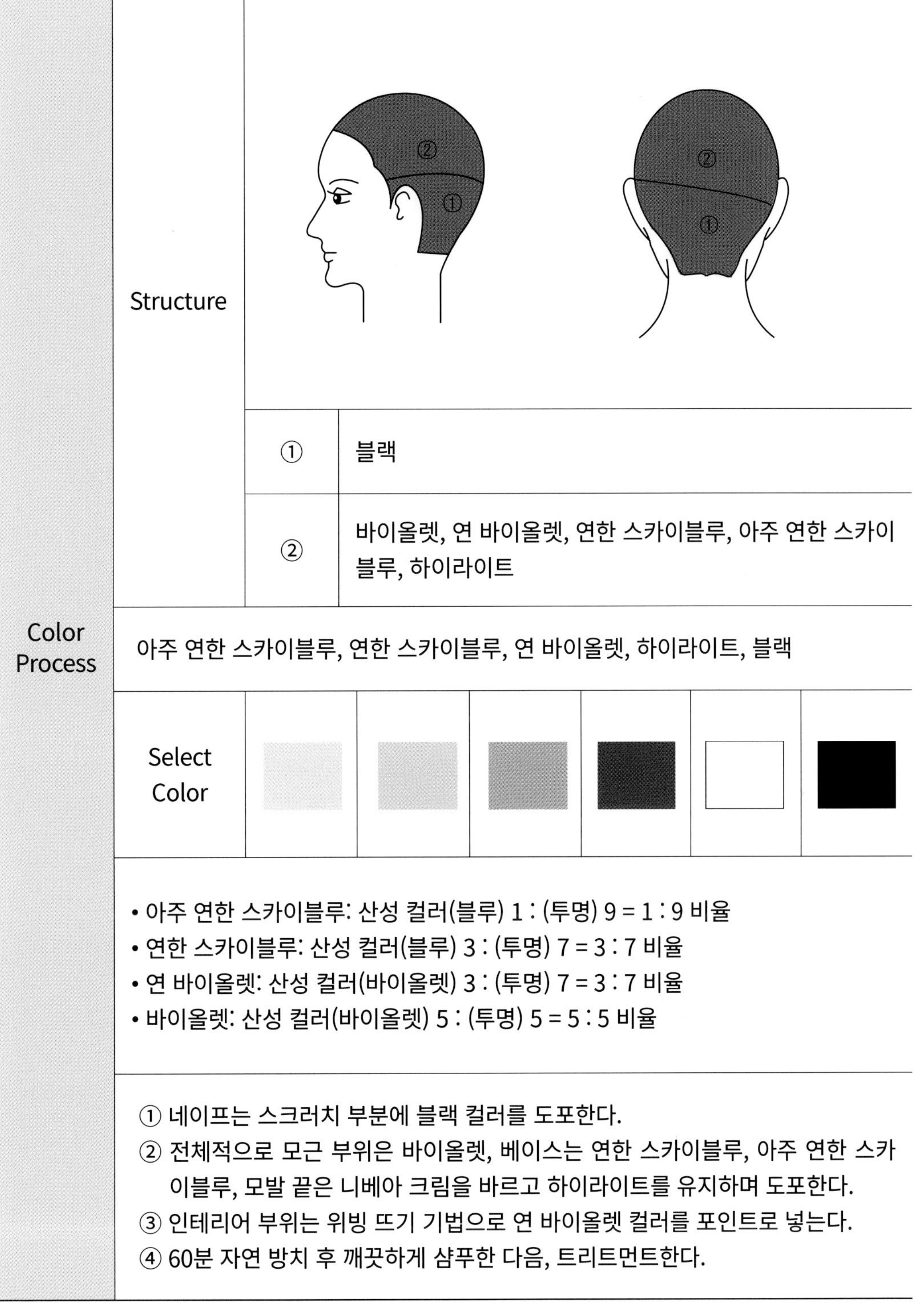

| | | | |
|---|---|---|---|
| Color Process | Structure | (diagram: ② / ①) | |
| | | ① | 블랙 |
| | | ② | 바이올렛, 연 바이올렛, 연한 스카이블루, 아주 연한 스카이블루, 하이라이트 |
| | 아주 연한 스카이블루, 연한 스카이블루, 연 바이올렛, 하이라이트, 블랙 | | |
| | Select Color | (color swatches) | |
| | • 아주 연한 스카이블루: 산성 컬러(블루) 1 : (투명) 9 = 1 : 9 비율<br>• 연한 스카이블루: 산성 컬러(블루) 3 : (투명) 7 = 3 : 7 비율<br>• 연 바이올렛: 산성 컬러(바이올렛) 3 : (투명) 7 = 3 : 7 비율<br>• 바이올렛: 산성 컬러(바이올렛) 5 : (투명) 5 = 5 : 5 비율 | | |
| | ① 네이프는 스크러치 부분에 블랙 컬러를 도포한다.<br>② 전체적으로 모근 부위은 바이올렛, 베이스는 연한 스카이블루, 아주 연한 스카이블루, 모발 끝은 니베아 크림을 바르고 하이라이트를 유지하며 도포한다.<br>③ 인테리어 부위는 위빙 뜨기 기법으로 연 바이올렛 컬러를 포인트로 넣는다.<br>④ 60분 자연 방치 후 깨끗하게 샴푸한 다음, 트리트먼트한다. | | |

<table>
<tr><td rowspan="5">Styling Process</td><td colspan="3">C-Curl + S-Curl/ Dry, Iron</td></tr>
<tr><td></td><td></td><td></td></tr>
<tr><td>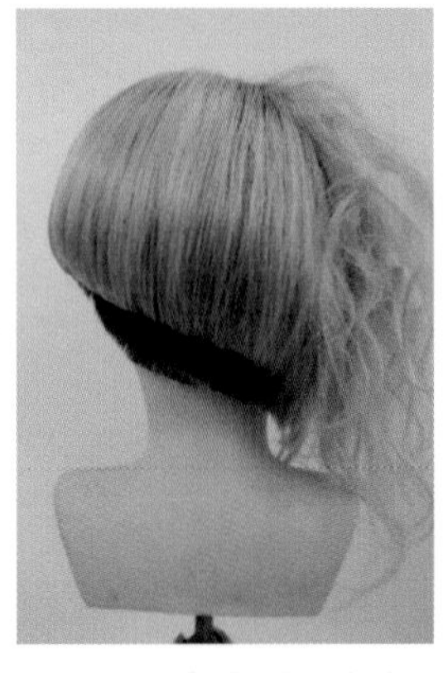</td><td></td><td>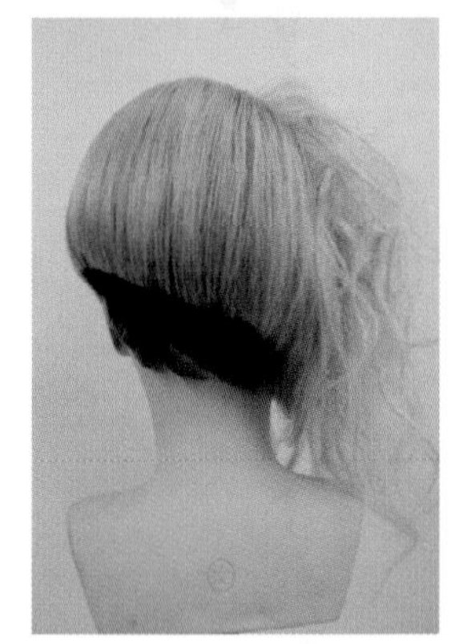</td></tr>
<tr><td>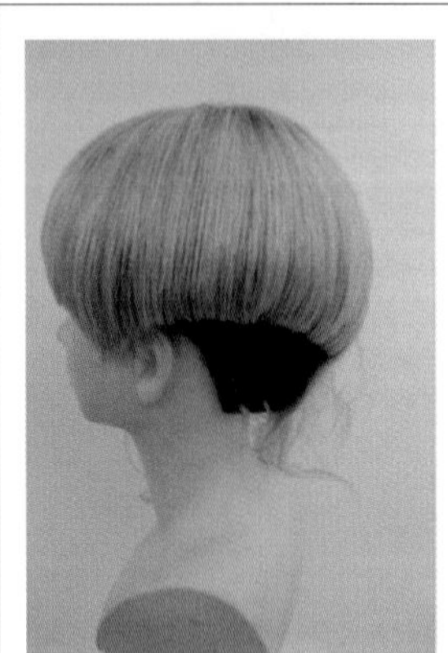</td><td></td><td></td></tr>
<tr><td colspan="3">① 블로우 드라이로 전체적으로 디자인에 맞춰 볼륨을 넣어 시술한다.<br>② 드라이어로 백 부분과 사이드는 모근 부위에서 볼륨을 넣어 C자의 형태로 반원을 그리면서 롤링하여 시술한다. 반대편 사이드의 긴 모빌은 원형 아이론을 사용하여 S컬을 시술한다.<br>③ 앞머리는 C자의 형태로 크게 반원을 그리며 각도를 낮춰 드라이로 시술한다.<br>④ 전체적으로 광택제와 스프레이를 분사하여 마무리한다.</td></tr>
</table>

## 5. 그라데이션 컬러(응용)

꿈과 낭만을 갖는 미의식으로 완숙한 아름다움보다는 꿈을 좇는 여성스러운 이미지인 귀엽고 사랑스러운 여성을 표현하고자 하였다.
레이어와 그래쥬에이션 컨백스 라인의 혼합형 커트에 그라데이션 컬러 기법으로 발랄하고 상큼한 헤어스타일을 표현하였다. 백 부분 아래는 레이어 커트를 시술하여 가볍게 질감 처리하였으며, 인테리어는 그래쥬에이션 높은 시술각과 레이어커트로 액티베이트한 질감 처리를 하였다. 컬러는 베이스에 옐로우 컬러를 도포하고 모발 끝부분은 가닥가닥 포인트 컬러를 도포하여 사랑스럽고 달콤한 이미지를 표현하였다.

## 1) DESIGN CONCEPT

| | | |
|---|---|---|
| 디자인의 요소 | 형태 | • 네이프는 인크리스레이어 커트, B.P 부위는 그래쥬에이션 커트와 유니폼레이어의 혼합형 커트 |
| | 질감 | • 레이어와 그래쥬에이션 커트의 혼합형<br>• 전체적으로 액티베이트한 질감으로 발랄함 표현 |
| | 컬러 | • 전체적으로 연한 옐로우 컬러를 사용<br>• 포인트 컬러로 오렌지, 민트, 바이올렛, 핑크를 사용하여 사랑스럽고 달콤한 이미지 표현 |

## 2) DESIGN PROCESS

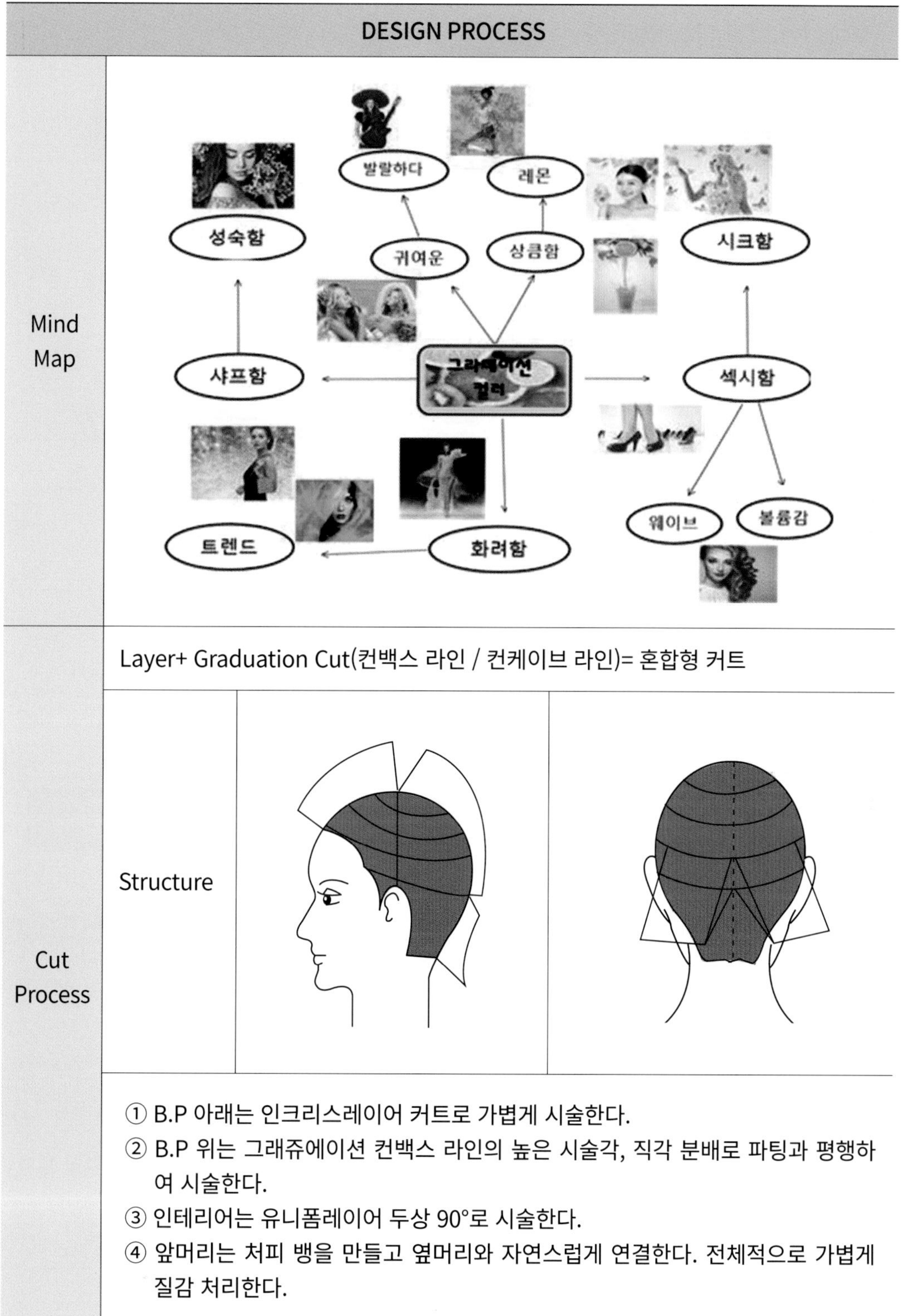

| DESIGN PROCESS | | |
|---|---|---|
| Mind Map |  | |
| Cut Process | Layer+ Graduation Cut(컨백스 라인 / 컨케이브 라인)= 혼합형 커트 | |
| | Structure | 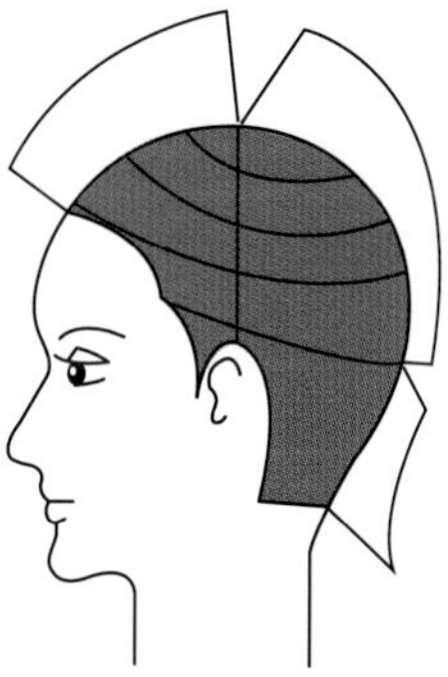 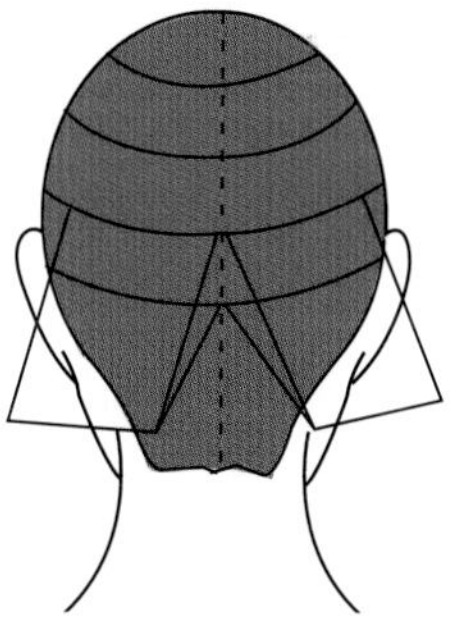 |
| | ① B.P 아래는 인크리스레이어 커트로 가볍게 시술한다.<br>② B.P 위는 그래쥬에이션 컨백스 라인의 높은 시술각, 직각 분배로 파팅과 평행하여 시술한다.<br>③ 인테리어는 유니폼레이어 두상 90°로 시술한다.<br>④ 앞머리는 처피 뱅을 만들고 옆머리와 자연스럽게 연결한다. 전체적으로 가볍게 질감 처리한다. | |

<table>
<tr><td rowspan="10">Color Process</td><td rowspan="7">Structure</td><td colspan="5"> 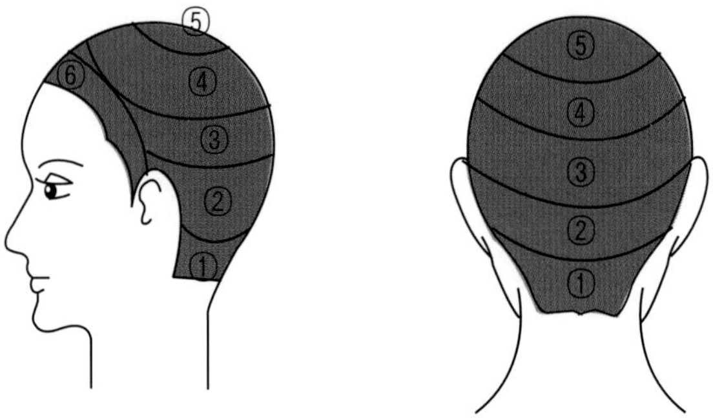</td></tr>
<tr><td>①</td><td colspan="4">연 옐로우,</td></tr>
<tr><td>②</td><td colspan="4">연 옐로우, 민트</td></tr>
<tr><td>③</td><td colspan="4">연 옐로우, 연 바이올렛</td></tr>
<tr><td>④</td><td colspan="4">연 옐로우, 연 핑크</td></tr>
<tr><td>⑤</td><td colspan="4">연 옐로우, 연 오렌지</td></tr>
<tr><td>⑥</td><td colspan="4">연 옐로우, 민트, 연 바이올렛, 연 핑크, 연 오렌지</td></tr>
<tr><td colspan="6">연엘로우, 연 바이올렛, 연 오렌지, 연 핑크, 민트</td></tr>
<tr><td>Select Color</td><td></td><td></td><td></td><td></td><td></td></tr>
<tr><td colspan="6">• 연 옐로우: 산성 컬러(옐로우) 3 : 산성 컬러(투명) 7 = 3 : 7 비율<br>• 민트: 산성 컬러(그린) 1 : 산성 컬러(투명) 9 = 1 : 9비율<br>• 연 바이올렛: 산성 컬러(바이올렛) 3 : 산성 컬러(투명) 7 = 3 : 7 비율<br>• 연 오렌지: 산성 컬러(오렌지) 3 : 산성 컬러(투명) 7 = 3 : 7 비율<br>• 연 핑크: 산성 컬러(핑크) 3 : 산성 컬러(투명) 7 = 3:7 비율</td></tr>
<tr><td></td><td colspan="6">① 전체적으로 모근 부위에서 5cm를 연 옐로우 컬러로 도포한다.<br>② 포인트 컬러로 민트, 연 바이올렛, 연 핑크, 연 오렌지 컬러를 지그재그로 도포한다.<br>③ 60분 정도 자연 방치 후 깨끗하게 샴푸한 다음, 트리트먼트한다.</td></tr>
</table>

<table>
<tr><td rowspan="5">Styling Process</td><td colspan="3">C-Curl + S-Curl/ Dry</td></tr>
<tr><td> </td><td> </td><td> </td></tr>
<tr><td> </td><td> </td><td> 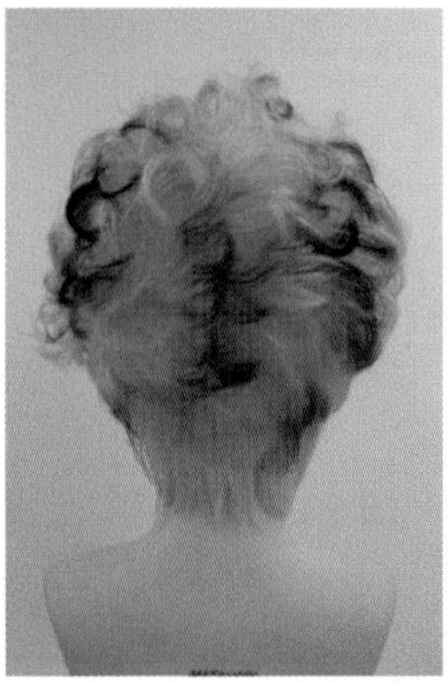</td></tr>
<tr><td> </td><td> </td><td> </td></tr>
<tr><td colspan="3">① 블로우 드라이로 전체적으로 디자인에 맞춰 볼륨을 넣어 시술한다.<br>② 백 부분과 사이드는 모근 부위에서 볼륨을 넣어 C자의 형태로 반원을 그리면서 롤링하여 시술한다. 반대편 사이드의 긴 모발은 작을 롤을 사용하여 S컬 웨이브를 만든다.<br>③ 앞머리는 옆머리와 자연스럽게 연결한다.<br>④ 전체적으로 광택제와 스프레이를 분사하여 마무리한다.</td></tr>
</table>

## 6. 옴브레 발레아주 컬러(응용)

펑크 스타일은 20세기 패션사에서 모즈, 히피와 더불어 하위문화로 기록되고 있으며, 특히 파격적이고 공격인 외모 장식으로 가장 강한 이미지를 표현하고 있다.
개인주의 성향이 강한 현대인의 모습을 입체적인 컬러인 옴브레 발레아주 기법을 사용하였으며, 바이올렛과 핑크 컬러를 사용하여 역동적인 이미지를 표현하였다. 앞머리는 보색 컬러인 블루와 옐로우 컬러를 사용하여 열정적이고 강한 현대적인 모습을 연출하였다.

## 1) DESIGN CONCEPT

<table>
<tr><td rowspan="3">디자인의<br>요소</td><td>형태</td><td>• 전체적인 타원형의 구도<br>• 베이스 영역과 매쉬 영역으로 나뉨<br>• 크게 펼쳐진 매쉬로 펑크족의 닭 볏형의 헤어스타일 표현</td></tr>
<tr><td>질감</td><td>• 유니폼레이어와 인크리스레이어 커트의 혼합형<br>• 모발 끝부분을 가볍게 연출하기 위해 레이저를 사용</td></tr>
<tr><td>컬러</td><td>• 핑크와 바이올렛 컬러를 사용<br>• 포인트 컬러로 블루, 옐로우 컬러 사용으로 역동적인 이미지 표현</td></tr>
</table>

## 2) DESIGN PROCESS

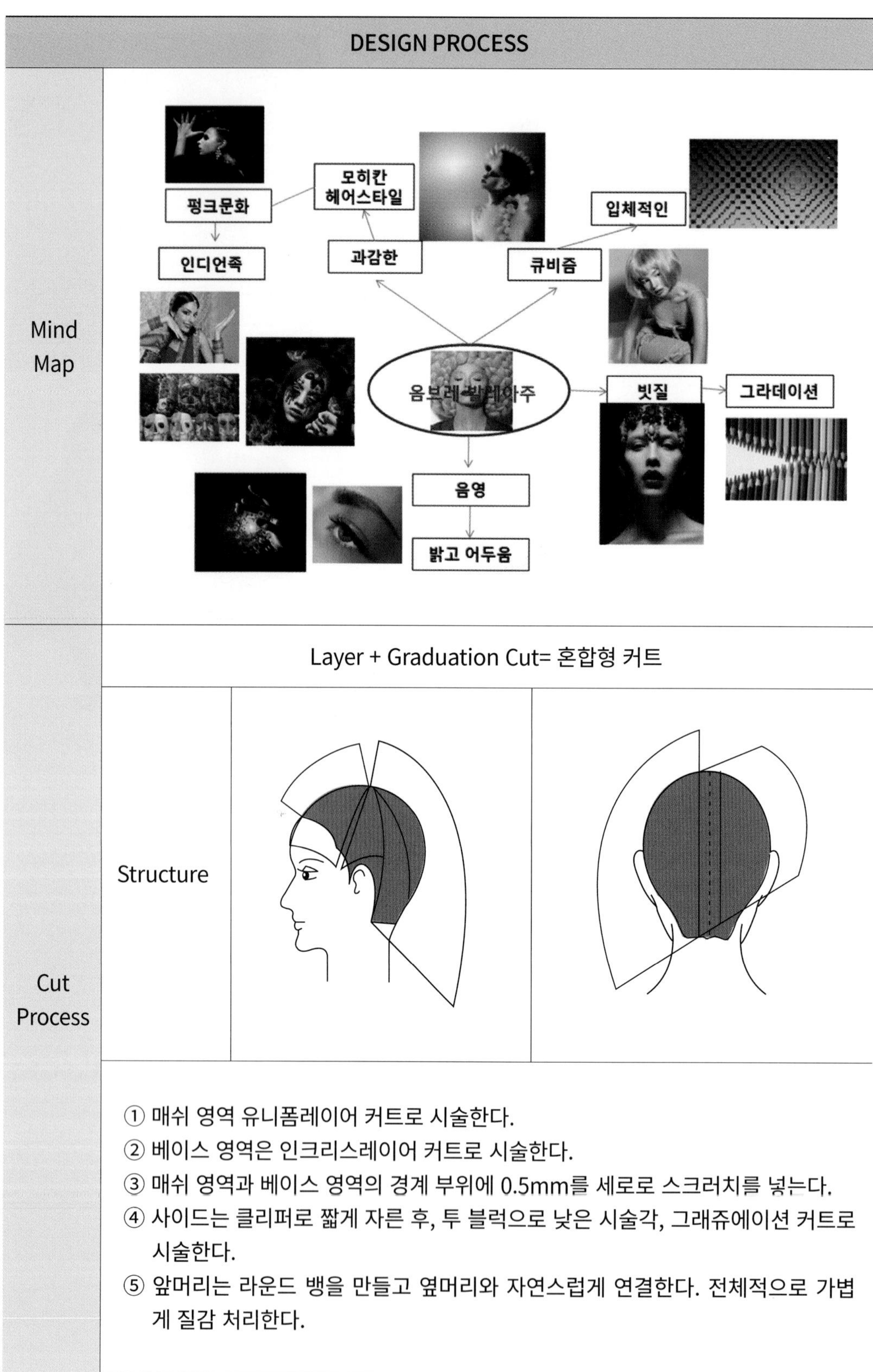

| DESIGN PROCESS | | |
|---|---|---|
| Mind Map | 펑크문화<br>인디언족<br>모히칸 헤어스타일<br>과감한<br>입체적인<br>큐비즘<br>옴브레 발레아주<br>빗질<br>그라데이션<br>음영<br>밝고 어두움 | |
| Cut Process | Layer + Graduation Cut= 혼합형 커트 | |
| | Structure | |
| | ① 매쉬 영역 유니폼레이어 커트로 시술한다.<br>② 베이스 영역은 인크리스레이어 커트로 시술한다.<br>③ 매쉬 영역과 베이스 영역의 경계 부위에 0.5mm를 세로로 스크러치를 넣는다.<br>④ 사이드는 클리퍼로 짧게 자른 후, 투 블럭으로 낮은 시술각, 그래쥬에이션 커트로 시술한다.<br>⑤ 앞머리는 라운드 뱅을 만들고 옆머리와 자연스럽게 연결한다. 전체적으로 가볍게 질감 처리한다. | |

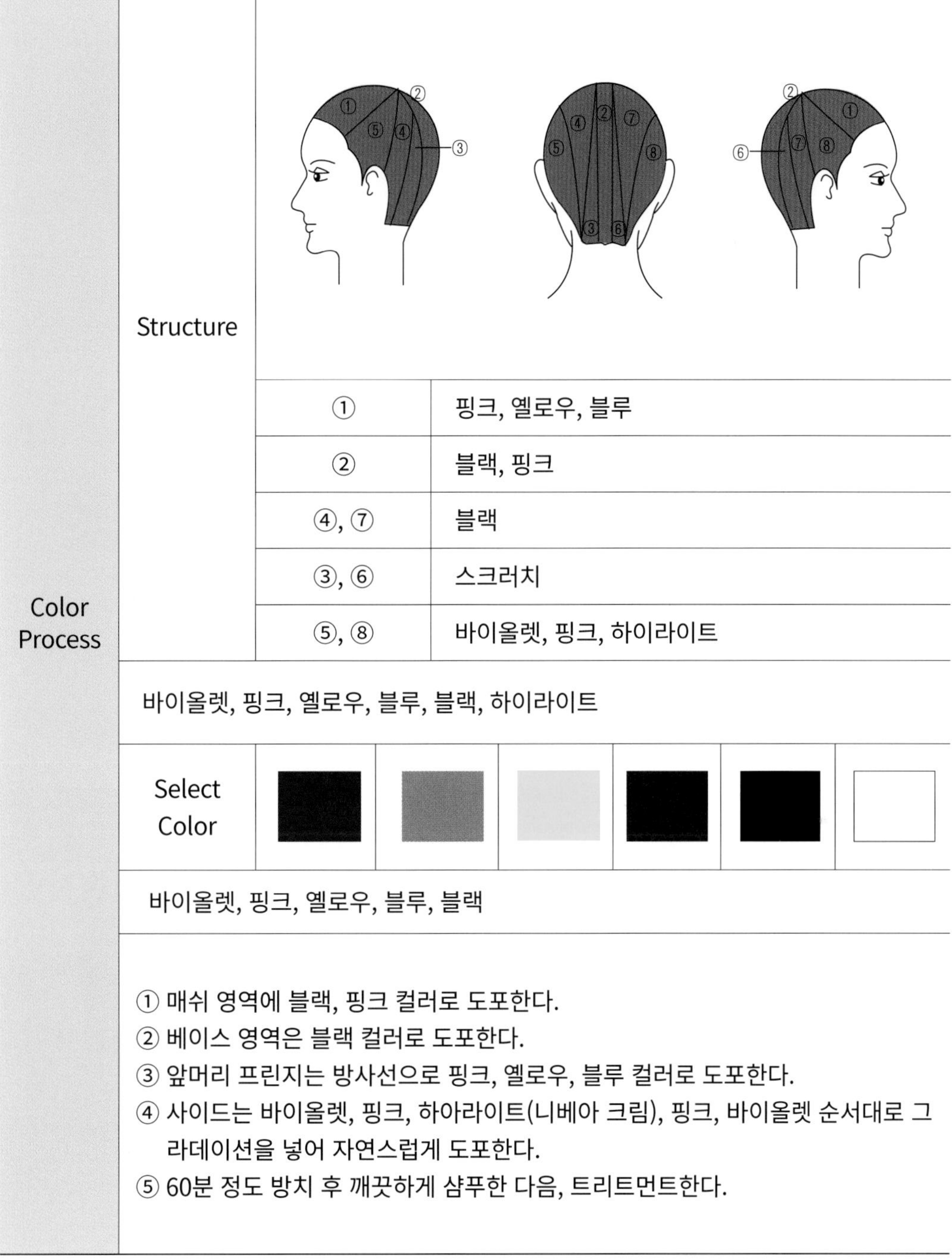

| Color Process | | |
|---|---|---|
| Structure | ① | 핑크, 옐로우, 블루 |
| | ② | 블랙, 핑크 |
| | ④, ⑦ | 블랙 |
| | ③, ⑥ | 스크러치 |
| | ⑤, ⑧ | 바이올렛, 핑크, 하이라이트 |
| 바이올렛, 핑크, 옐로우, 블루, 블랙, 하이라이트 | | |
| Select Color | | |
| 바이올렛, 핑크, 옐로우, 블루, 블랙 | | |
| ① 매쉬 영역에 블랙, 핑크 컬러로 도포한다.<br>② 베이스 영역은 블랙 컬러로 도포한다.<br>③ 앞머리 프린지는 방사선으로 핑크, 옐로우, 블루 컬러로 도포한다.<br>④ 사이드는 바이올렛, 핑크, 하아라이트(니베아 크림), 핑크, 바이올렛 순서대로 그라데이션을 넣어 자연스럽게 도포한다.<br>⑤ 60분 정도 방치 후 깨끗하게 샴푸한 다음, 트리트먼트한다. | | |

<table>
<tr><td rowspan="5">Styling Process</td><td colspan="3">C-Curl + S-Curl/ Dry, Iron</td></tr>
<tr><td></td><td></td><td></td></tr>
<tr><td></td><td></td><td></td></tr>
<tr><td></td><td></td><td></td></tr>
<tr><td colspan="3">① 양면 브러시로 디자인에 맞춰 C커브로 몰딩하여 표면을 매끄럽게 한다.<br>② 매쉬 영역은 패널을 넓게 펼쳐 스프레이를 도포하고 플랫 아이론으로 고정한 다음, 골빗을 사용하여 모발 끝부분을 가닥가닥 날렵한 느낌으로 표현한다.<br>③ 베이스 영역과 사이드는 모근 부위에서 볼륨을 넣어 C자의 형태로 반원을 그리면서 롤링하여 시술한다.<br>④ 광택제와 스프레이를 도포하여 마무리한다.</td></tr>
</table>

# 7. 그라데이션 컬러(응용)

현대인들은 평범한 것과 통속인 것을 사실적으로 거부한다. 기하학인 선과 면을 복잡하게 연결하고 강렬한 컬러 대비로 포인트를 주었다.
레이어와 그래쥬에이션 혼합형 커트 후 그라데이션 컬러 비법을 응용하여 독창적이고 화려한 이미지를 표현하였다. 컬러는 유사 계열을 사용하여 부드럽고 온화한 느낌인 반면, 페이스라인에 다크 레드 컬러를 사용하여 무게감을 주어 조직화된 틀과 규제 속에서도 자유를 갈망하는 현대인들의 이미지를 표현하였다.

## 1) DESIGN CONCEPT

<table>
<tr><td rowspan="3">디자인의 요소</td><td>형태</td><td>• 전체적인 비대칭 타원형의 구도<br>• 네이프는 인크리스레이어 커트, B.P 부위는 그래쥬에이션 커트의 혼합형 커트</td></tr>
<tr><td>질감</td><td>• 전체적으로 무거운 질감<br>• T.P에 액티베이트한 질감으로 발랄함 표현</td></tr>
<tr><td>컬러</td><td>• 전체적으로 레드, 옐로우 컬러를 사용<br>• 포인트 컬러로 바이올렛 컬러 사용<br>• T.P에 과감한 보색 컬러를 사용하여 독창적이고 화려한 이미지 표현</td></tr>
</table>

## 2) DESIGN PROCESS

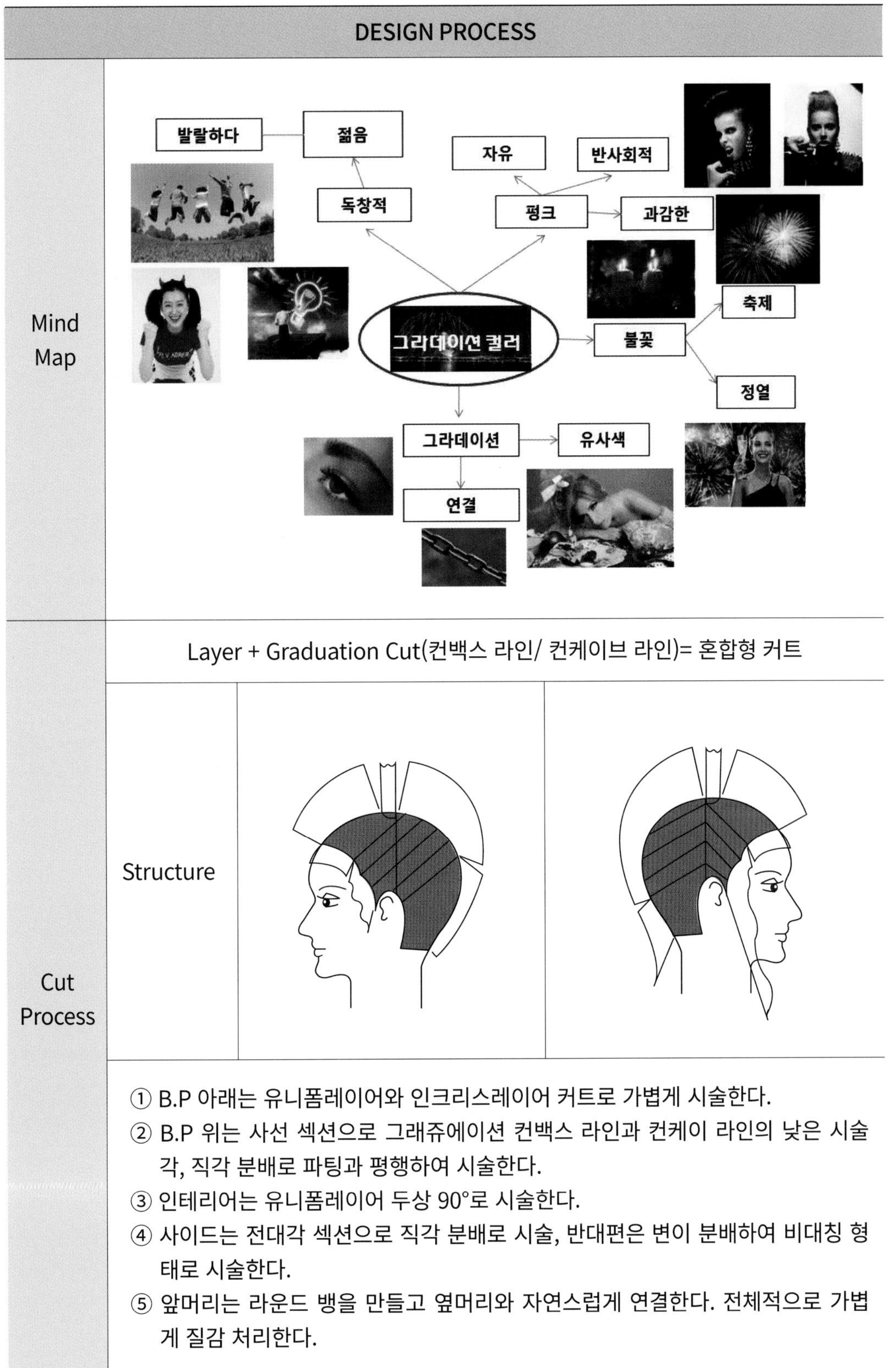

| DESIGN PROCESS | | |
|---|---|---|
| Mind Map | 발랄하다 / 젊음 / 독창적 / 자유 / 반사회적 / 펑크 / 과감한 / 그라데이션 컬러 / 불꽃 / 축제 / 정열 / 그라데이션 / 유사색 / 연결 | |
| Cut Process | Layer + Graduation Cut(컨백스 라인/ 컨케이브 라인)= 혼합형 커트 | |
| | Structure | |
| | ① B.P 아래는 유니폼레이어와 인크리스레이어 커트로 가볍게 시술한다.<br>② B.P 위는 사선 섹션으로 그래쥬에이션 컨백스 라인과 컨케이 라인의 낮은 시술각, 직각 분배로 파팅과 평행하여 시술한다.<br>③ 인테리어는 유니폼레이어 두상 90°로 시술한다.<br>④ 사이드는 전대각 섹션으로 직각 분배로 시술, 반대편은 변이 분배하여 비대칭 형태로 시술한다.<br>⑤ 앞머리는 라운드 뱅을 만들고 옆머리와 자연스럽게 연결한다. 전체적으로 가볍게 질감 처리한다. | |

<table>
<tr><td rowspan="11">Color Process</td><td rowspan="8">Structure</td><td colspan="7"> 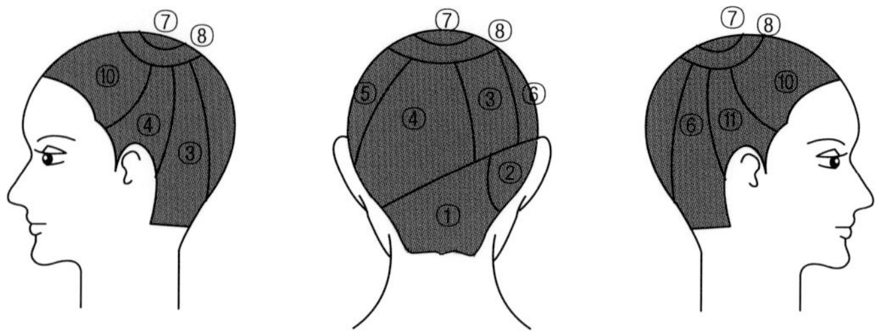⑦ ⑧ ⑩ ④ ③ ⑤ ② ① ⑥ ⑪</td></tr>
<tr><td>①, ③, ⑤</td><td colspan="6">블랙</td></tr>
<tr><td>②</td><td colspan="6">레드, 연 오렌지</td></tr>
<tr><td>④, ⑥</td><td colspan="6">다크레드, 레드, 연 오렌지, 연 옐로우</td></tr>
<tr><td>⑦</td><td colspan="6">바이올렛, 옐로우</td></tr>
<tr><td>⑧</td><td colspan="6">바이올렛</td></tr>
<tr><td>⑨, ⑪</td><td colspan="6">레드, 연 오렌지, 연 옐로우, 하이라이트</td></tr>
<tr><td>⑩</td><td colspan="6">다크레드, 연 오렌지</td></tr>
<tr><td colspan="8">레드, 다크 레드, 연 오렌지, 연 옐로우, 바이올렛, 블랙, 하이라아트</td></tr>
<tr><td>Select Color</td><td></td><td></td><td></td><td></td><td></td><td></td><td></td></tr>
<tr><td colspan="8">• 다크 레드: 산성 컬러(블랙) 2 : 산성 컬러(레드) 8 = 2 : 8 비율<br>• 연 오렌지: 산성 컬러(오렌지) 5 : 산성 컬러(투명) 5 = 5 : 5 비율<br>• 연 옐로우: 산성 컬러(바이올렛) 5 : 산성 컬러(투명) 5 = 5 : 5 비율</td></tr>
<tr><td></td><td colspan="8">① 네이프는 블랙으로 도포하고 매쉬부분에 레드와 연 오렌지 컬러를 도포한다.<br>② B.P 포인트 다크 레드, 레드, 연 오렌지, 연 옐로우 컬러를 사용하여 자연스럽게 그라데이션한다.<br>③ T.P의 매쉬는 바이올렛 컬러와 가운데 부분을 바이올렛, 옐로우 컬러를 사용하여 도포한다.<br>④ 앞머리는 다크 레드와 연 오렌지 컬러로 단차가 생기지 않도록 자연스럽게 그라데이션하여 도포한다.<br>⑤ 60분 자연 방치 후 깨끗하게 샴푸한 다음, 트리트먼트한다.</td></tr>
</table>

| Styling Process | C-Curl/ Dry | | |
|---|---|---|---|
| |  |  |  |
| |  |  |  |
| |  |  |  |
| | ① 블로우 드라이로 전체적으로 디자인에 맞춰 볼륨을 넣어 시술한다.<br>② 백 부분과 사이드는 모근 부위에서 볼륨을 넣어 C자의 형태로 반원을 그리면서 돌링하여 시술한다.<br>③ T.P와 N.P는 모발 끝부분의 매쉬를 펼쳐 가닥가닥 얇게 펴준 후, 광택제와 스프레이를 사용하여 스타일링한다.<br>④ 전체적으로 광택제와 스프레이를 분사하여 마무리한다. | | |

# 3 | 쇼 작품에 따른 작품 제작

## 1. 봄의 향연

〈지도 교수 : 최은정〉

| DESIGN PROCESS | | |
|---|---|---|
| PLAN PROCESS | DESIGN CONCEPT |    |
| | IMAGE |   |

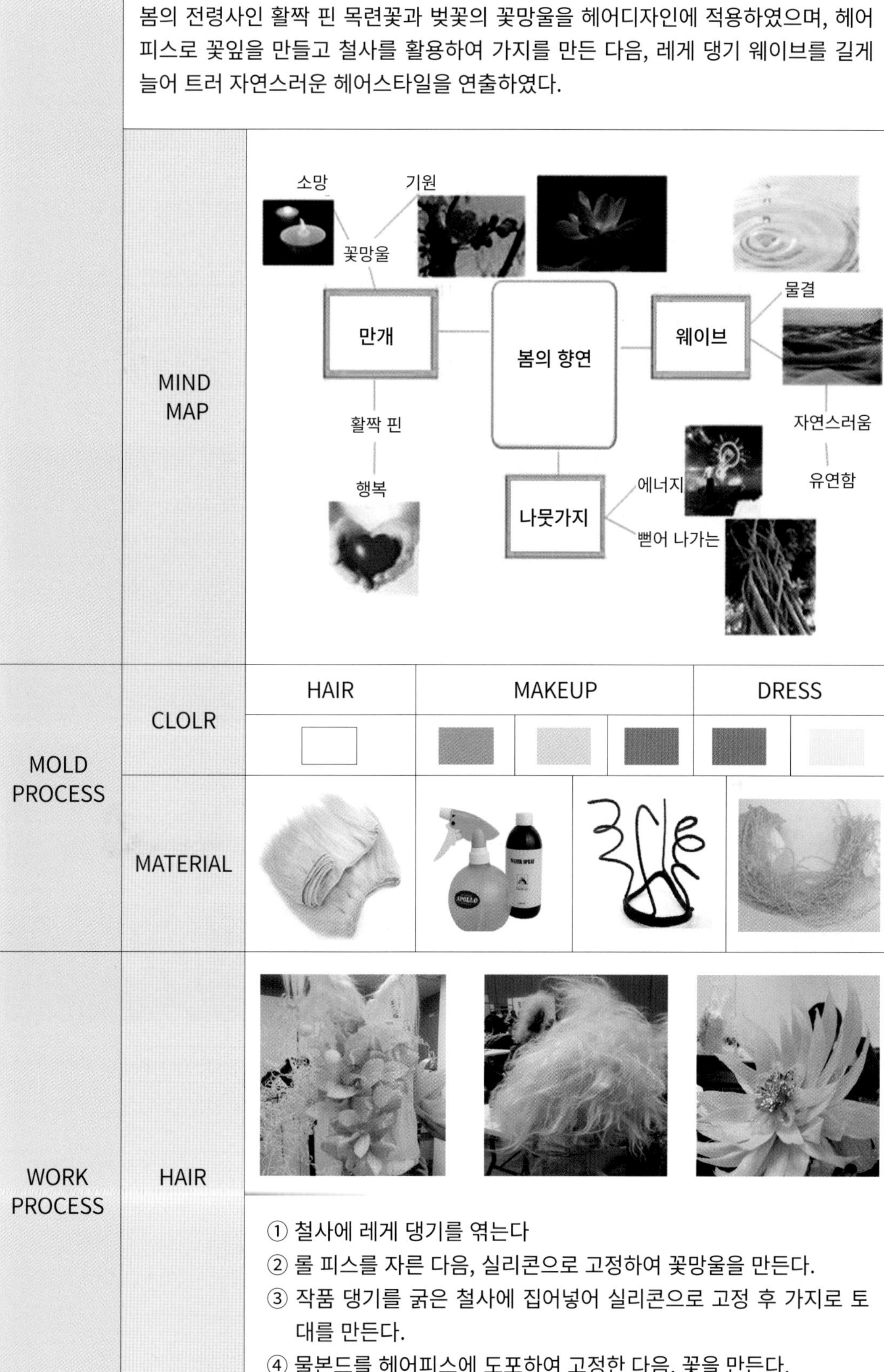

| | | |
|---|---|---|
| | | 봄의 전령사인 활짝 핀 목련꽃과 벚꽃의 꽃망울을 헤어디자인에 적용하였으며, 헤어피스로 꽃잎을 만들고 철사를 활용하여 가지를 만든 다음, 레게 댕기 웨이브를 길게 늘어 트러 자연스러운 헤어스타일을 연출하였다. |
| | MIND MAP | 봄의 향연 — 만개: 꽃망울(소망, 기원), 활짝 핀, 행복 / 웨이브: 물결, 자연스러움, 유연함 / 나뭇가지: 에너지, 뻗어 나가는 |
| MOLD PROCESS | CLOLR | HAIR / MAKEUP / DRESS |
| | MATERIAL | |
| WORK PROCESS | HAIR | ① 철사에 레게 댕기를 엮는다<br>② 롤 피스를 자른 다음, 실리콘으로 고정하여 꽃망울을 만든다.<br>③ 작품 댕기를 굵은 철사에 집어넣어 실리콘으로 고정 후 가지로 토대를 만든다.<br>④ 물본드를 헤어피스에 도포하여 고정한 다음, 꽃을 만든다. |

| | | | | |
|---|---|---|---|---|
| | MAKE UP | 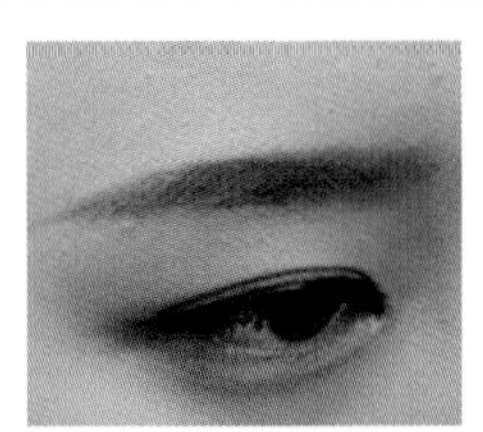 | 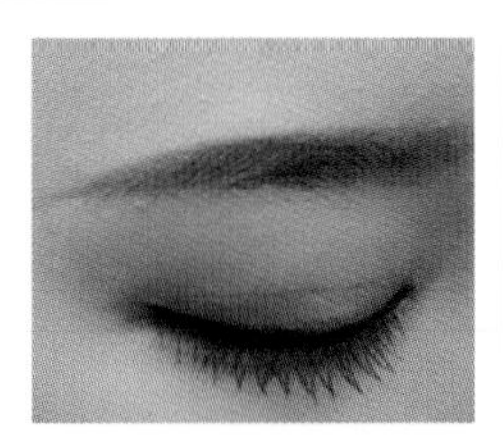 | 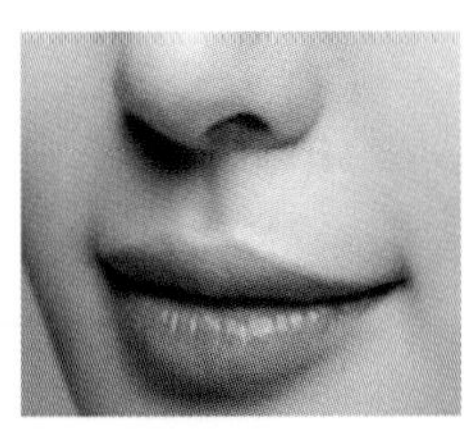 |
| | | ① 아이메이크업은 피치와 골드 계열의 아이섀도우를 도포한 다음, 펄이 있는 카키 계열로 포인트를 준다.<br>② 눈썹 앞머리는 결을 따라 한 올 한 올 칠하고 본래의 눈썹보다 어두운톤으로 도포한다.<br>③ 살구빛 볼터치를 사용하여 청춘하고 맑은 느낌을 표현한다.<br>④ 립 메이크업은 말린 장밋빛 컬러를 발라 여성스러움을 강조한다. | | |

출처: 2015 정화예술대학교 졸업 작품집

## 2. 오로라의 불꽃

〈지도 교수 : 최은정〉

<table>
<tr><th colspan="3">DESIGN PROCESS</th></tr>
<tr><td rowspan="3">PLAN PROCESS</td><td>DESIGN CONCEPT</td><td></td></tr>
<tr><td>IMAGE</td><td> </td></tr>
<tr><td colspan="2">4차 산업혁명의 키워드는 '연결'과 '융합'이다. 기존 산업과 서비스에 융합되거나 로봇공학, 우주공학에 연결된다. 이 세상에서 가장 아름다운 빛인 지구 대기권의 극광(極光)이라고도 하는 오로라의 불빛을 야광 물감과 야광 와이어, 헤어피스, 야광 립스틱을 사용하여 오로라의 부드러움과 활활 타오르는 불꽃인 노던 라이트(Northern Light)의 이중성을 헤어 작품으로 표현하였다.</td></tr>
</table>

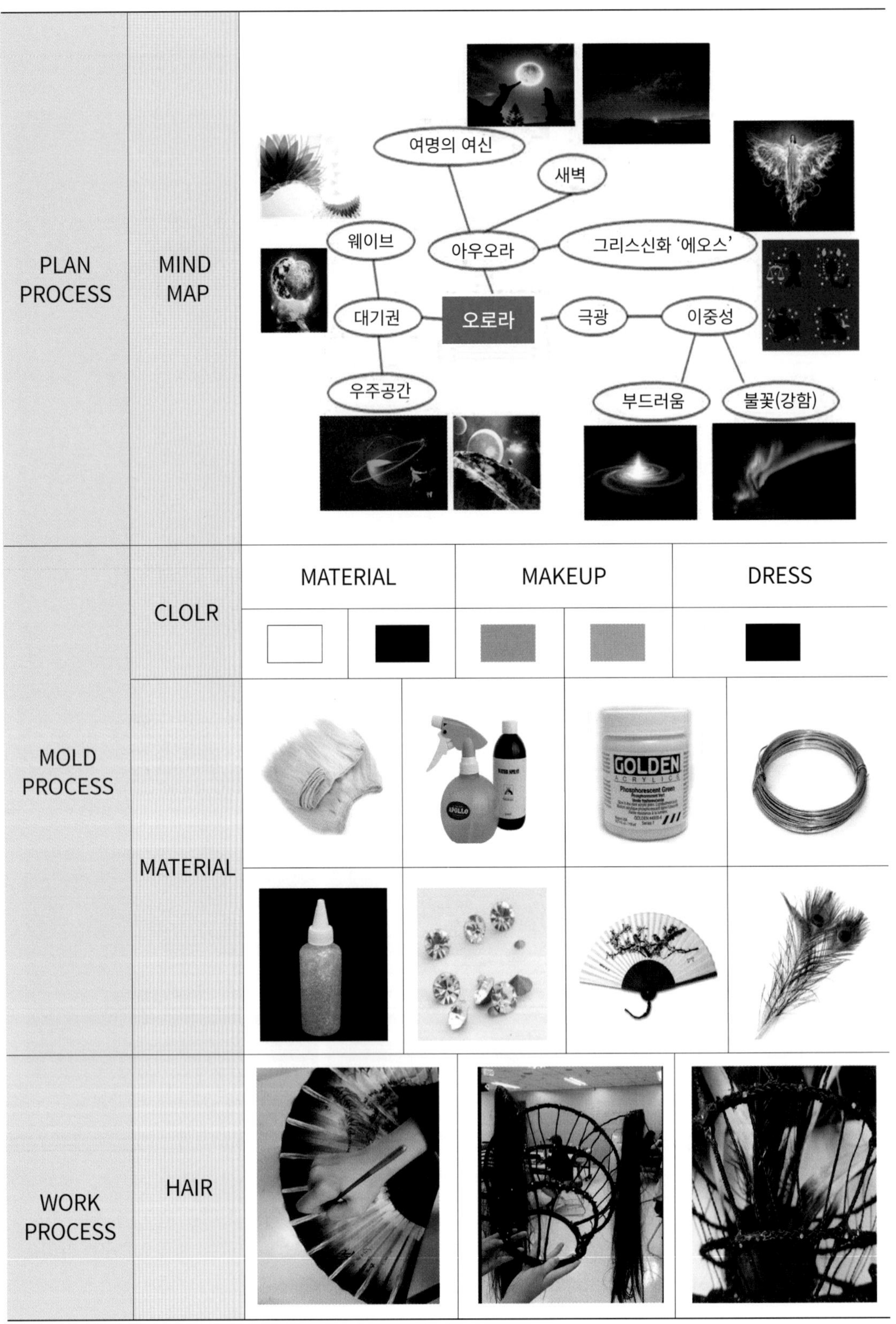
PLAN PROCESS
MIND MAP
여명의 여신
새벽
웨이브
아우오라
그리스신화 '에오스'
대기권
오로라
극광
이중성
우주공간
부드러움
불꽃(강함)
MOLD PROCESS
CLOLR
MATERIAL
MAKEUP
DRESS
MATERIAL
GOLDEN
WORK PROCESS
HAIR

|  | | | | |
|---|---|---|---|---|
| WORK PROCESS | HAIR | | 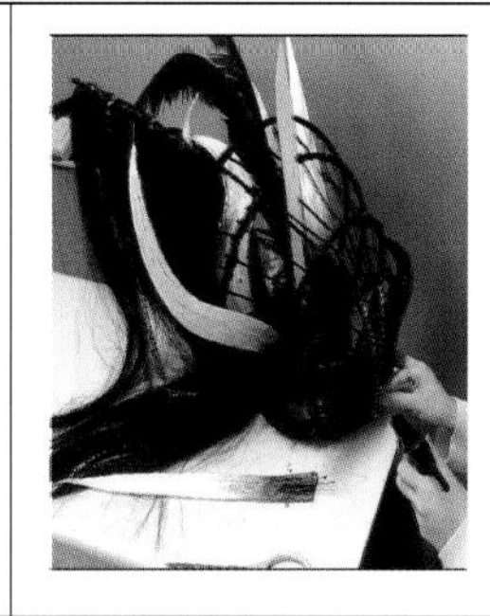 |  |
| | | ① 작품 댕기에 철사를 넣어 실리콘으로 고정 후, 토대를 만든다.<br>② 헤어피스를 자른 다음, 물본드로 S자 웨이브를 만든다.<br>③ 작품 틀에 비즈와 깃털을 고정한다.<br>④ 토대에 작품을 부착한다. 야광물감으로 작품의 테두리를 칠한 다음, 큐빅와 펄로 마무리한다.<br>⑤ 부채는 테두리에 검정 아크릴물감으로 도포한 후, 부챗살 부분은 야광물감으로 칠한다. | | |
| | MAKE UP |  |  |  |
| | | ① 아이메이크업은 피치와 골드 계열의 아이섀도우를 도포한 다음, 펄이 있는 카키 계열로 포인트를 준다.<br>② 눈썹 앞머리는 결을 따라 한 올 한 올 칠하고 본래의 눈썹보다 어두운톤으로 도포한다.<br>③ 살구 빛 볼터치를 사용하여 청춘하고 맑은 느낌을 표현한다.<br>④ 립 메이크업은 말린 장밋빛 컬러를 발라 여성스러움을 강조한다. | | |

출처: 2018 정화예술대학교 졸업 작품집

## 3. 언발란스(Unbalance)

〈지도 교수 : 최은정〉

| DESIGN PROCESS | | |
|---|---|---|
| PLAN PROCESS | DESIGN CONCEPT  |    |
| | IMAGE  |    |
| | 21세기를 살아가는 여성의 당당함과 도도함을 나타내고자 하였으며, 여성이 살아가는 도시의 삭막함과 규칙적인 패턴, 화려함과 다채로운 유흥의 이중성을 표현하고자 하였다. | |

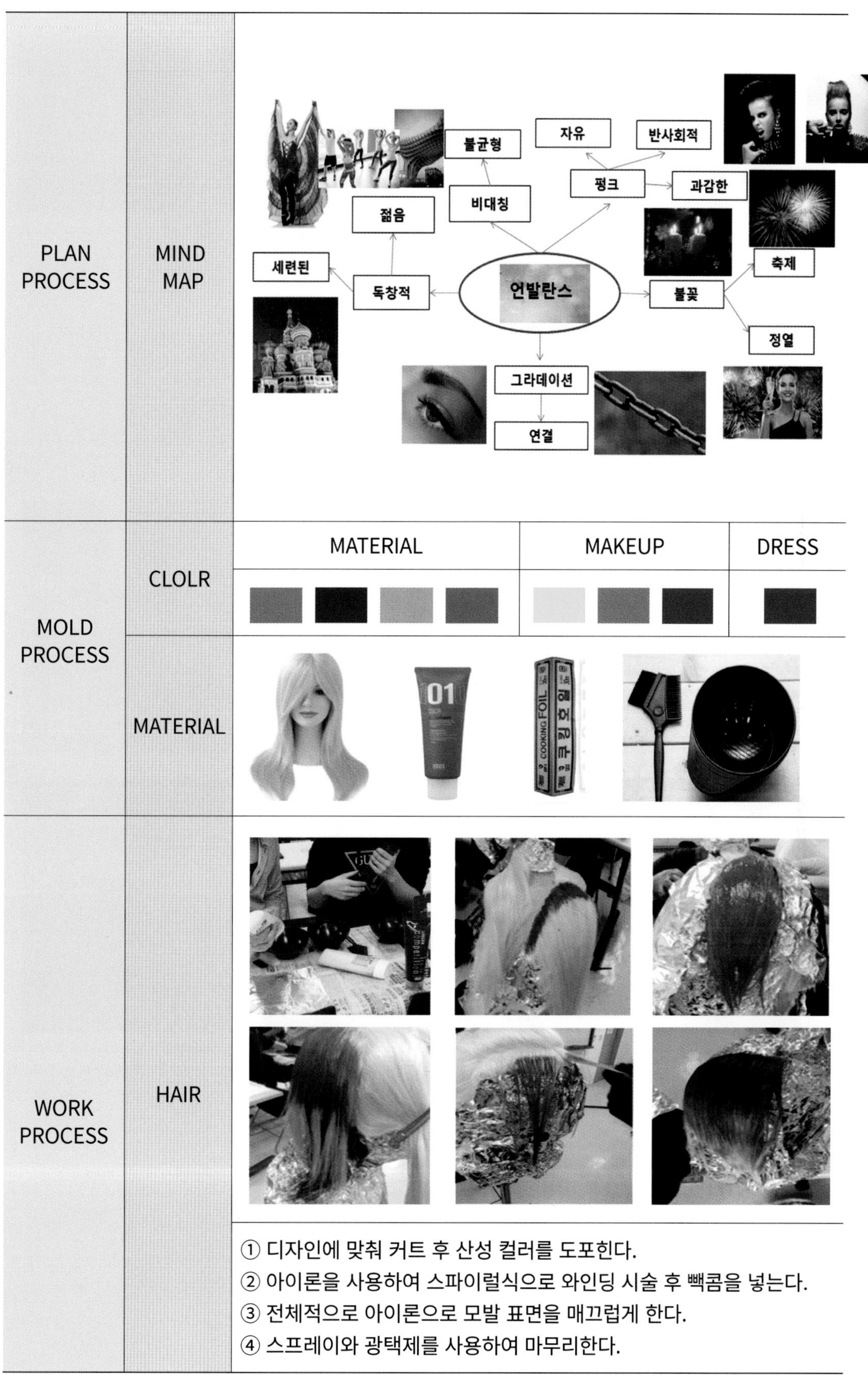


| | | | | |
|---|---|---|---|---|
| PLAN PROCESS | MIND MAP | | | |
| MOLD PROCESS | CLOLR | MATERIAL | MAKEUP | DRESS |
| | MATERIAL | | | |
| WORK PROCESS | HAIR | ① 디자인에 맞춰 커트 후 산성 컬러를 도포한다.<br>② 아이론을 사용하여 스파이럴식으로 와인딩 시술 후 빽콤을 넣는다.<br>③ 전체적으로 아이론으로 모발 표면을 매끄럽게 한다.<br>④ 스프레이와 광택제를 사용하여 마무리한다. | | |

<table>
<tr><td rowspan="2"></td><td rowspan="2">MAKE UP</td><td>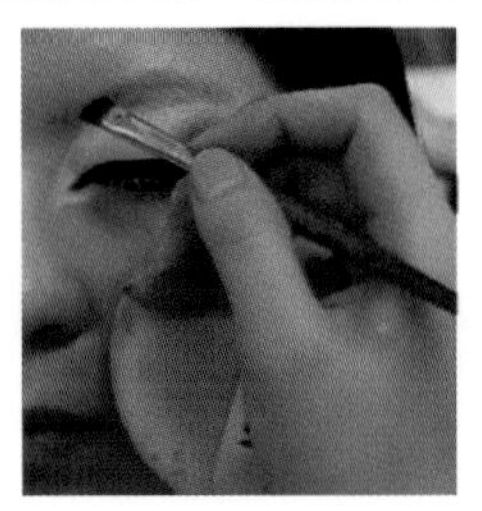</td><td></td><td></td></tr>
<tr><td colspan="3">① 아이메이크업은 펄감이 있는 레드와 옐로우 계열의 아이섀도우를 도포 후, 화이트 컬러로 포인트를 준다.<br>② 눈썹 앞머리는 결을 따라 한 올 한 올 칠하고 본래의 눈썹보다 어두운톤으로 도포한다.<br>③ 살구빛 볼터치를 사용하여 도도한 느낌을 표현한다.<br>④ 립 메이크업은 베리류의 레드 컬러를 발라 도도함을 강조한다.</td></tr>
</table>

출처: 2016 정화예술대학교 졸업 작품집

## 4. 불확실성의 시대(Uncertainty)

〈지도 교수 : 최은정〉

<table>
<tr><th colspan="4">DESIGN PROCESS</th></tr>
<tr><td rowspan="5">PLAN PROCESS</td><td rowspan="2">DESIGN CONCEPT</td><td rowspan="2">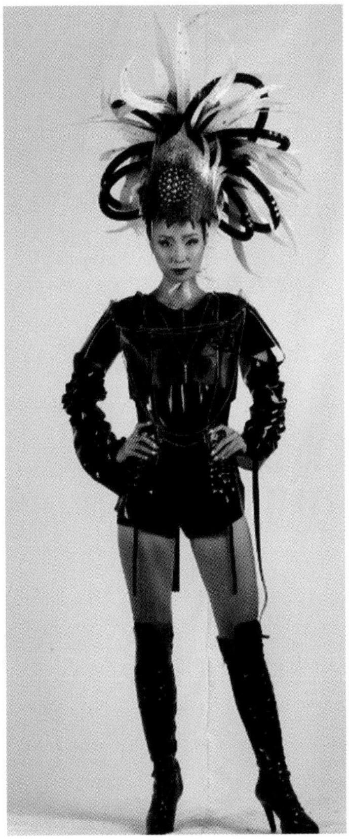</td><td></td></tr>
<tr><td></td></tr>
<tr><td>IMAGE</td><td></td><td></td></tr>
<tr><td colspan="3">미래보다 더 가까운 몇 년 뒤, 며칠 뒤의 일로 예상할 수 없는 지금의 불확실함과 빠른 변화로 인해 미래를 예측할 수 없는 현대 여성의 생활을 표현하고자 하였다.</td></tr>
</table>

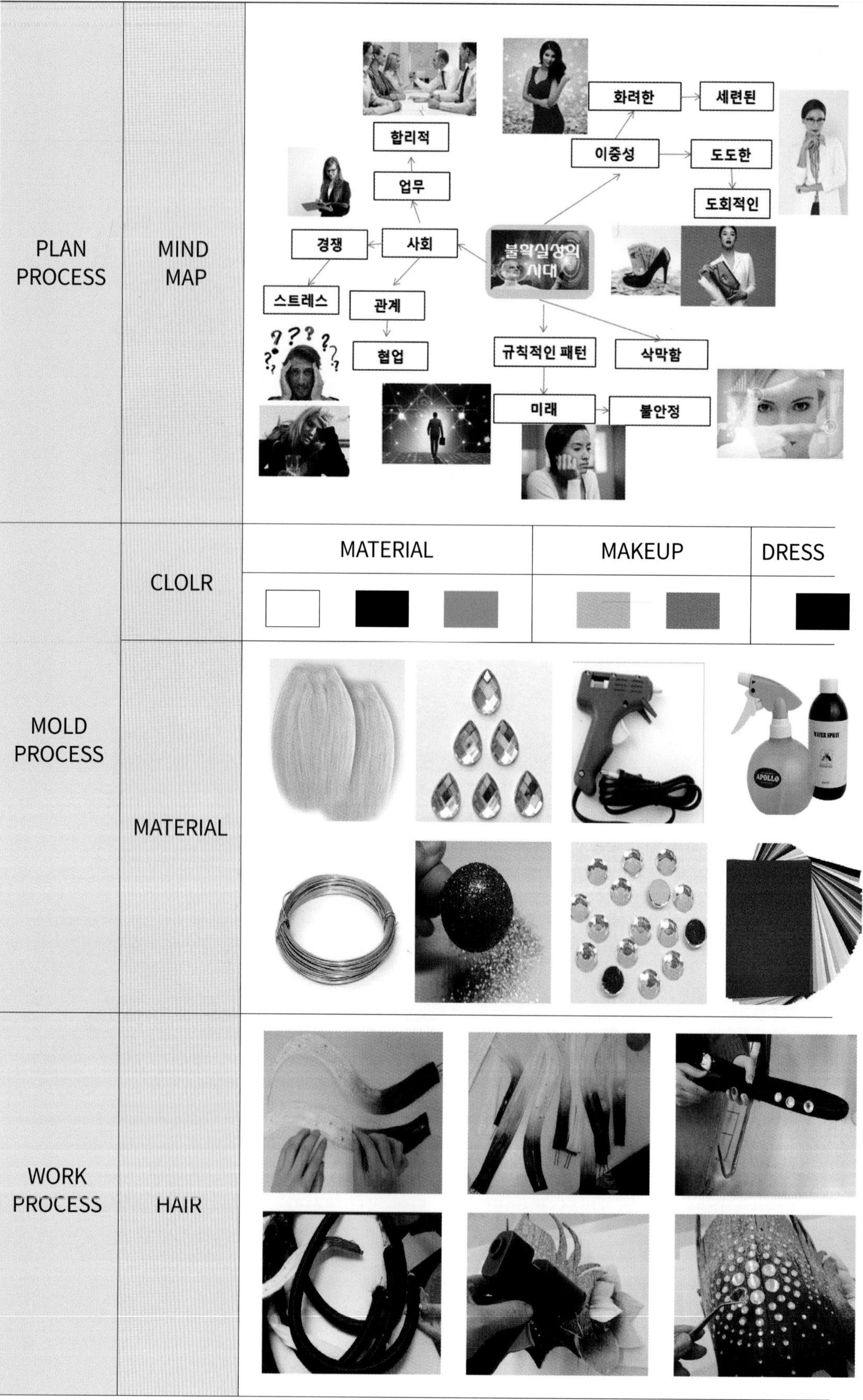


| | | | | |
|---|---|---|---|---|
| PLAN PROCESS | MIND MAP | | | |
| MOLD PROCESS | CLOLR | MATERIAL | MAKEUP | DRESS |
| | MATERIAL | | | |
| WORK PROCESS | HAIR | | | |

| | | |
|---|---|---|
| WORK PROCESS | HAIR | ① 작품 댕기를 철사에 엮어 기본 틀을 만든다.<br>② 헤어피스를 자른 다음, 물본드로 S자 웨이브를 만든다.<br>③ 둥근 루프에 머리카락을 감아 실리콘으로 고정한다.<br>④ 펠트지에 머리카락을 붙여 작품 크기에 맞게 자른다.<br>⑤ 반짝이 펄(초록과 오팔)로 장식한 다음, 큐빅을 붙인다. |
| WORK PROCESS | MAKE UP | ① 아이메이크업은 피치와 골드 계열의 아이섀도우를 도포한 다음, 브라운계열로 포인트를 준다.<br>② 눈썹 앞머리는 결을 따라 한 올 한 올 칠하고 본래의 눈썹보다 어두운톤으로 도포한다.<br>③ 살구빛 볼터치를 사용하여 청춘하고 맑은 느낌을 표현한다.<br>④ 립 메이크업은 핑크빛 컬러를 발라 세련된 이미지를 강조한다. |

출처: 2016 정화예술대학교 졸업 작품집

## 5. 비상(飛上)

〈지도 교수 : 최은정〉

<table>
<tr><th colspan="4">DESIGN PROCESS</th></tr>
<tr><td rowspan="4">PLAN PROCESS</td><td rowspan="2">DESIGN CONCEPT</td><td rowspan="2"> </td><td> </td></tr>
<tr><td> </td></tr>
<tr><td>IMAGE</td><td> </td><td> </td></tr>
<tr><td colspan="3">학업을 마무리하고 사회생활을 시작하는 사회 초년생들의 현대 여성과 현실에서 자유와 정체성을 찾고자 노력하는 모습을 마치 꽃봉오리에서 아름답게 피어나는 꽃과 같이 표현하였다.</td></tr>
</table>

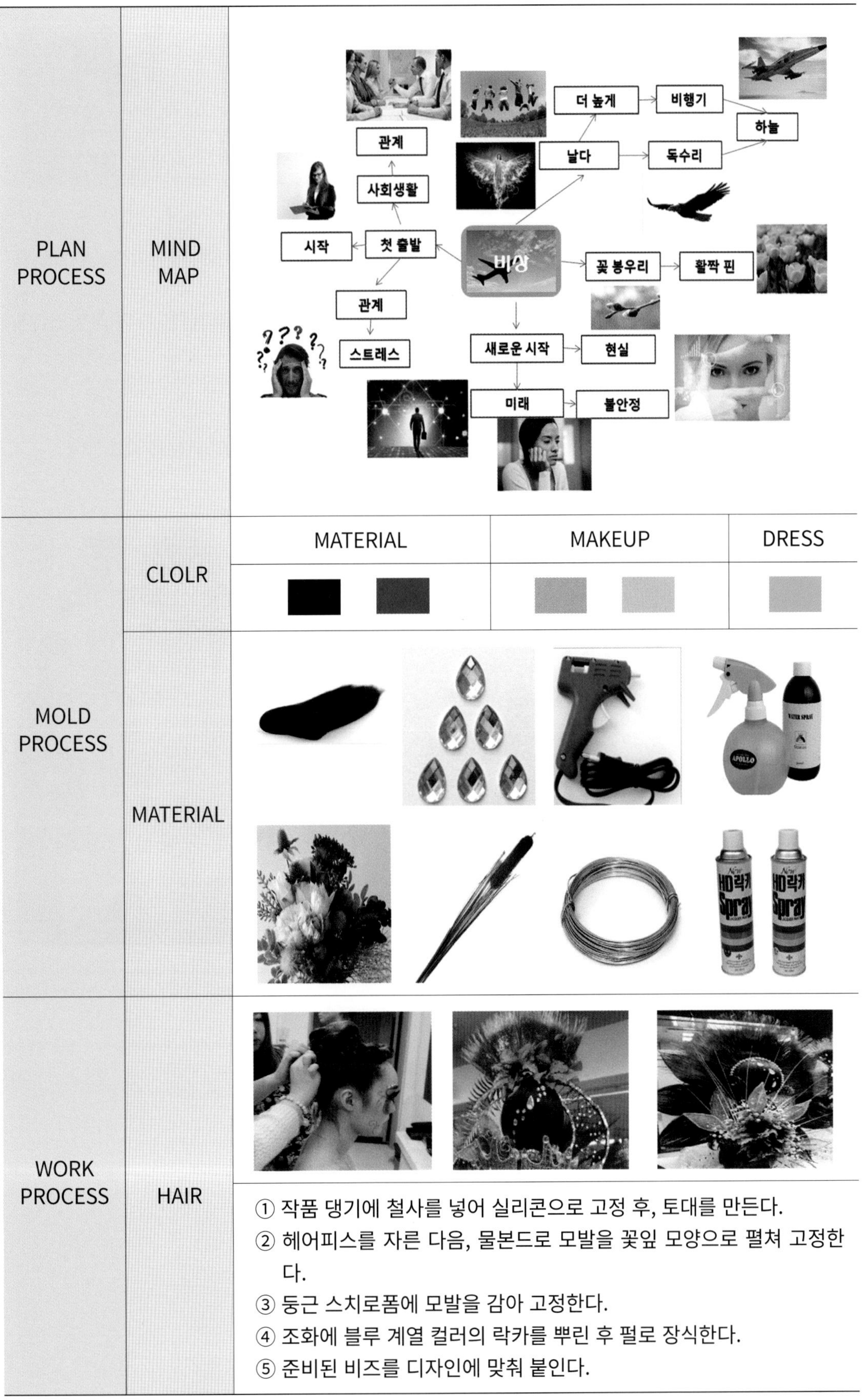


| | | | | |
|---|---|---|---|---|
| PLAN PROCESS | MIND MAP | | | |
| MOLD PROCESS | CLOLR | MATERIAL | MAKEUP | DRESS |
| MOLD PROCESS | MATERIAL | | | |
| WORK PROCESS | HAIR | ① 작품 댕기에 철사를 넣어 실리콘으로 고정 후, 토대를 만든다.<br>② 헤어피스를 자른 다음, 물본드로 모발을 꽃잎 모양으로 펼쳐 고정한다.<br>③ 둥근 스치로폼에 모발을 감아 고정한다.<br>④ 조화에 블루 계열 컬러의 락카를 뿌린 후 펄로 장식한다.<br>⑤ 준비된 비즈를 디자인에 맞춰 붙인다. | | |

| | | |
|---|---|---|
| WORK PROCESS | MAKE UP | <br>① 아이메이크업은 스카이블루와 블루 계열의 아이섀도우를 도포한 다음, 펄과 큐빅으로 포인트를 준다.<br>② 눈썹은 아이섀도우의 컬러와 그라데이션을 주어 자연스럽게 연결한다.<br>③ 볼과 눈 주변의 나비 문양의 메이크업을 연결하여 헤어 작품과 조화를 이루게 한다.<br>④ 립 메이크업은 핑크 컬러를 발라 여성스러움을 강조한다. |

출처: 2013 정화예술대학교 졸업 작품집

## 6. 정열(情熱)

〈지도 교수 : 최은정〉

<table>
<tr><th colspan="4">DESIGN PROCESS</th></tr>
<tr><td rowspan="5">PLAN PROCESS</td><td rowspan="2">DESIGN CONCEPT</td><td rowspan="2"></td><td></td></tr>
<tr><td></td></tr>
<tr><td>IMAGE</td><td></td><td></td></tr>
<tr><td colspan="3">정열을 모티브로 진취적이며 매혹적인 여인을 불꽃같은 열정과 섹시함을 겸비한 현대 여성의 당당함을 표현하였다.</td></tr>
</table>

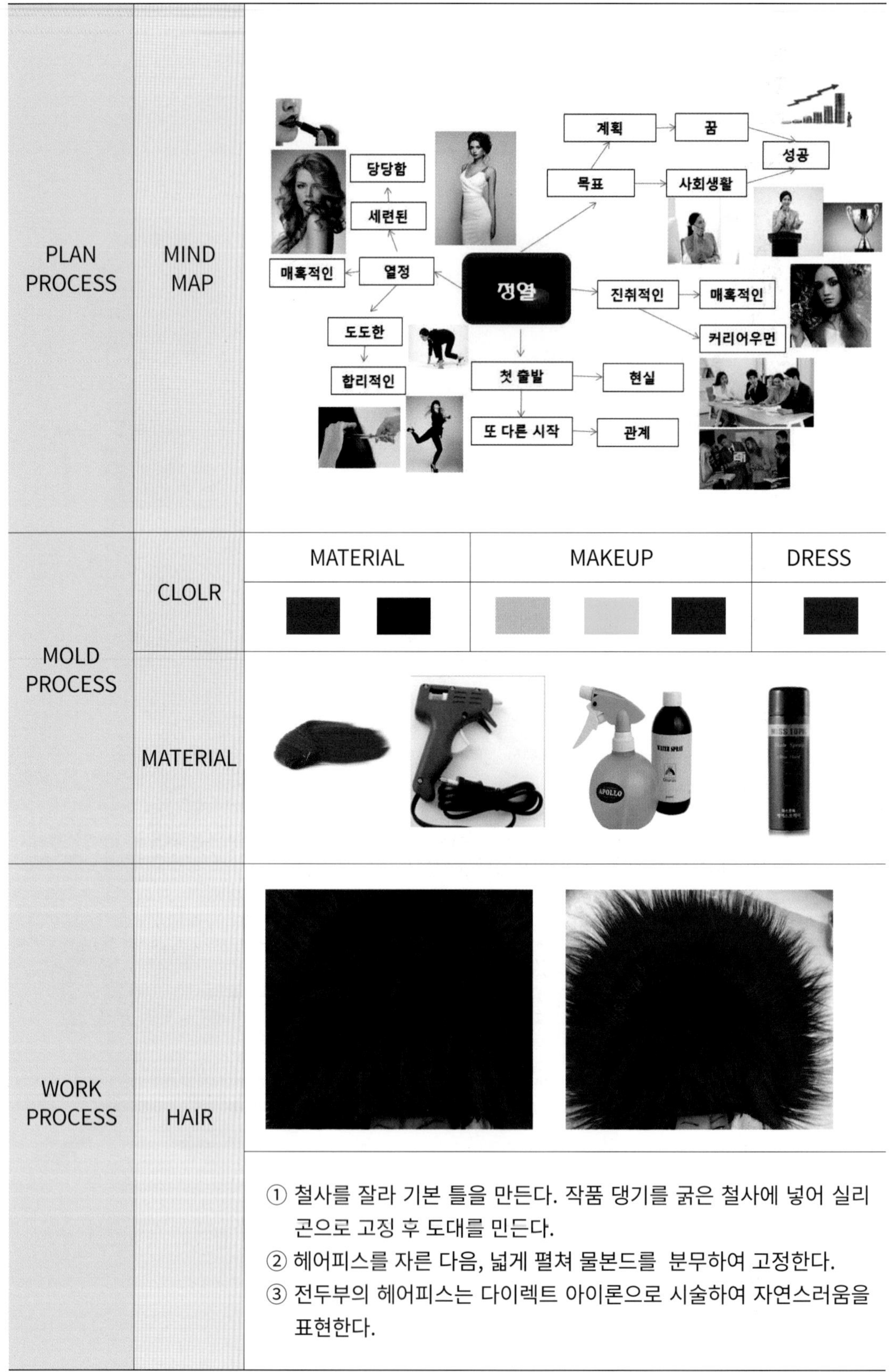


| | | | | |
|---|---|---|---|---|
| PLAN PROCESS | MIND MAP | | | |
| MOLD PROCESS | CLOLR | MATERIAL | MAKEUP | DRESS |
| | MATERIAL | | | |
| WORK PROCESS | HAIR | ① 철사를 잘라 기본 틀을 만든다. 작품 댕기를 굵은 철사에 넣어 실리곤으로 고징 후 도대를 민든다.<br>② 헤어피스를 자른 다음, 넓게 펼쳐 물본드를 분무하여 고정한다.<br>③ 전두부의 헤어피스는 다이렉트 아이론으로 시술하여 자연스러움을 표현한다. | | |

<table>
<tr><td rowspan="2">WORK PROCESS</td><td rowspan="2">MAKE UP</td><td>  </td></tr>
<tr><td>① 아이메이크업은 레드와 핑크 계열의 아이섀도우를 도포한 다음, 펄과 큐빅으로 포인트를 준다.<br>② 핑크 계열의 볼터치를 사용하여 도도한 이미지를 표현한다.<br>③ 립 메이크업은 말린 장밋빛 컬러를 발라 여성스러움을 강조한다</td></tr>
</table>

출처: 2012 정화예술대학교 졸업 작품집

# 7. Explosion & 우주 속의 일탈

〈지도 교수 : 맹유진〉

| DESIGN PROCESS | | |
|---|---|---|
| PLAN PROCESS | DESIGN CONCEPT | 1980년대의 크로스오버와 포스트모더니즘을 현대적으로 재해석하여 자신의 개성을 연출하는 젊은이들의 모습을 표현하는 것을 주제로 함<br><br>※ 주요 분석 자료<br>① 포스트모더니즘이 확산되어 크로스 오버 문화가 등장<br>② 새로운 것이 등장하면 이전 것이 사라지는 것이 아니라 추가되어 공존하는 다양한 경향이 나타나는 시대<br>③ 사회적 반항 의식을 표현한 히피 문화<br>④ 과시적인 소비 형태를 보이며 남성 디자이너 브랜드가 생겨남<br>⑤ 소비 수준이 높아지고 여가시간이 늘어나면서 스포츠에 대한 관심이 높아지고 스포츠 웨어가 활성화 |
| | MIND MAP | 80' S<br>- 젊음: 개성표현, 가치관 부정<br>- 히피: 반항, 꽃<br>- 소비문화: 마이클잭슨, 락음악<br>- 포스트 모더니즘: 성 고정관념 탈피, 반 모더니즘<br>- 크로스오버: 믹스, 2차 창작<br>- 여가: 스포츠, 아웃도어 |
| | 히피 문화와 외모적 표현을 현대적으로 재해석하여 개성을 더욱 드러내고자 하는 젊은이들의 모습으로 연출 | |

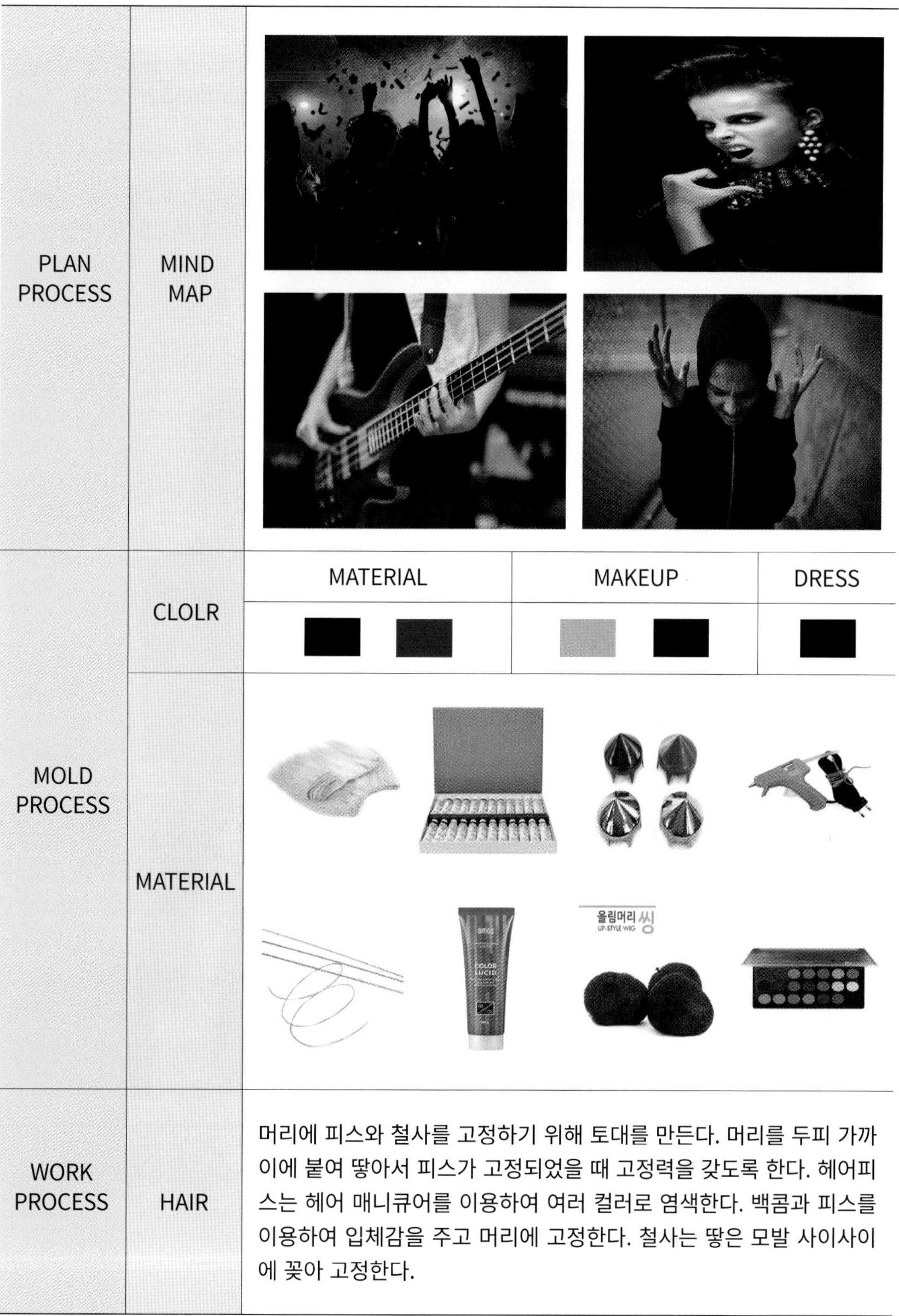


| | | | | | | |
|---|---|---|---|---|---|---|
| PLAN PROCESS | MIND MAP | | | | | |
| MOLD PROCESS | CLOLR | MATERIAL | | MAKEUP | | DRESS |
| | MATERIAL | | | | | |
| WORK PROCESS | HAIR | 머리에 피스와 철사를 고정하기 위해 토대를 만든다. 머리를 두피 가까이에 붙여 땋아서 피스가 고정되었을 때 고정력을 갖도록 한다. 헤어피스는 헤어 매니큐어를 이용하여 여러 컬러로 염색한다. 백콤과 피스를 이용하여 입체감을 주고 머리에 고정한다. 철사는 땋은 모발 사이사이에 꽂아 고정한다. | | | | |

| WORK PROCESS | MAKE UP | 강한 인상을 주기 위하여 락(Rock) 음악을 하는 분위기로 연출하였다. 회색과 검정을 이용하여 눈과 입술을 메이크업하였다. |
|---|---|---|
| | CLOTHES | 가죽 재킷과 청바지에 물감을 이용하여 다양한 색감을 주어 주목성과 활발한 젊음의 이미지를 연출하였다. 찡과 체인을 붙여 강한 인상과 심미적 표현을 하였다. |

# 8. Woman in lingerie

〈지도 교수 : 맹유진〉

| DESIGN PROCESS | | |
|---|---|---|
| PLAN PROCESS | DESIGN CONCEPT | 1980년대의 크로스오버와 포스트모더니즘을 현대적으로 재해석하여 자신의 개성을 연출하는 젊은이들의 모습으로 표현하는 것을 주제로 함<br><br>※ 주요 분석 자료<br>① 포스트모더니즘이 확산되어 크로스 오버 문화가 등장<br>② 새로운 것이 등장하면 이전 것이 사라지는 것이 아니라 추가되어 공존하는 다양한 경향이 나타나는 시대<br>③ 사회적 성공과 부의 축적에 중점을 두는 여피 문화<br>④ 과시적인 소비 형태를 보이며 남성 디자이너 브랜드가 생겨남<br>⑤ 소비 수준이 높아지고 여가시간이 늘어나면서 스포츠에 대한 관심이 높아지고 스포츠 웨어가 활성화 |
| | MIND MAP | 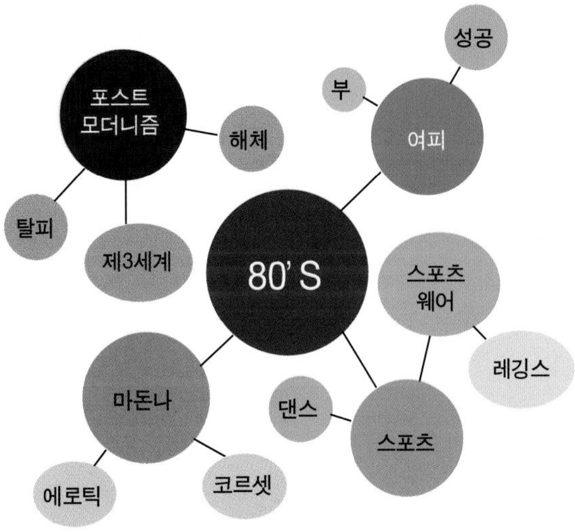 성공<br>부<br>포스트 모더니즘<br>해체<br>여피<br>탈피<br>제3세계<br>80' S<br>스포츠 웨어<br>레깅스<br>마돈나<br>댄스<br>스포츠<br>에로틱<br>코르셋 |
| | SUBJECT | 현재 우리는 건강과 몸에 대한 관심이 더 부각되고 있다. 1980년대에 사회가 풍요로워지면서 몸매와 건강에 관심이 높아지고 스포츠가 생활의 일부분으로 자리 잡으며 스포츠 웨어가 일상의 패션이 되었다. 또한, 당당한 여성성을 강조한 분위기의 여가수들이 등장하여 본인의 개성을 드러내었다. 이런 분위기가 현재의 모습과 겹쳐지는 부분이 있다고 생각되어 재해석하여 표현하고자 한다. |

<table>
<tr><td>PLAN PROCESS</td><td>MIND MAP</td><td colspan="3"></td></tr>
<tr><td rowspan="3">MOLD PROCESS</td><td rowspan="2">CLOLR</td><td>MATERIAL</td><td>MAKEUP</td><td>DRESS</td></tr>
<tr><td></td><td></td><td></td></tr>
<tr><td>MATERIAL</td><td colspan="3"></td></tr>
<tr><td>WORK PROCESS</td><td>HAIR</td><td colspan="3">여러 컬러의 위그를 섞어서 컬러풀한 가발을 만들어 착용한다. 앞머리 부분은 가발을 매니큐어로 염색하여 동그란 형태로 몰딩하여 핀으로 부착한다.</td></tr>
</table>

| | | |
|---|---|---|
| WORK PROCESS | MAKE UP | 화려한 컬러감을 주기 위해 눈에는 파란색 셰도를 하고 붉은 입술로 컬러를 강조하였다. |
| | CLOTHES | 층층이 다른 컬러의 치마를 만들고, 털 조끼를 착용하고, 색색의 목걸이와 팔찌, 허리띠, 빨간 구두 등으로 전체적으로 컬러를 강조하여 키치(kitsch)한 이미지를 만들었다. |

사진 출처: 아모스 프로페셔널 홈페이지, 크라운가발 홈페이지, 천 NO.1 천싸요, 2016 정화예술대학교 졸업작품집

# 9. Smile

<table>
<tr><th colspan="3">DESIGN PROCESS</th></tr>
<tr><td rowspan="3">PLAN PROCESS</td><td>DESIGN CONCEPT</td><td>‘현대인은 어떤 모습으로 살아가는가’를 주제로 함<br><br>※ 주요 분석 자료<br>① 4차 산업혁명의 시대가 옴, 미래에 대한 불확실성이 커짐<br>② 장기간 불황으로 경제적 부분에서 어려움을 겪고 있음<br>③ 살아남기 위해 자기개발을 위해 노력함<br>④ 큰 행복이 아닌 작은 행복에 만족을 느끼려 애쓰며 살아감<br>⑤ 스스로의 몸을 가꾸는 것과 건강하게 사는 것에 관심이 증가함</td></tr>
<tr><td>MIND MAP</td><td> 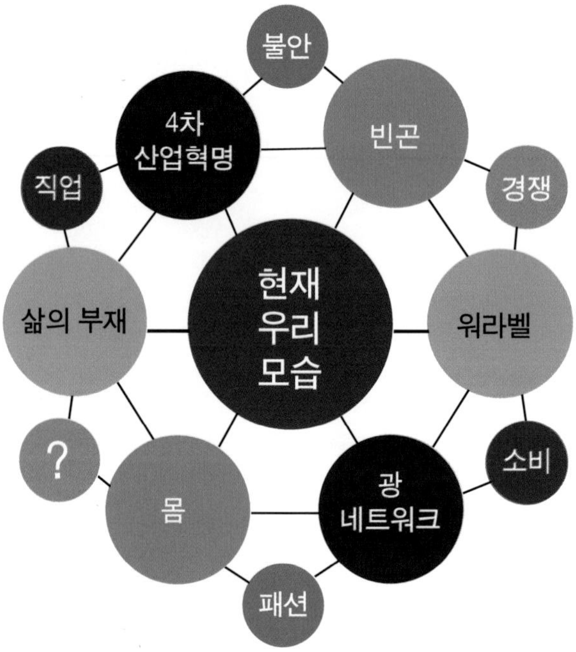불안<br>4차 산업혁명<br>빈곤<br>직업<br>경쟁<br>현재 우리 모습<br>삶의 부재<br>워라벨<br>?<br>소비<br>몸<br>광 네트워크<br>패션</td></tr>
<tr><td>SUBJECT</td><td>현대 사람들은 바쁜 일상으로 삶을 즐기며 사는 것이 점점 더 어려워지고 있다. 힘들어하는 모습을 감추고 강하고 세련된 얼굴로 하루를 살아가는 현대인의 생활을 나타내고자 한다.</td></tr>
</table>

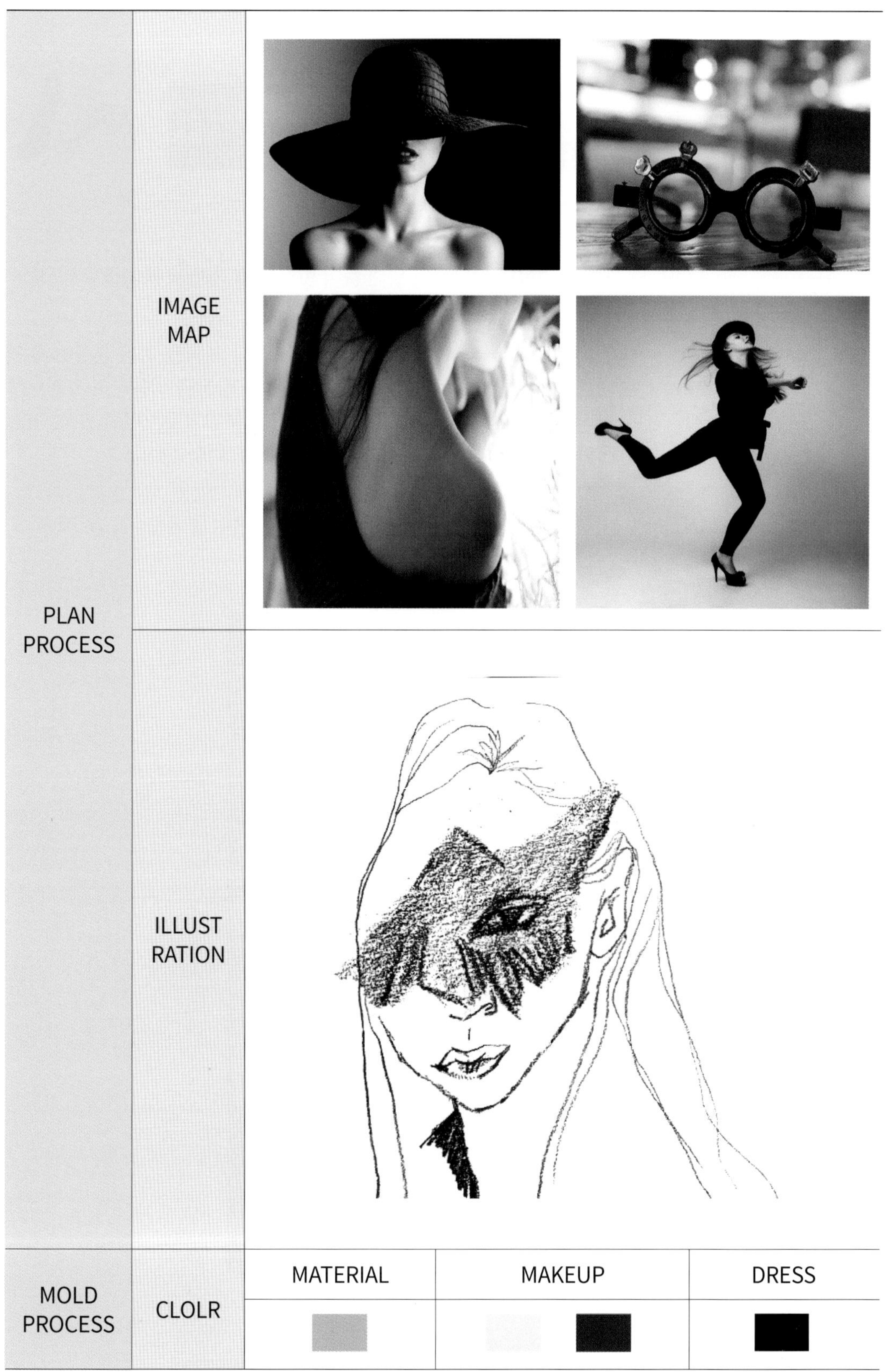
PLAN PROCESS
IMAGE MAP
ILLUST RATION
MOLD PROCESS
CLOLR
MATERIAL
MAKEUP
DRESS

| | | |
|---|---|---|
| MOLD PROCESS | MATERIAL | |
| WORK PROCESS | HAIR | 자연스러움을 나타내기 위해 풀어 빗질한 후 가볍게 백콤을 주었다. |
| | MAKE UP | 전체적으로 내추럴 톤으로 메이크업을 하고 셰딩을 붉은 톤으로 주어 나른한 이미지를 나타내었다. 목 부분에 은색 펄을 이용하여 포인트를 나타내어 얼굴의 금색 마스크와 어울리는 분위기를 연출하였다. 마스크에 성냥과 압정을 붙여서 전사의 이미지를 나타내었다. |
| | CLOTHES | 가죽 재킷만을 착용하여 심플함을 주어 시선이 얼굴로 가도록 하였다. |

사진 출처: 서통유엔성냥, 크라운가발 홈페이지, 아이오피스

# 10. Empty laugh

<table>
<tr><th colspan="3">DESIGN PROCESS</th></tr>
<tr><td rowspan="4">PLAN PROCESS</td><td>DESIGN CONCEPT</td><td>'현대인은 어떤 모습으로 살아가는가'를 주제로 함<br><br>※ 주요 분석 자료<br>① 4차 산업혁명의 시대가 옴, 미래에 대한 불확실성이 커짐<br>② 장기간 불황으로 경제적 부분에서 어려움을 겪고 있음<br>③ 살아남기 위해 자기개발을 위해 노력함<br>④ 큰 행복이 아닌 작은 행복에 만족을 느끼려 애쓰며 살아감<br>⑤ 스스로의 몸을 가꾸는 것과 건강하게 사는 것에 관심이 증가함</td></tr>
<tr><td>MIND MAP</td><td>불확실한 미래<br>경제적 부담감<br>가족과의 삶<br>여가의 부재<br>여행<br>병<br>안정된 삶<br>치열한 경쟁<br>건강한 몸<br>사회불안<br>행복<br>현실 부정<br>맛있는 음식<br>삶의 무게<br>쉼<br>현재의 나</td></tr>
<tr><td>SUBJECT</td><td>현대 사람들은 바쁜 일상으로 삶을 즐기며 사는 것이 점점 더 어려워지고 있다. 정신적으로 공허함을 느끼며 복잡한 생각에 쌓여 살아가는 현대인들을 표현하고자 한다.</td></tr>
<tr><td>IMAGE MAP</td><td></td></tr>
</table>

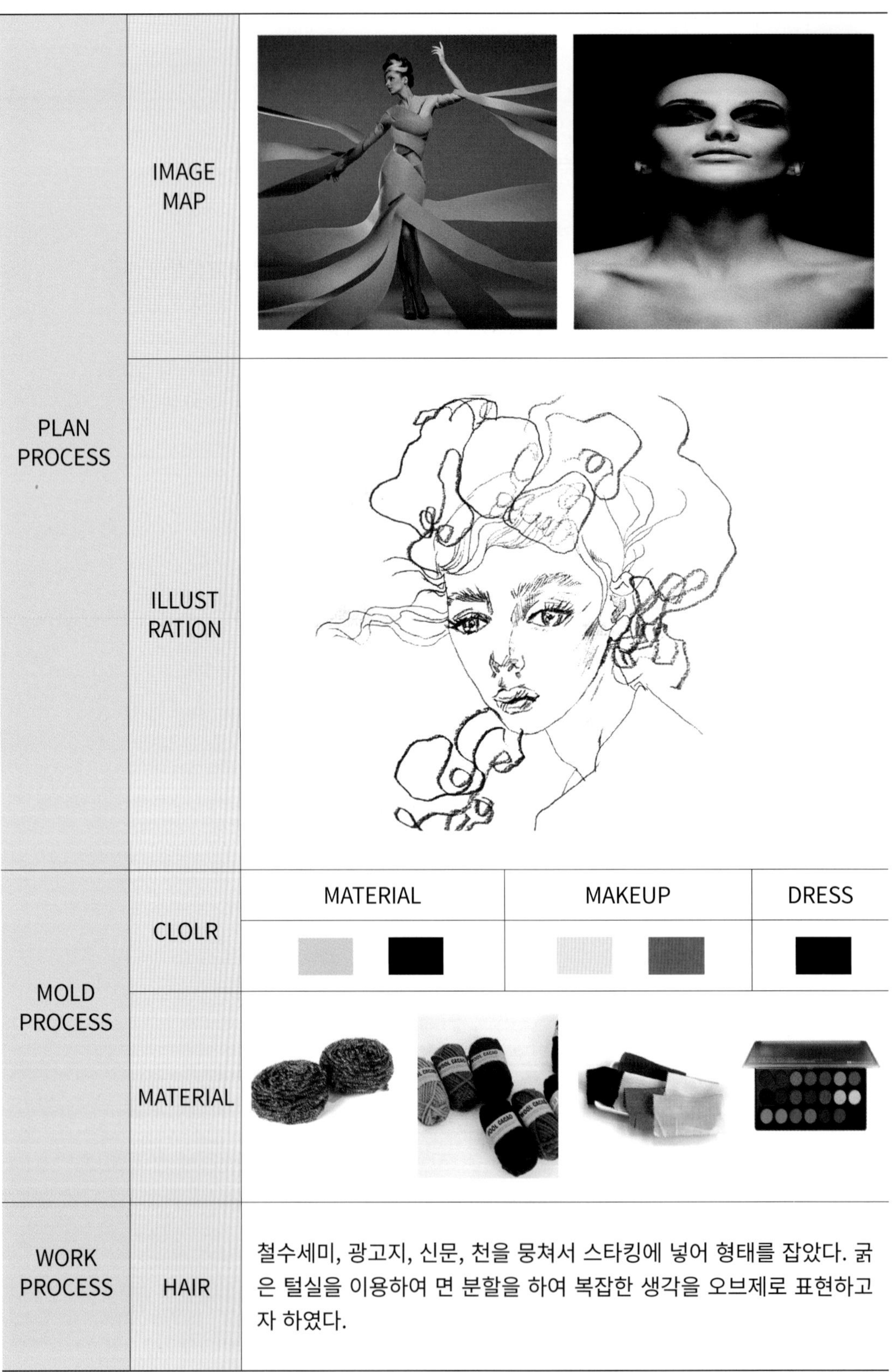

| | | | | |
|---|---|---|---|---|
| PLAN PROCESS | IMAGE MAP | | | |
| | ILLUST RATION | | | |
| MOLD PROCESS | CLOLR | MATERIAL | MAKEUP | DRESS |
| | MATERIAL | | | |
| WORK PROCESS | HAIR | 철수세미, 광고지, 신문, 천을 뭉쳐서 스타킹에 넣어 형태를 잡았다. 굵은 털실을 이용하여 면 분할을 하여 복잡한 생각을 오브제로 표현하고자 하였다. | | |

| | | |
|---|---|---|
| WORK PROCESS | MAKE UP | 창백한 느낌을 주는 메이크업을 하고 눈에 은색 펄을 하여 머리의 컬러와 어울리도록 하였다. |
| | CLOTHES | 의상이 거의 드러나지 않게 하여 시선이 머리를 향하게 하였다. |

사진 출처: 윤성몰, 짜요, 천 NO.1 천싸요

## 11. Health

| DESIGN PROCESS | | |
|---|---|---|
| PLAN PROCESS | DESIGN CONCEPT | '행복한 삶은 무엇인가'를 주제로 함<br><br>※ 주요 분석 자료<br>① 스스로의 몸을 가꾸는 것과 건강하게 사는 것에 관심이 증가함<br>② 안정적인 직업과 복지 시스템이 구축되기를 원함<br>③ 가족 간의 행복한 여가생활을 원함<br>③ 자아를 돌아볼 수 있는 시간적 여유로움을 원함<br>⑤ 문화생활을 누리며 살기를 바람 |
| | MIND MAP | 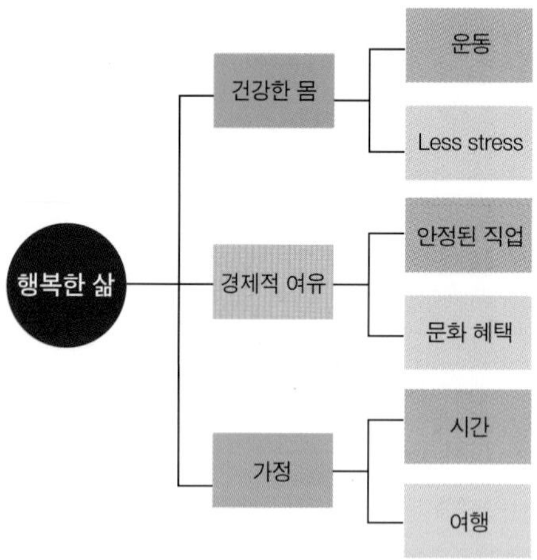 행복한 삶<br>건강한 몸 – 운동, Less stress<br>경제적 여유 – 안정된 직업, 문화 혜택<br>가정 – 시간, 여행 |
| | SUBJECT | 사람들은 그들의 인생이 행복하기를 바란다. 행복하기 위해 어떤 것들이 필요한지, 행복의 요구 조건을 형상화하여 표현하고자 한다. |
| | IMAGE MAP |   |

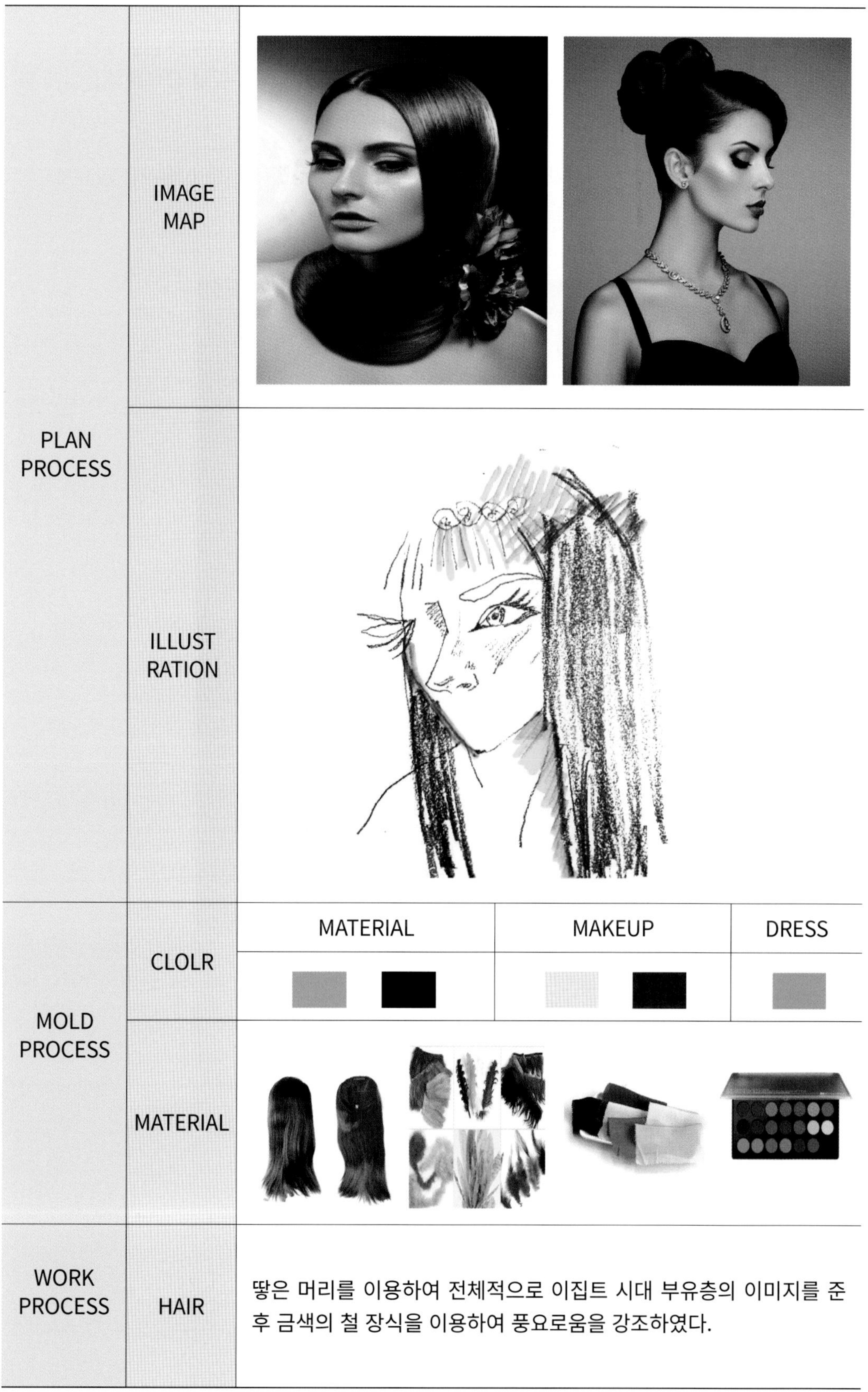

| | | | | |
|---|---|---|---|---|
| PLAN PROCESS | IMAGE MAP | | | |
| | ILLUST RATION | | | |
| MOLD PROCESS | CLOLR | MATERIAL | MAKEUP | DRESS |
| | MATERIAL | | | |
| WORK PROCESS | HAIR | 땋은 머리를 이용하여 전체적으로 이집트 시대 부유층의 이미지를 준 후 금색의 철 장식을 이용하여 풍요로움을 강조하였다. | | |

| WORK PROCESS | MAKE UP | 건강함을 나타내기 위해 전체적으로 금색 피부를 연출하였고, 부식포를 오려 눈썹에 붙여서 선을 강조하고 깃털 장식을 속눈썹에 붙여 화려함이 드러나도록 하였다. |
|---|---|---|
| | CLOTHES | 금색의 의상을 착용하여 안정되고 화려하며 여유로운 상류계층의 모습을 나타내었다. |

사진 출처: 크라운 가발, 인터파크,, 천 NO.1 천싸요

# 3.부록

# CHAPTER 03

# 이론편 Review

1. 다음 중 눈으로 느낄 수 있는 감각 중 가장 예민하게 반응하는 것은 무엇입니까?

① 색상 ② 명도
③ 채도 ④ 반사율

2. 헤어 컬러에서 7레벨에 속하는 색은 무엇입니까?

① 밝은 갈색 ② 백금색
③ 황갈색 ④ 밝은 황갈색

3. 두피나 얼굴에 약액이 묻었을 경우 지우기 힘든 염모제는 무엇입니까?

① 컬러 스프레이 ② 탈색제
③ 염모제 ④ 매니큐어

4. 다음 중 흰머리 염색 터치 방법으로 옳은 것은 무엇입니까?

① 두피에서부터 도포한다.
② 두피에서 2cm 띄고 염색 도포한 후, 원하는 색이 50% 정도 나오면 안쪽을 도포한다.
③ 두피에 묻지 않도록 도포해야 한다.
④ 모발 끝부분을 먼저 도포하고 자연 방치 10분 후 나머지 부분을 도포한다.

5. 영구적인 염색의 특징이 아닌 것은 무엇입니까?

① 원하는 명도를 다양하게 나타낼 수 있다.
② 흰머리 커버가 50% 가능하다.
③ 반사색을 모두 연출할 수 있다.
④ 강조하고 싶은 반사색의 혼합이 가능하다.

6. 멋내기 염색 도포 시 주의사항으로 틀린 것을 고르시오.

① 페이스 라인 부분의 모발도 꼼꼼히 체크하여 도포한다.
② 네이프 부분부터 도포하기 시작한다.
③ 두피 부분에 염모제를 더 많이 도포하여 색상이 잘 나올 수 있도록 한다.
④ 도포 시 빗질은 많이 하지 않는다.

7. 흰머리 염색 시 산화제는 몇 %를 사용하는 것이 좋은지 고르시오.

① 3% ② 6% ③ 9% ④ 12%

8. 염모제 선택 시(아모스 컬러), 앞부분의 숫자는 명도를 말하고 뒷부분의 숫자는 컬러를 말한다. 뒷부분의 숫자가 5일 경우 어떤 컬러를 말하는지 고르시오.

① 회색 ② 보라 ③ 갈색 ④ 빨강

9. 다음 중 30% 정도의 수분이 있는 상태에서 도포하는 염색 종류는 무엇입니까?

① 영구적 염모제 ② 일시적 염모제
③ 반영구적 염모제 ④ 탈색제

10. 약제가 모피질에서 작용을 하며, 가지고 있던 모발의 색을 없애고 염료가 가지고 있는 색으로 염색되는 염모제는 무엇입니까?

① 영구적 염모제 ② 일시적 염모제
③ 반영구적 염모제 ④ 탈색제

11. 다음 중 샴푸할 때마다 색이 빠지는 염모제는 무엇입니까?

① 영구적 염모제 ② 일시적 염모제
③ 반영구적 염모제 ④ 탈색제

12. 헤어매니큐어의 도포 방법으로 옳은 것은 무엇입니까?

① 두피 부분에 닿도록 도포해 준다.
② 약제를 충분히 도포해 주며, 모발에 핸드 테크닉을 충분히 하여 표피에 잘 침투할 수 있도록 한다.
③ 온도에 따라 색상이 변하므로 두피 부분은 나중에 도포한다.
④ 모발에 핸드 테크닉은 거의 하지 않는다.

13. 영구적 염색의 경우, 열처리를 하지 않는 것이 바람직하나 열처리를 해야 하는 경우도 있다. 어느 경우에 열처리를 해야 하는지 고르시오.

① 여름철에 염색을 할 경우
② 모발이 처녀모여서 염색이 잘 안 나올 경우
③ 흰머리 염색일 경우
④ 모발이 연모일 경우

14. 흰머리 염색의 방치 시간으로 적당한 것은 무엇입니까?

① 20~25분 ② 10~20분
③ 25~30분 ④ 30~50분

15. 영구적 염색 도포 시 주의사항이 아닌 것은 무엇입니까?

① 페이스 라인 부분의 잔털도 도포 양을 많이 하여 준다.
② 염모제가 꼼꼼히 도포될 수 있도록 슬라이스의 양을 1.5~2cm 정도로 한다.
③ 핸드 테크닉을 최소화하여 모발의 손상을 막는다.
④ 크로스 체크 하여 도포 안 된 부분이 있는지 확인한다.

16. 크린징 기법에서 자연 모발에서 염색을 2레벨 정도 밝게 하거나, 자연스런 밝기의 탈색을 원할 때, 코팅의 색조를 더욱 더 자연스럽게 색상을 내고자 할 때 사용하는 기법은?

① 샴푸 블리치 ② 클린징 기법
③ 딥 클린징 ④ 클리닉 블리치

[정답]
1. ① 2. ③ 3. ④ 4. ① 5. ② 6. ③ 7. ① 8. ④ 9. ③
10. ① 11. ③ 12. ② 13. ② 14. ④ 15. ① 16. ①

**17.** 기존 염색모의 반사 빛과 희고자 하는 컬러 반사 빛이 다를 때 기존의 반사 빛을 제거하는 기법?

① 클린징 기법　② 샴푸 블리치
③ 클리닉 블리치　④ 딥 클린징

**18.** 헤어디자인의 요소가 아닌 것은 ?

① 테크닉　② 형태　③ 질감　④ 컬러

**19.** 원랭스 헤어스타일이 아닌 것은?

① 그래쥬에이션　② 스파니엘
③ 수평보브　④ 머시룸

**20.** 그래쥬에이션 헤어커트의 중간 시술각은?

① 1~30°　② 31~60°
③ 61~89°　④ 90°

**21.** 헤어디자인 이미지에서 귀엽고 화사하며, 사랑스러운 이미지로 여리고 밝은 이미지를 지낸 색채로써 밝고 가벼운 라이트 톤이나 브라이트 톤, 파스텔 계열로 배색하는 이미지는?

① 프리티　② 엘리건트
③ 로멘틱　④ 매니시

**22.** 헤어디자인 이미지에서 전통성과 윤리성을 존중하고 고급스러움을 추구하는 이미지로 고전적인, 고상한, 보수적인, 고풍스러운, 중후한, 기품 있는 등의 의미이다. 고전적인 예술품에서 보이는 색상들과 중후해 보이는 색상들을 사용하는 이미지는?

① 클래식　② 엑티브　③ 모던　④ 매니시

**23.** 색의 3속성이 아닌 것은?

① 색상　② 명도　③ 채도　④ 유채색

**24.** 색을 대표하는 삼원색이 아닌 것은?

① 빨강　② 노랑　③ 파랑　④ 주황

**25.** 우리 눈에 들어오는 색들을 인수분해하면 빨간색, 노란색, 파란색과 같은 원색 밝기로 나뉘는데 색의 밝고 어둠의 정도를 말하는 것을 무엇이라 하는가?

① 명도　② 채도　③ 대비　④ 색상

**26.** 산성 컬러를 도포하다가 피부에 묻었을 경우의 처치법으로 올바른 것은?

① 퍼머약을 이용하여 강하게 닦아준다.
② 3%로 과산화수소로 닦아준다.
③ 리무버 제품을 사용하여 닦아 준다.
④ 모발에 도포되어 있는 컬러를 이용하여 문질러준다.

**27.** 탈색은 최대 몇 분까지 둘 수 있나?

① 20분　② 60분　③ 10분　④ 90분

**28.** 헤어디자인 이미지에서 '남자 같은', '남성적인'이라는 뜻으로 자립심이 강하며 건강하고 활동적인 여성을 표현되며, 차가운 색조나 무채색의 색조가 잘 어울리는 이미지는?

① 매니시 ② 모던 ③ 클래식 ④ 엑티브

**29.** 산성 컬러의 지속 기간은 얼마 정도인가?

① 2~4주 ② 6개월 ③ 1년 ④ 6~7주

**30.** 다음 중 샴푸 시마다 지속적으로 컬러가 빠지는 헤어 컬러제는 무엇인가요?

① 탈색제 ② 염모제
③ 컬러 무스 ④ 헤어 매니큐어

**31.** 다음 중 탈색제가 눈에 들어갔을 경우의 처치법으로 올바른 것은?

① 수건으로 탈색제가 묻은 눈을 문질러 준다.
② 눈을 감고 눈물이 흐르도록 기다린다.
③ 소금물을 이용하여 씻어주고 병원으로 간다.
④ 즉시 흐르는 물에 눈을 씻어주고 병원으로 간다.

**32.** 산성 컬러가 모표피에 침투하기 위해 반드시 필요한 조건은 무엇인가?

① 열처리 ② 냉타올
③ 자연 방치 ④ 샴푸

**33.** 탈색을 8 Level까지 했을 때 눈에 보이는 색상은 어느 것인지 고르시오.

① 밝은 금발 ② 밝은 갈색
③ 어두운 갈색 ④ 아주 밝은 금발

**34.** 헤어 매니큐어 시술 시 파랑과 노랑을 섞으면 어떤 색이 만들어지는가?

① 오렌지 ② 갈색 ③ 보라 ④ 초록

**35.** 탈색이 빨리 나오는 조건에 해당하지 않는 것은 무엇인가요?

① 열처리를 해준다.
② 탈색제의 양을 많이 도포한다.
③ 천천히 시간을 충분히 두고 도포한다.
④ 빠른 시간 안에 도포한다.

**36.** 헤어매니큐어 시술 후 관리법으로 옳은 것은?

① 뜨거운 물로 샴푸한다.
② 샴푸 후에는 항상 찬바람으로 모발을 말려 준다.
③ 헤어오일 등의 제품은 사용하지 않는 것이 좋다.
④ 알칼리 샴푸를 이용하여 샴푸한다.

**37.** 아래에 나오는 헤어 컬러 시술 중 가장 손상이 많이 되는 시술법은 무엇인지 고르시오.

① 6레벨로의 염색 ② 헤어 매니큐어
③ 10레벨로의 탈색 ④ 3레벨로의 염색

[정답]
17. ① 18. ① 19. ① 20. ② 21. ① 22. ① 23. ④
24. ④ 25. ① 26. ③ 27. ② 28. ① 29. ① 30. ④
31. ④ 32. ① 33. ① 34. ④ 35. ③ 36. ② 37. ③

38. 탈색력을 높이기 위해 사용하면 좋은 2제는 어느 것인지 고르시오.

① 9% ② 6% ③ 3% ④ $H_2O$

39. 다음 중 탈색의 특징이 아닌 것은?

① 탈색은 모발에 있는 멜라닌 색소를 빼주는 것이다.
② 먼저 페오멜라닌의 탈색이 이루어진다.
③ 탈색제는 방치 시간이 정해져 있지 않다.
④ 과산화수소의 농도가 높아질수록 탈색력이 강하다.

40. 다음 중 헤어 매니큐어의 특징으로 옳은 것은?

① 1제와 2제로 이루어져 있다.
② 두피에 닿도록 도포한다.
③ 컬러제를 적게 도포하는 것이 발색력이 좋다.
④ 헤어 매니큐어는 모표피에 작용한다.

41. 보색은 색상환에서 서로 마주 보는 색을 말한다. 보색의 연결이 잘못되어 있는 것은 어느 것인가?

① 빨강-초록 ② 노랑-보라
③ 주황-파랑 ④ 초록-주황

42. 다음의 보색대비에 관한 설명으로 틀린 것은 ?

① 서로의 성격이 극과 극으로 다른 색을 말한다.
② 색상환에서 서로 마주 보고 있는 색이나.
③ 보색관계에 있는 색을 섞으면 서로의 색을 지우는 역할을 하는데 원래의 모발색을 없애려 할 때 이 원리를 응용한다.
④ 보색끼리의 배색은 서로 상대의 채도를 낮춰준다.

43. 1차색과 2차색을 1:1로 섞어서 나오는 색이 아닌 것은?

① 옐로우 오렌지 ② 레드 오렌지
③ 레드 바이올렛 ④ 옐로우 바이올렛

44. 2차색은 1차색을 1:1로 섞으면 나오는 색으로 맞지 않은 것은?

① 군청색 ② 주황 ③ 녹색 ④ 보라

45. 다음은 명도에 관한 설명으로 틀린 것은?

① 색의 밝고 어두움의 정도를 말한다.
② 눈에 들어오는 색을 인수분해하면 빨간색, 노란색, 파란색과 같은 원색과 밝기, 즉 명도로 나뉜다.
③ 명도는 색감이 있고 선명함을 갖지 않은 무채색을 기준으로 하고 있다.
④ 0은 절대 검정으로 10은 절대 흰색을 뜻하고 표기는 무채색이라는 영문의 Neutral의 앞 문자를 따서 N1.5, N2등으로 표기한다.

46. 헤어컬러링 용어에 관한 설명으로 틀린 것은?

① 기염모-기존에 염색이 되어 있는 모발

② 단색 염색-모발 전체를 한 가지 컬러로 염색하는 것
③ 그레이징-염색 시술 후에 광택을 내기 위하여 투명한 산성 컬러를 도포하는 것
④ 내추럴 라이진-2~3가지의 하이라이트를 조화시켜 입체감 있는 컬러를 연출하는 것

**47.** 헤어컬러링 용어에 관한 설명으로 틀린 것은?

① 더블 프로세스-모발을 밝게 염색 한 후에 다시 염모제나 산성 컬러를 이용하여 염색하는 것
② 데미지 헤어-손상된 모발
③ 라이튼 업-블리치와 비슷한 효과를 지닌 제품을 말하며 탈색제를 말하기도 함
④ 머드 컬러-브러시에 염모제를 묻혀서 모발에 불규칙하게 도포하는 것

**48.** 헤어컬러링 시술 시 준비물이 아닌 것은?

① 히팅캡　② 비닐캡
③ 염색보　④ 염색볼

**49.** 일시적인 모발 염색의 장점으로 틀린 것은?

① 흐릿하고 윤기 없는 머릿결에 반사색을 준다.
② 흰머리를 커버할 수 있다.
③ 퇴색된 모발의 색을 일시적으로 수정해 준다.
④ 모발에 포인트로 색상을 표현할 수 있다.

**50.** 일시적 모발 염색의 단점으로 틀린 것은?

① 사용이 편리하며 색의 지속 기간이 매우 길다.
② 땀이나 수분에 의해서 제거되거나 색이 바래질 수 있다.
③ 모발에 색상만 표현된다.
④ 다공성이 심한 모발에는 모발에 얼룩이 생길 수 있다.

**51.** 납, 철, 카드뮴, 비스마스, 동 등을 기초로 한 염모제로 이들 금속은 철을 제외하고 대부분이 유독한 성분을 가지고 있기 때문에 사용에 제한되는 염모제는?

① 금속성 염모제　② 합성 염모제
③ 유성 염모제　④ 식물성 염모제

**52.** 염모제 성분에서 모발을 부풀려 모표피를 들뜨게 만들고 염료와 과산화수소가 잘 스며들게 하는 작용을 하는 것은?

① 탈색제　② 1제
③ 2제　④ 산화염료

**53.** 모발을 팽윤, 연화시켜 약제의 침투를 좋게 하며 과산화수소수의 반응을 활성화시켜 산소 발생을 촉진하는 역할을 하는 것은?

① 탈색제　② 과산화수소
③ 산화염료　④ 알칼리제

[정답]
38. ① 39. ② 40. ④ 41. ④ 42. ④ 43. ④ 44. ①
45. ③ 46. ④ 47. ④ 48. ① 49. ② 50. ① 51. ①
52. ② 53. ④

54. 새치 커버나 톤다운 할 경우 사용되는 산화제는 몇 %인가?

① 12% ② 9% ③ 6% ④ 3%

55. 흰머리 염색 시 흰머리 양이 30%일 경우 기본색과 희망색의 혼합 비율은?

① 30 : 70 ② 10 : 90
③ 70 : 30 ④ 90 : 10

56. 흰머리 염색의 시술 방법이 아닌 것은?

① 도포량 많다.
② 두피 가까이에 도포한다.
③ Nape부터 시작한다.
④ 염색 붓을 45° 로 세워서 도포한다.

57. 3레벨 이상 밝은색에서 어두운색으로 톤다운 재염색 시술 시 손상되고 민감한 모발 색의 지속력을 유지시키는 방법은?

① 프리 피그먼테이션
② 클렌징
③ 프리소프트닝
④ 재염색

58. 프랑스어로 '쓰레질'이라는 뜻으로 염색 붓을 이용하여 섬세한 붓 터치로 탈색제로 가닥가닥 색을 뺀 후 원하는 컬러를 입히는 염색 기법은?

① 옴브레 발레아주
② 틴징
③ 그라데이션 컬러
④ 전체 염색

59. 색상환에서 마주 보고 있는 색을 보색이라 하며, 노란 계통의 색상 제거 시 사용되는 컬러는?

① 빨강 ② 주황 ③ 보라 ④ 파랑

60. 다음은 탈색제에 관한 설명이다. 전체 탈색보다 부분 탈색에 유용하며 탈색 반응이 매우 빠른 속도로 탈색되고 높은 명도의 레벨까지 탈색이 가능하다.

① 크림 타입 ② 분말 타입
③ 액상 타입 ④ 고체 타입

[정답]
54. ④ 55. ① 56. ③ 57. ① 58. ① 59. ③ 60. ②

# Portfolio

| 교과목명 | |
|---|---|
| 학 교 명 | |
| 학 과 (전 공) | |
| 이 름 | |
| 학 번 | |
| 담당 교수 | |
| 제 출 일 | |
| 점 수 | |

절취선

# 헤어 캡스톤 디자인 계획서

| 제 출 자 | 성 명 | | 학과 | |
|---|---|---|---|---|
| | | | 학번 | |
| | | | E-mail | |
| 프로젝트 과 제 명 | | | | |
| 프로젝트 개요 | 내 용 | | | |
| | 개념도 | | | |

| 공 동 참여자 | 성 명 | 학 번 | 학년 | E-mail |
|---|---|---|---|---|
| | | | | |
| | | | | |
| | | | | |
| | | | | |
| | | | | |
| 담당교수 | | 확 인 | | 인 |

<table>
<tr><th colspan="3">DESIGN PROCESS</th></tr>
<tr><td rowspan="4">PLAN PROCESS</td><td>DESIGN CONCEPT</td><td></td></tr>
<tr><td colspan="2"></td></tr>
<tr><td>MIND MAP</td><td></td></tr>
<tr><td>ILLUST RATION</td><td></td></tr>
</table>

절취선

| | | | | | |
|---|---|---|---|---|---|
| MOLD PROCESS | CLOLR | Select Color | | | |
| | | | | | |
| | MATERIAL | | | | |
| | | | | | |
| | | | | | |
| WORK PROCESS | HAIR | | | | |
| | | | | | |

<table>
<tr><td rowspan="4">WORK PROCESS</td><td rowspan="2">MAKE UP</td><td></td><td></td></tr>
<tr><td colspan="2"></td></tr>
<tr><td rowspan="2">STYLING</td><td></td><td></td></tr>
<tr><td colspan="2"></td></tr>
</table>

절취선

| WORK PROCESS | DRESS | | |
|---|---|---|---|
| | | | |
| | | | |

# 실습 일지

| 작성 일자 | 20 년 월 일 | 교과목명 | |
|---|---|---|---|
| 학 년 | 학년 반 | 담당 교수 | |
| 학 번 | | 성 명 | |
| 학습 내용 | | | |
| 학습 목표 | | | |

| 시술하기 |
|---|
| |

| 시술 과정 사진 | |
|---|---|
| | |
| | |

절취선

# 실습 일지

| 작성 일자 | 20 년 월 일 | 교과목명 | |
|---|---|---|---|
| 학 년 | 학년 반 | 담당 교수 | |
| 학 번 | | 성 명 | |
| 학습 내용 | | | |
| 학습 목표 | | | |

| 시술하기 |
|---|
| |

| 시술 과정 사진 | |
|---|---|
| | |
| | |

# 실습 일지

| 작성 일자 | 20 년 월 일 | 교과목명 | |
|---|---|---|---|
| 학 년 | 학년 반 | 담당 교수 | |
| 학 번 | | 성 명 | |
| 학습 내용 | | | |
| 학습 목표 | | | |

| 시술하기 |
|---|
| |

| 시술 과정 사진 | |
|---|---|
| | |
| | |

절취선

# 실습 일지

| 작성 일자 | 20 년 월 일 | 교과목명 | |
|---|---|---|---|
| 학 년 | 학년 반 | 담당 교수 | |
| 학 번 | | 성 명 | |
| 학습 내용 | | | |
| 학습 목표 | | | |

| 시술하기 |
|---|
| |

| 시술 과정 사진 | |
|---|---|
| | |
| | |

# 실습 일지

| 작성 일자 | 20 년 월 일 | 교과목명 | |
|---|---|---|---|
| 학 년 | 학년 반 | 담당 교수 | |
| 학 번 | | 성 명 | |
| 학습 내용 | | | |
| 학습 목표 | | | |

| 시술하기 |
|---|
| |

| 시술 과정 사진 | |
|---|---|
| | |
| | |

절취선

# 실습 일지

| 작성 일자 | 20 년 월 일 | 교과목명 | |
|---|---|---|---|
| 학 년 | 학년 반 | 담당 교수 | |
| 학 번 | | 성 명 | |
| 학습 내용 | | | |
| 학습 목표 | | | |

| 시술하기 |
|---|
| |

| 시술 과정 사진 | |
|---|---|
| | |
| | |

# 실습 일지

| 작성 일자 | 20 년 월 일 | 교과목명 | |
|---|---|---|---|
| 학 년 | 학년 반 | 담당 교수 | |
| 학 번 | | 성 명 | |
| 학습 내용 | | | |
| 학습 목표 | | | |

| 시술하기 |
|---|
| |

| 시술 과정 사진 | |
|---|---|
| | |
| | |

절취선

# 실습 일지

| 작성 일자 | 20 년 월 일 | 교과목명 | |
|---|---|---|---|
| 학 년 | 학년 반 | 담당 교수 | |
| 학 번 | | 성 명 | |
| 학습 내용 | | | |
| 학습 목표 | | | |

| 시술하기 |
|---|
| |

| 시술 과정 사진 | |
|---|---|
| | |
| | |

# 실습 일지

| 작성 일자 | 20 년 월 일 | 교과목명 | |
|---|---|---|---|
| 학 년 | 학년 반 | 담당 교수 | |
| 학 번 | | 성 명 | |
| 학습 내용 | | | |
| 학습 목표 | | | |

| 시술하기 |
|---|
| |

| 시술 과정 사진 | |
|---|---|
| | |
| | |

절취선

# 실습 일지

| 작성 일자 | 20 년 월 일 | 교과목명 | |
|---|---|---|---|
| 학 년 | 학년 반 | 담당 교수 | |
| 학 번 | | 성 명 | |
| 학습 내용 | | | |
| 학습 목표 | | | |

| 시술하기 |
|---|
| |

| 시술 과정 사진 | |
|---|---|
| | |
| | |

<table>
<tr><th colspan="4">실습 일지</th></tr>
<tr><td>작성 일자</td><td>20 년 월 일</td><td>교과목명</td><td></td></tr>
<tr><td>학 년</td><td>학년 반</td><td>담당 교수</td><td></td></tr>
<tr><td>학 번</td><td></td><td>성 명</td><td></td></tr>
<tr><td>학습 내용</td><td colspan="3"></td></tr>
<tr><td>학습 목표</td><td colspan="3"></td></tr>
<tr><td colspan="4">시술하기</td></tr>
<tr><td colspan="4"></td></tr>
<tr><td colspan="4">시술 과정 사진</td></tr>
<tr><td colspan="2"></td><td colspan="2"></td></tr>
<tr><td colspan="2"></td><td colspan="2"></td></tr>
</table>

절취선

# 실습 일지

| 작성 일자 | 20 년 월 일 | 교과목명 | |
|---|---|---|---|
| 학 년 | 학년 반 | 담당 교수 | |
| 학 번 | | 성 명 | |
| 학습 내용 | | | |
| 학습 목표 | | | |

## 시술하기

## 시술 과정 사진

| | |
|---|---|
| | |
| | |

# 실습 일지

| 작성 일자 | 20 년 월 일 | 교과목명 | |
|---|---|---|---|
| 학 년 | 학년 반 | 담당 교수 | |
| 학 번 | | 성 명 | |
| 학습 내용 | | | |
| 학습 목표 | | | |

| 시술하기 |
|---|
| |

| 시술 과정 사진 | |
|---|---|
| | |
| | |

# 실습 일지

| 작성 일자 | 20 년 월 일 | 교과목명 | |
|---|---|---|---|
| 학 년 | 학년 반 | 담당 교수 | |
| 학 번 | | 성 명 | |
| 학습 내용 | | | |
| 학습 목표 | | | |

| 시술하기 |
|---|
| |

| 시술 과정 사진 | |
|---|---|
| | |
| | |

# 실습 일지

| 작성 일자 | 20 년 월 일 | 교과목명 | |
|---|---|---|---|
| 학 년 | 학년 반 | 담당 교수 | |
| 학 번 | | 성 명 | |
| 학습 내용 | | | |
| 학습 목표 | | | |

| 시술하기 |
|---|
| |

| 시술 과정 사진 | |
|---|---|
| | |
| | |

절취선

# 실습 일지

| 작성 일자 | 20 년 월 일 | 교과목명 | |
|---|---|---|---|
| 학 년 | 학년 반 | 담당 교수 | |
| 학 번 | | 성 명 | |
| 학습 내용 | | | |
| 학습 목표 | | | |

## 시술하기

## 시술 과정 사진

| | |
|---|---|
| | |
| | |

(참고문헌)
최은정 외 4인, "NCS기반 기초 디자인 헤어커트", 2018
최은정 외 4인, "응용디자인헤어커트", 2017
맹유진, "헤어컬러링", 2018
에릭 카르잘루오토, "디자인 방법론", 정보문화사, 2014
한국디자인학회, "기초 디자인 교과서", 정보문화사, 2015
김유경, "Fashion Design Research'n Planning", 와이북, 2013
김효정 외, "토털 코디네이션", 정담미디어, 2004
이광훈 외, "패션디자인의 발상기법", 시그마프레스, 2010
이광훈 외, "패션디자인 발상과 기법", 시그마프레스, 2010
오경화 외, "패션 이미지 업", 교문사, 2011
이윤경, "예뻐지는 퍼스널 컬러 스타일링", 책밥, 2015
정숙영, "색채미학", 청구문화사, 2011
김희선 외, "색체 디자인", 광문각, 2013
박숙현, "패션 이미지 메이킹", 예학사, 2011
손진아, 패션헤어스타일에 관한 작품 연구(2006 헤어월드 작품 재창조를 중심으로), 석사 학위 논문, 2008

(저자)
최은정: 정화예술대학교 미용예술학부 교수
맹유진: 정화예술대학교 미용예술학부 교수

NCS기반 헤어트렌드 분석 및 개발

# 헤어 캡스톤 디자인

2019년 3월 5일 1판 1쇄 인 쇄
2019년 3월 12일 1판 1쇄 발 행

지 은 이: 최은정 · 맹유진
펴 낸 이: 박정태

펴 낸 곳: **광 문 각**

10881
경기도 파주시 파주출판문화도시 광인사길 161
광문각 B/D 4층
등 록: 1991. 5. 31 제12-484호
전 화(代): 031) 955-8787
팩 스: 031) 955-3730
E - mail: kwangmk7@hanmail.net
홈페이지: www.kwangmoonkag.co.kr

ISBN: 978-89-7093-934-6 93590

값: 28,000원

한국과학기술출판협회회원